TURING

图灵教育

站在巨人的肩上

Standing on the Shoulders of Giants

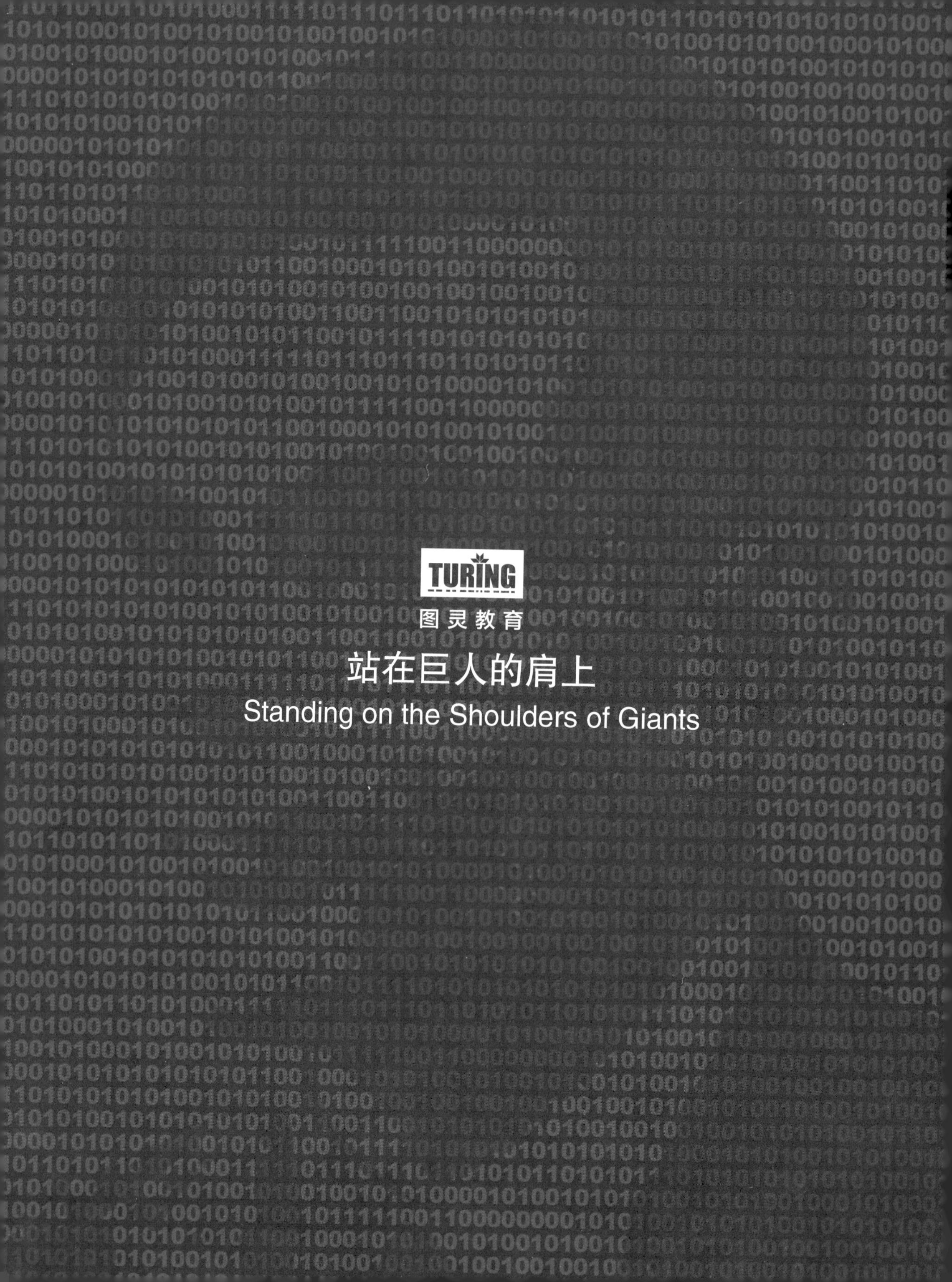
TURING
图灵教育
站在巨人的肩上
Standing on the Shoulders of Giants

TURING 图灵原创

用Python实现深度学习框架

张觉非 陈震 ◎ 著

人民邮电出版社
北京

图书在版编目（CIP）数据

用Python实现深度学习框架 / 张觉非，陈震著. --
北京 ：人民邮电出版社，2020.10
（图灵原创）
ISBN 978-7-115-54837-5

Ⅰ. ①用… Ⅱ. ①张… ②陈… Ⅲ. ①软件工具－程
序设计 Ⅳ. ①TP311.561

中国版本图书馆CIP数据核字(2020)第169945号

内 容 提 要

本书带领读者用原生 Python 语言和 Numpy 线性代数库实现一个基于计算图的深度学习框架 MatrixSlow（类似简易版的 PyTorch、TensorFlow 或 Caffe）。全书分为三个部分。第一部分是原理篇，实现了 MatrixSlow 框架的核心基础设施，并基于此讲解了机器学习与深度学习的概念和原理，比如模型、计算图、训练、梯度下降法及其各种变体。第二部分是模型篇，介绍了多种具有代表性的模型，包括逻辑回归、多层全连接神经网络、因子分解机、Wide & Deep、DeepFM、循环神经网络以及卷积神经网络，这部分除了着重介绍这些模型的原理、结构以及它们之间的联系外，还用 MatrixSlow 框架搭建并训练它们以解决实际问题。第三部分是工程篇，讨论了一些与深度学习框架相关的工程问题，内容涉及训练与评估，模型的保存、导入和服务部署，分布式训练，等等。

本书面向有意入门深度学习的读者，特别适合对神经网络和深度学习的原理与实现感兴趣，或对 PyTorch、TensorFlow、Caffe 等深度学习框架感兴趣的工程师、学生以及其他各行业人士阅读。

◆ 著　　　　张觉非　陈　震
责任编辑　王军花
责任印制　周昇亮
◆ 人民邮电出版社出版发行　　北京市丰台区成寿寺路11号
邮编　100164　　电子邮件　315@ptpress.com.cn
网址　https://www.ptpress.com.cn
北京天宇星印刷厂印刷
◆ 开本：800×1000　1/16
印张：17.75
字数：419千字　　　　2020年10月第1版
印数：1－3 500册　　　2020年10月北京第1次印刷

定价：89.00元

读者服务热线：(010)51095183转600　印装质量热线：(010)81055316

反盗版热线：(010)81055315

广告经营许可证：京东市监广登字 20170147 号

前言

理查德·费恩曼（Richard Feynman）教授去世后，人们在他的黑板上发现了 What I cannot create, I do not understand 这句话。其实，费恩曼教授的本意是：除非你能由基本原理推导出某个结论，否则就没有真正理解它。记结论或背公式是没有用的，只有从一张白纸开始一步步地将结论构建出来，你才是真正理解了一个理论或一个事物。

在机器学习领域，特别是在神经网络和深度学习范畴内，模型和网络数量众多，各种超参数也是名目繁多。特别是当人们应用深度神经网络时，又会针对具体问题的特点提出许多特殊的网络结构。但是我们必须看到，这些眼花缭乱的模型和网络并非彼此孤立，它们之间存在着密切的联系和连续的发展演化路径。

如果将一个领域的知识比作一棵大树，那么我们对它的认识过程不应该是从外向里、从顶向下的，不应该只满足于认识并记住它那繁多的树叶。初学者往往会陷入茴字四种写法的误区，并且以知道各种模型、各个网络为荣，从而陷入概念和术语的迷宫却看不到它们之间存在的更深刻的联系。总而言之，要想认识一棵树，从树冠开始一片一片认识每个树叶无疑是效率低下的。更重要的是，通过这种方式根本无法达到真正理解。我们应该从树根出发，沿着树干向上，并尝试重新构建整棵树。在此期间，可以在某个树枝的根部就停下来，因为那时会发现，剩下的细枝末节（字面意思）已经不再重要了，只要在需要的时候再查看那个分支就行了。总之，要想真正地理解（understand）一个领域，就必须能从基本原理出发重新建造（create）它们，最终你会具备统一的、非碎片化的眼光。

程序员爱说一句话：不要重复造轮子。在工作和生产中的确不应该重复造轮子，但在学习和理解的过程中却需要重复。费恩曼教授的黑板上还有一句话：Know how to solve every problem that has been solved（应该知道每一个已被解决的问题的解决方法）。许多教师都会强调习题的重要性，这是对的。在座的诸位“做题家”对此自然也体会深刻。但费恩曼教授更高一筹，他所传达的思想是做题不是目的，目的是教人学会自己动手构造。光看明白是不够的，只有会造轮子才能改进轮子；只有会解有答案的问题，才能去解决还没有答案的问题。其实，这仍然是理解与建造的关系。

1984 年，《现代操作系统》（俗称马戏团书）的作者塔嫩鲍姆教授（Andrew S. Tanenbaum）开发了一个教学用的操作系统 Minix。受其启发（多大程度未知），Linus Torvalds 创造了 Linux 系统。这里我们决定效仿前辈，带领读者用 Python 语言从零开始实现一个基于计算图的机器学习/深度学习框架，我们称其 MatrixSlow。取这个谦卑的名字是为了表明它只是一个用于教学的框架。若在座诸君中有哪位能受其启发并创造一个专业的深度学习框架，我们将深感欣慰。

计算图是一个强大的工具，用它可以搭建并训练从简单的线性回归、逻辑回归到复杂的深度神经网络等一大类机器学习模型。计算图通过自动求导和梯度下降法，以统一的方式给这一类机器学习模型提供了训练算法。因此，实现了计算图也就等于实现了大部分机器学习算法。看过本书的第二部分，读者将会对这一点有所感受。

在一步步带领读者实现计算图框架的同时，我们还介绍了机器学习、模型、训练等相关概念和原理（我们假设所有读者都没有前导知识，完全从空白讲起）。此外，本书以相当大的篇幅介绍了线性模型、逻辑回归、多层全连接神经网络、非全连接深度神经网络、循环神经网络和卷积神经网络等模型的原理和结构，并且尤其注重它们之间的联系。读者会看到，动机和思路是如何被反复应用并逐渐发展的。我们还以一些实际问题为例展示了这些模型的应用。最后，我们讨论了一些工程方面的问题，例如模型的保存与服务、分布式训练以及要想实现专业级深度学习框架还需应对的若干问题。

虽然本书的主旨为理解与建造，但是通过建造达成理解才是关键。时常会有朋友问："是否有必要亲手实现模型？"必要与否很难界定，这取决于想要实现模型的人的目的和工作层次（这里的层次并无高低褒贬之意）。所以，我们不谈目的与必要性，只谈亲手实现模型的好处。以我的浅见以及亲身经历来看，亲手实现模型极其有助于夯实理解。

在动手实现模型的过程中，你不得不把对理论的理解厘清到最细微处，这里容不得半点含糊。更重要的是，当自己实现的模型运转起来，应用于实际问题以测试其正确性时，现实会逼迫你反复测试，这个过程可以极大地帮助你加深对于模型行为的理解。作为程序员，测试本来是一件在概念上简单明确的事情。在设计程序的时候，预测有如此这般的输出，它就应该有如此这般的输出。对于一个断言（assert）来说，它过就是过，不过就是不过。但是在机器学习领域，这个范式就会有一定程度上的失效。

我们知道，模型（起码本书讨论的这类模型）的训练是一个近似迭代优化的过程，其中到处存在随机性：参数的随机初始化，样本的随机洗牌（shuffle）以及一些例如 Drop Out 之类引入随机性的正则化方法等，都会带来不确定性。训练的结果，比如模型参数、损失和评价指标等，都只具有统计意义。更重要的是，模型在样本集上的损失取决于问题本身，我们不可能知道这个高维函数的真实"地形"。基于梯度的优化算法也不能保证可以找到全局最优点。全局最优点可能根本就不存在或者存在但不唯一。所以，模型训练根本没有严格的正确与否一说。

但是，模型的实现总有对错。错的实现在各个测试问题上都不会有好的表现。简单来说，好的表现就是随着训练的进行，损失值降低而指标上升。但是，受制于问题本身、模型结构以及超参数，对的实现有时也未见得会有好表现，或者好表现的现象需要很久才能显现。这迫使实现者必须反复在各类问题上验证自己的实现，尝试各种模型结构和超参数的组合，这是一个永无终点的过程。实现者对自己的实现的信心会随着无数次尝试而逐渐坚定。更为宝贵的是，所有的这些操作和观察都能帮助实现者建立起对模型行为的认知和直觉。

我们知道，结构和超参数控制着模型的自由度，自由度又决定了模型的偏差–方差权衡，进而影响了模型的过拟合/欠拟合。在物理学中，一套完整的约束可将动力系统的自由度降低一个整数值。由此，之后就可以用数量更少的广义坐标表示该系统。类比到模型训练，正则化方法施加的约束并不是完整的，模型的自由度也不是整数。狭义的正则化之外的超参数，乃至模型结构，都在以复杂的方式影响着模型的自由度。我们常说调参，就是以一种经验的、半猜半试的方式控制模型自由度，以改进模型的表现。当然，我们还有网格搜索和随机搜索，以及一些非参数优化算法，如遗传、贝叶斯等，但是它们都需要较大的计算量，使得我们在大部分时候难以承受。

了解每一个超参数的原理和含义，以及它们对自由度的大致影响，是建模工程师的必备能力。各种超参数在具体问题、具体模型上究竟会以什么形式产生什么影响，只有经过观察和经验的积累才能形成认识。实现并验证模型的过程，就是一个密集经历这种观察和经验积累的过程。在复杂的科学和技术领域，亲身经历与体验是必不可少的，这是一个经历生命的过程。魔鬼梅菲斯特曾对拜访浮士德博士的青年学生说："理论是灰色的，而生命之树长青。"

既然说到了理论，这又是一个机器学习领域与程序员熟悉的其他领域不同的地方。实现和应用机器学习必须要理解其原理，而阅读其他领域的源代码时，只要把代码读透也就彻底理解了。你也许会这样想，在完全知道内存、总线和 CPU 中发生的每一件事后，我难道还不能理解这个程序在干什么吗？对于机器学习来说，这还真不够。比如，你在某处看到了一个计算，但是这里为什么要计算？计算的目的是什么？为什么有效？这些可不是代码能告诉你的。"读代码"原本是程序员了解一个东西的终极大招，但是在机器学习这里又失效了。

有种常见的说法是把公式推导一遍。理解机器学习的数学原理可不能只是简单地"推导公式"，而应该要理解公式究竟说了什么。当然，在初学时能够把公式推导的每一步都弄明白就已经不易了。但是如果把注意力都集中到推导，又容易使人难以看清这些公式究竟表达了什么。这就好比虽然踩着脚印亦步亦趋，最后确实也走到了目的地，但始终没有抬头看清这是什么路，目的地是哪里，为什么走这条路，而这些才是最重要的。人们总是希望（妄想）生活中不要有数学。实际上，所谓数学和非数学，无非都是在说事说理而已。要想把事情说得精确深刻，就必须把相关的量以及量之间的关系说清楚，而数学就是简洁地表达这些关系的一种手段。

由于本书面向的是初学者，因此在数学上没有搞得太深入、太复杂。我们会尽力阐述，以帮助读者掌握机器学习的数学所说的“事”是什么，也就是“推导公式”时容易看不清的那些东西。本书不避讳使用公式，因为这是必不可少的，但量确实不大。我们把一些较为高级的主题放在了选读框中。读者可以根据实际需要选择是否略过这些高级主题，而不至于干扰阅读。记住，数学永远都是必要的。鉴于此，读者可以参考本书的姊妹篇《深入理解神经网络：从逻辑回归到 CNN》[①]，那里有更完整的数学。

内容概览

本书分为三个部分。第一部分是原理篇，包含第 1 章至第 3 章。其中，第 1 章介绍机器学习的基本概念，引入了一个简单的线性模型 ADALINE，这一章介绍的概念贯穿本书。第 2 章介绍计算图，其核心内容是计算图的原理、梯度下降法以及计算图上的自动求导。第 3 章介绍梯度下降法的各种变体。在前三章中，我们带领读者实现 MatrixSlow 框架的核心基础设施，并在此过程中渗透讲解基础原理和概念。

第二部分是模型篇。有了基础设施，我们就可以搭建各种模型了。本部分包括第 4 章至第 8 章。其中，第 4 章介绍逻辑回归，第 5 章介绍多层全连接神经网络，第 6 章介绍几种非全连接神经网络，第 7 章介绍循环神经网络，第 8 章介绍卷积神经网络。这些模型/网络的选择和顺序不是任意的。我们的想法是由简到繁、由浅至深地介绍其动机和思路的发展演变，使读者看到这些典型的、常用的模型/网络之间的联系。虽然原则上读者可以按照兴趣选读这些章节，但是我们还是建议大家能按顺序阅读，特别是第 4 章和第 5 章。模型虽然简单，但它们是后续一切复杂延伸的基础和出发点。

第三部分是工程篇。在这一部分中，我们将讨论一些与深度学习框架相关的工程问题。本部分包括第 9 章至第 12 章。其中，第 9 章对训练逻辑做进一步封装，并讨论模型评估；第 10 章介绍模型的保存、加载、预测和服务部署；第 11 章介绍分布式训练，在大数据和深度学习时代，样本量和网络规模都是巨大的，这些使得分布式训练必不可少；第 12 章简单讨论要实现一个专业级的深度学习框架还需面对和处理的一些问题。

读者对象

本书的目标读者是对机器学习，特别是神经网络与深度学习的原理和实现感兴趣的工程师、学生以及其他各行业人士。我们不预设读者有任何与机器学习相关的前导知识，完全从零讲起（但愿能达到效果）。需要读者具有基础的编程知识，否则难以阅读书中的代码。

---

① 本书已由人民邮电出版社于 2019 年 9 月出版，后面简称《深入理解神经网络》。——编者注

MatrixSlow 框架以 Python 语言实现，而 Python 语法简单，因此相信读者即便没有 Python 经验，只要具备基础的编程能力也能读懂。我们使用 Python 的线性代数库 Numpy 存储矩阵并进行矩阵运算。书中的代码有丰富的注释，读者不需要事先掌握 Numpy 也能读懂。代码中还有对其他一些库的少量、零星的使用，它们都不会给理解代码造成障碍。

如前面所说，本书不“数树叶”，也不深究茴字的多种写法，并非一本神经网络与深度学习的模型大全。MatrixSlow 框架旨在教学，用实现来帮助读者理解原理。它虽然可以运用于一些小问题，但还远不是一个专业的深度学习框架。在对数学原理的讲解方面，本书试图抓住本质和精髓，但是考虑本书的层次，还有许多深刻的内容没有涉及。

代码资源

本书代码可至图灵社区（iTuring.cn）本书主页“随书下载”中免费注册下载。另外，本书作者在知乎开设了专栏“计算主义”，以后会继续在专栏中讨论和分享相关主题。鉴于作者水平有限，错误难免，欢迎读者来信指正，其邮箱是 zhangjuefei83@163.com。

本书第 1 章、第 2 章、第 4 章、第 5 章、第 6 章、第 7 章和第 8 章由张觉非撰写。第 3 章、第 9 章、第 10 章、第 11 章和第 12 章由陈震撰写。

致谢

张觉非：感谢 360 智能工程部的各位同事。感谢青年画家邵姺女士，她的封面画作和设计使得本书大为增色。感谢本书的策划人陈兴璐和王军花，感谢本书的编辑王彦。感谢中科院古脊椎动物与古人类研究所的邢路达学弟，我要对他说：Non，je ne nie pas la science（不，我不否认科学）。感谢我的父母、兄长和亲人。最后，感谢我的伴侣周怡萍女士：“万象皆俄顷，无非是映影。事凡不充分，至此始发生。事凡无可名，至此始果行。永恒之女性，引我们飞升。”

陈震：我于 2017 年加入 360 智能工程部。我们几乎从零开始开发公司的机器学习基础设施（机器学习数据、训练和推理平台）。平台的本质是抽象和归纳，因此我们有机会接触到全公司各种不同的机器学习应用场景，同时也面对着繁杂的产品和技术挑战。这项工作艰辛而漫长，但时刻伴随着“建造”新事物的成就感和深入“理解”理论与技术的满足感。首先要感谢的是我们团队的每一位小伙伴，无数次的讨论、分享、争吵和犯错正是写作本书之源泉。还需要感谢 360 技术中台、360 搜索和人工智能研究院等团队，感谢他们给予我们充分的信任和支持，鼓励我们在这条并不轻松的道路上坚持，再坚持。最后，感谢我的父母和家人给予我的爱，尤其是我的妻子和女儿，她们让我领会到生命之伟大，生命之神奇，生命之美妙。

目录

第一部分　原理篇

第二部分　模型篇

第三部分 工程篇

第一部分
原理篇

第 1 章 01

机器学习与模型

在本书中，我们用 Python 语言实现了一个深度学习框架，它叫作 MatrixSlow。我们会围绕这个框架讲解机器学习和深度学习的相关原理与技术。机器学习框架的核心功能是搭建并训练模型。基于计算图的深度学习框架更是拥有异常灵活的能力，允许人们搭建各种模型。我们在本书中就用 MatrixSlow 框架搭建并训练了多种常见且典型的模型，并将它们用于一些实际的机器学习问题。

用理解指导建造，以建造加深理解，这是本书的主旨。理解，必须从最基本的概念开始，比如模型。这是一个所有人耳熟却未必能详的名词，这个抽象的词汇在很多不同的领域被大量使用，但它的含义却变得模糊且混乱。比如，当人们在交流中使用“模型”一词时，很难保证他们就其含义达成了一致。因此，我们首先要做的就是明确一些基本概念，特别是模型这个词的确切含义。本章从基础入手，带领读者了解机器学习、模型、样本以及训练等概念。

1.1 模型

很多领域都有模型，我们关心的是机器学习领域的模型。在机器学习领域内部，也可以按不同的标准将模型分成不同种类。本书讨论的是其中一个子类别，即神经网络。好了，现在我们已经将模型限制在一个比较狭窄的范围中了。我们可以从外部和内部这两种视角来看待模型：从外部来看，模型是一个黑盒子，它接受若干数值为输入，产生若干数值为输出，如图 1-1 所示。

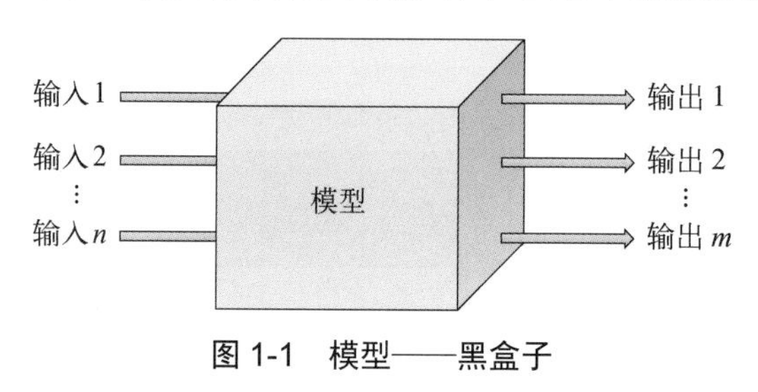

图 1-1 模型——黑盒子

作为输入的数值，称为特征，它们描述现实世界的一个事物。例如，一个模型接受 3 个输入，分别是一个人的身高、体重和体脂率，比如：

$$\left(\text{身高} = 162, \text{体重} = 49, \text{体脂率} = 0.22\right)$$

用这 3 个特征代表一个人，它们构成了一个样本（sample）。我们有意将特征列在括号中，其意义将在后文揭晓。模型接受这 3 个特征后，在盒子中做某些计算，最后输出一个数值 0 或 1：模型输出 0，表示它判断样本是一位女性；模型输出 1，表示它判断样本是一位男性。刚刚的样本是一位女性，如果模型输出 0，则判断正确。再看一个男性样本：

$$\left(\text{身高} = 182, \text{体重} = 72, \text{体脂率} = 0.17\right)$$

对于这个样本，若模型输出 1，则判断正确。如果模型对于任意一个样本都能以较大的可能性做出正确判断，那它就是一个好模型。总结一下，我们构造的这个模型接受 3 个特征：身高、体重和体脂率。进行一番计算后产生一个输出，即 0 或 1，表示它对样本所表示的人的性别做出的判断。现在我们打开黑盒子，看看它内部是怎么运作的。我们令模型在内部做这样的运算：

$$\begin{cases} \text{若 } 1.0 * \text{身高} + 1.0 * \text{体重} - 100.0 * \text{体脂率} \geqslant 200\text{，则输出 } 1 \\ \text{若 } 1.0 * \text{身高} + 1.0 * \text{体重} - 100.0 * \text{体脂率} < 200\text{，则输出 } 0 \end{cases}$$

为什么要如此计算呢？因为我们认为男性的身高普遍高于女性，用权重 1.0 乘以身高，男性很可能会得到较大的值，女性很可能会得到较小的值。同样，男性的体重普遍大于女性，因此也将权重 1.0 赋予体重。另外，女性的体脂率普遍高于男性，将权重−100.0 赋予体脂率，女性会得到更小（绝对值更大）的负值。体脂率在量级上是身高或体重的百分之一（例如 0.17 对 182 或 72），所以权重的绝对值较大（100.0），这使体脂率的作用不至于被其他特征淹没。

将身高、体重和体脂率乘上各自的权重后相加，男性很可能得到较大的值，女性很可能得到较小的值。若模型判断该值大于 200，则输出 1，判断为男性；若该值小于 200，则输出 0，判断为女性。为什么以 200 为分界点呢？因为就手头的两个样本来说，男性样本计算出来的值是 237，女性样本计算出来的值是 189，以 200 为分界点恰好能分开这仅有的两个样本。现在抽象一步，用符号表示特征：

$$(x_1, x_2, x_3) = \left(\text{身高}, \text{体重}, \text{体脂率}\right)$$

3 个权重这样表示：

$$(w_1, w_2, w_3) = (1.0, 1.0, -100.0)$$

模型还有一个分界点 200，这样表示：

$$-b = 200$$

为什么要带个负号，马上就会清楚。w_1、w_2、w_3和b称为模型的参数：w_1、w_2、w_3是特征的权重（或称权值），b是阈值（或称偏置）。模型所做的计算就是：

$$\begin{cases} 若 w_1x_1 + w_2x_2 + w_3x_3 + b \geqslant 0，则输出 1 \\ 若 w_1x_1 + w_2x_2 + w_3x_3 + b < 0，则输出 0 \end{cases}$$

b挪到不等号左侧后，分界点变成了 0，这就是为什么令$-b$等于 200。对于一个函数，如果其输入大于等于 0 时输出 1，输入小于 0 时输出 0，这样的函数称为阶跃函数（step function）。把阶跃函数记为σ，于是模型就可以表示为：

$$f(x_1, x_2, x_3) = \sigma(w_1x_1 + w_2x_2 + w_3x_3 + b) \tag{1.1}$$

可以用一种图示法表示这个模型，如图 1-2 所示。特征与各自的权值相乘，再与偏置b相加，结果被送给阶跃函数。这就是本书的第一个也是最简单的模型。图 1-2 这样的图称为计算图。本书涉及的模型都可以用计算图描述。

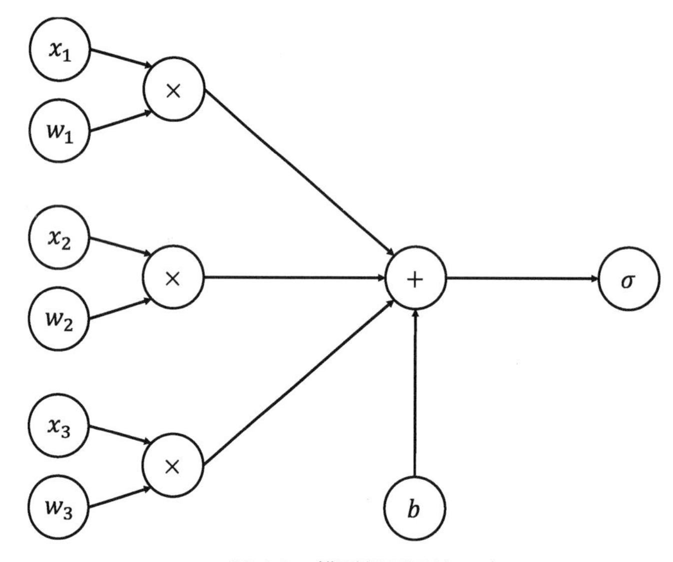

图 1-2 模型的图示法

1.2 参数与训练

w_1、w_2、w_3和b是模型的参数，式(1.1)是模型的“形式”。在形式固定的前提下，参数决定模型的行为，即对什么样的输入产生什么样的输出。将 3 个权值和 3 个特征括在括号中，是将它们看作向量（vector）。3 个特征构成输入向量$\boldsymbol{x}$：

$$\boldsymbol{x} = (x_1, x_2, x_3)$$

3 个权值构成权值向量$\boldsymbol{w}$:

$$\boldsymbol{w} = (w_1, w_2, w_3)$$

每一个特征或权值就是输入向量或权值向量的分量。输入向量和权值向量的对应分量的乘积之和，称为输入向量和权值向量的内积（或点积）:

$$\boldsymbol{w} \cdot \boldsymbol{x} = w_1 x_1 + w_2 x_2 + w_3 x_3$$

这样模型就可以表示为:

$$f(\boldsymbol{x}) = \sigma(\boldsymbol{w} \cdot \boldsymbol{x} + b) \tag{1.2}$$

我们可以给这个模型一个名字，叫它 ADALINE（Adaptive Linear Neuron，自适应线性神经元）。这个名字不是我们发明的，它诞生于 1960 年，是神经网络先驱 Bernard Widrow 和他的研究生 Ted Hoff 于斯坦福大学提出的。

向量、内积与分界面

如果采用一个坐标系，比如三维坐标系，一个向量就表示坐标系中的一个点。例如向量$\boldsymbol{x}$，它的 3 个分量给出点在 3 个坐标轴上的坐标。从原点画一个指向该点的箭头，该箭头就由向量决定。箭头既有方向也有长度，所以向量是一个既有方向也有大小（长度）的量，如图 1-3 所示。

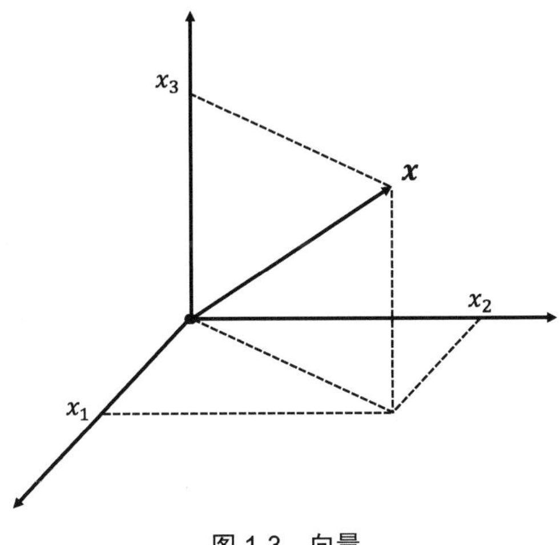

图 1-3 向量

可以证明，内积$\boldsymbol{w} \cdot \boldsymbol{x}$等于向量$\boldsymbol{w}$的长度乘以向量$\boldsymbol{x}$的长度，再乘以它们之间夹角的余弦，如图 1-4 所示。

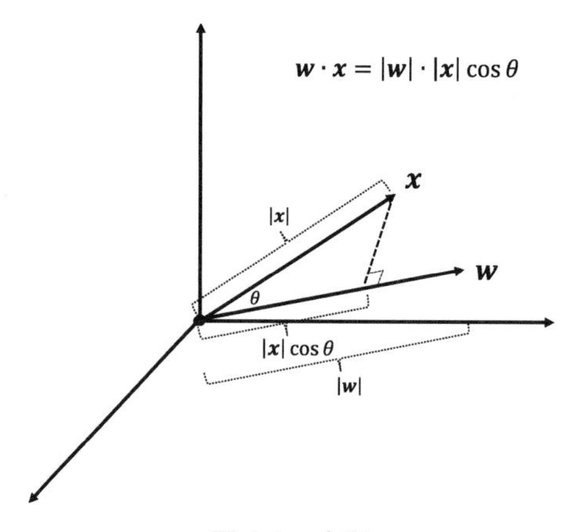

图 1-4 内积

容易看出，向量$\boldsymbol{x}$的长度（$|\boldsymbol{x}|$）乘上夹角θ的余弦就是向量$\boldsymbol{x}$朝向量$\boldsymbol{w}$方向上投影的长度。$\boldsymbol{w} \cdot \boldsymbol{x}$等于$\boldsymbol{x}$朝$\boldsymbol{w}$方向上的投影长度再乘上$\boldsymbol{w}$的长度（$|\boldsymbol{w}| \cdot |\boldsymbol{x}| \cdot \cos\theta$）。

ADALINE 首先计算输入向量$\boldsymbol{x}$与权值向量$\boldsymbol{w}$的内积，再加上偏置b，根据结果是否大于 0 而输出 1 或 0，所以$\boldsymbol{w} \cdot \boldsymbol{x} + b = 0$就是两种输出之间的分界。因为$\boldsymbol{w} \cdot \boldsymbol{x} + b = 0$意味着$\boldsymbol{x}$朝$\boldsymbol{w}$方向上的投影长度等于$-b/|\boldsymbol{w}|$，所以 ADALINE 对朝$\boldsymbol{w}$方向上的投影长度大于$-b/|\boldsymbol{w}|$的$\boldsymbol{x}$输出 1，对朝$\boldsymbol{w}$方向的投影长度小于$-b/|\boldsymbol{w}|$的$\boldsymbol{x}$输出 0，如图 1-5 所示。

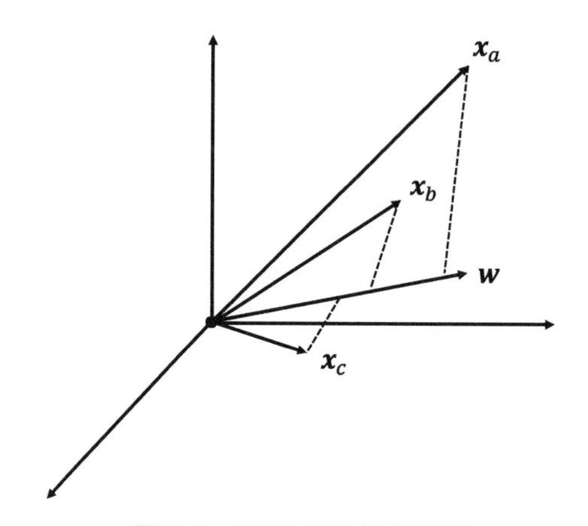

图 1-5 ADALINE 的分界面

这里展示的是三维的情况，更高维依此类推。假如$\boldsymbol{x}_b$朝$\boldsymbol{w}$方向上的投影长度等于$-b/|\boldsymbol{w}|$，则$\boldsymbol{w} \cdot \boldsymbol{x}_b = |\boldsymbol{w}| \cdot |\boldsymbol{x}_b| \cdot \cos\theta = -b$，即$\boldsymbol{w} \cdot \boldsymbol{x}_b + b = 0$。$\boldsymbol{x}_b$落在 ADALINE 的分界面上，ADALINE 对$\boldsymbol{x}_b$的输出是 1；$\boldsymbol{x}_a$朝$\boldsymbol{w}$方向上的投影长度大于$-b/|\boldsymbol{w}|$，即$\boldsymbol{w} \cdot \boldsymbol{x}_a + b > 0$，ADALINE 对$\boldsymbol{x}_a$的输出是 1；$\boldsymbol{x}_c$朝$\boldsymbol{w}$方向上的投影长度小于$-b/|\boldsymbol{w}|$，即$\boldsymbol{w} \cdot \boldsymbol{x}_c + b < 0$，ADALINE 对$\boldsymbol{x}_c$的输出是 0。

我们之前给权重和偏置取了一组特定的值，此时 ADALINE 能将仅有的男/女两个样本正确分类。若此时来了一位身材高挑的女士，具有这样的特征（抽象一点，不再使用汉字了）：

$$(x_1 = 173, x_2 = 58, x_3 = 0.18)$$

ADALINE 对她的计算结果是 13，大于 0，输出 1，结果为男性，判断错误。面对此错误，需要对模型进行修正。在不改变模型“形式”的前提下，只能调整模型的参数——权值和偏置。如何调整呢？我们发现，模型对新来的这位女士样本的输出过大（$w_1x_1 + w_2x_2 + w_3x_3 + b \geqslant 0$），我们需要减小这个值。为了达到这个目的，可以这样做：

- 如果x_i大于 0，则减小w_i（$i = 1,2,3$）；
- 如果x_i小于 0，则增大w_i（$i = 1,2,3$）；
- 减小b。

于是，可以这样调整权值和偏置：

$$\begin{cases} w_i = w_i - \eta \cdot x_i \\ b = b - \eta \end{cases} \tag{1.3}$$

式(1.3)利用x_i的符号控制w_i的更新（增大还是减小）。η是控制调整强度的参数。如果令η为 0.0005，那么更新后的权值向量是：

$$\boldsymbol{w}^{(\text{new})} = (0.9135, 0.971, -100.00009)$$

更新后的偏置$b^{(\text{new})}$是-200.0005。用这套新参数进行计算：第一位女士是-26.43，小于 0；第一位男士是 19.17，大于 0；第二位女士是-3.65，虽然有点危险但毕竟小于 0。经过参数调整的模型能将最初的男士、女士以及新来的女士都正确分类。

假如此时又来了一位相对瘦小的男士，身高和体重较低，现在的 ADALINE 又很可能对他误判（为免烦琐，我们不给出具体的数值，只定性地说明），此时需要继续调整模型参数以使它正确分类这位男士。与第二位女士的情况相反，应该增大模型对这位男士的输出。可以将这两种情况统一起来：

$$\begin{cases} w_i = w_i - \eta \cdot (f(\boldsymbol{x}) - l) \cdot x_i \\ b = b - \eta \cdot (f(\boldsymbol{x}) - l) \end{cases} \tag{1.4}$$

l取 1 或 0，表示样本的真实性别（男/女）。在机器学习中，这称作标签（label）。对于第二位女士，最初的模型对她的输出是$f(\boldsymbol{x}) = 1$，但她的真实性别是$l = 0$，于是$f(\boldsymbol{x}) - l = 1$，式(1.4)等同于式(1.3)。对于第二位男士，假如经过第一次调整的模型对它的输出是$f(\boldsymbol{x}) = 0$，而他的真实性别是$l = 1$，于是$f(\boldsymbol{x}) - l = -1$，$(f(\boldsymbol{x}) - l) \cdot x_i$变成$-x_i$，即更新值多了一个负号，式(1.4)起到了增大模型对该男士性别输出的作用。如果模型对样本判断正确，则$f(\boldsymbol{x})$与标签一致，即$f(\boldsymbol{x}) - l = 0$，式(1.4)不改变参数。其实，$f(\boldsymbol{x}) - l$正是模型的判断与真实标签之间的差异——误差。

现在模型对两位男士和两位女士都判断正确。大功告成了么？当然没有，这个样本量（4）太少了。要统计两性的身高、体重和体脂率差异，你肯定不会只测量 4 个人。也许你会收集含一个、几十个乃至几百个人的样本集。机器学习模型也一样，不可能只根据 4 个样本就调整出一个足够好的模型。“足够好”是指模型能够正确分类将来遇到的样本。因此我们需要收集一个带有真实性别标签的样本集，其中有男有女，每个样本包含一个人的身高、体重和体脂率。这样的样本集就是训练集，其中的带标签样本就是训练样本。

依次对每个训练样本计算模型的输出，根据输出与标签之间的误差调整模型参数，这个过程称作“训练”。η是针对训练的参数（注意不是模型参数），它是一个“超参数”。前文中，每一次参数调整后，模型对新的和旧的样本都能正确分类，这在真实的训练中是不一定能做到的（几乎不能）。试想，如果超参数η设置得再小一些，调整后的模型对高挑女士可能仍然判断错误。

但无论如何，参数已经朝着正确的方向前进了一点，这就是这一次调整的目的。全部训练样本依次送给模型，每一次都试着向正确的方向调整参数。所有样本用完后，可以再回过头来重复这个过程，直到模型足够好。关于模型的训练，这里只是勾勒个大概，开个头。训练背后更深刻的原理以及很多复杂的事项，本书后面会详细展开。

ADALINE 只是机器学习模型的一种，刚刚描述的训练方法也只是众多训练算法中的一个。我们以一个特例引入了这些概念，现在有必要及时简述一下它们的常规理解：模型是一个函数，它接受若干数值作为输入，这些数值称作特征。控制模型行为的是它的参数。训练集是许多样本，每个样本包含特征和类别标签。根据模型输出与标签之间的误差调整模型参数，这个过程称作训练。训练也受一些参数控制，有些模型的结构也受一些参数的影响，这类参数称为超参数。不同于模型参数，超参数不在训练过程中调整。以 ADALINE 为例，模型的训练过程如图 1-6 所示。

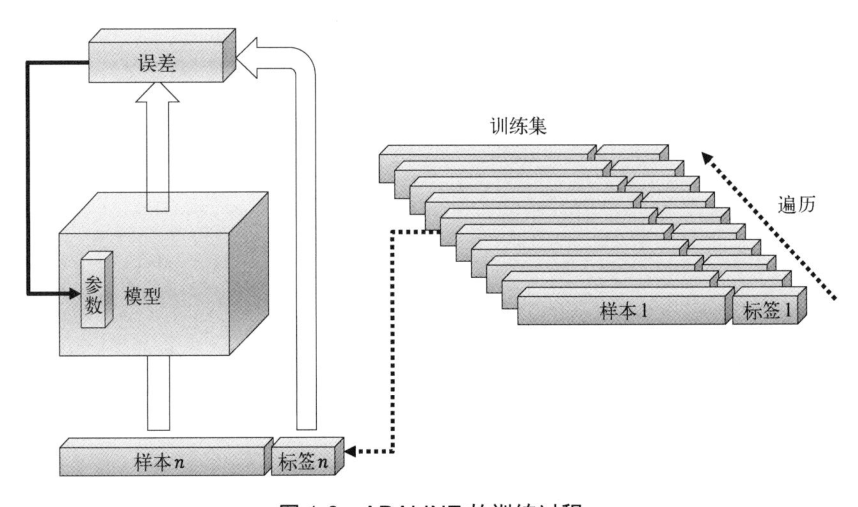

图 1-6　ADALINE 的训练过程

1.3 损失函数

为了更形象地理解，我们把训练样本的标签（例如男和女或 1 和 0）看作做题时的正确答案，或者学生们的教师，它们对模型的训练起一个指引的作用。在正确答案的指引下，训练算法根据误差调整模型参数。我们可以看到，ADALINE 用阶跃函数将输出限定为 1 或 0，但是这样就掩盖了一些信息。假如模型对于一位男性样本计算出−21，对于另一位男性样本计算出−0.7，经过阶跃函数后模型对他们都输出 0。虽然都判断错误，但是显然对第一位男性样本错误更严重些。错误的严重程度应该利用起来，就好比一位同学 58 分，另一位同学 20 分，不能因为他们都不及格而等同视之。所以我们要绕开阶跃函数，直接用阶跃函数之前的模型输出与标签比较。我们可以尝试构造一个函数，这个函数接受标签值和（不经阶跃函数的）模型输出，能衡量模型的错误程度。

首先，不再使用 1/0 标识男/女，而用$l = 1$或$l = -1$标识男/女（标签只是一个标识，可随意安排）。如果样本是男性，若 $\boldsymbol{w} \cdot \boldsymbol{x} + b$为正，则分类正确，为负则分类错误，且该负数越小错误越严重；如果样本是女性，若$\boldsymbol{w} \cdot \boldsymbol{x} + b$为负，则分类正确，为正则分类错误，且该正数越大错误越严重。我们构造的函数应该在分类正确时绝对值较小，分类错误时绝对值较大，且错误越严重绝对值越大。具有这样行为的函数能衡量模型的错误程度，称为损失函数（loss function）。我们构造这样一个损失函数：

$$h(l, \boldsymbol{x}) = \begin{cases} -l \cdot (\boldsymbol{w} \cdot \boldsymbol{x} + b), & \text{若} l \cdot (\boldsymbol{w} \cdot \boldsymbol{x} + b) < 0 \\ 0, & \text{若} l \cdot (\boldsymbol{w} \cdot \boldsymbol{x} + b) \geqslant 0 \end{cases} \tag{1.5}$$

分析一下$h(l, \boldsymbol{x})$的行为：当样本是男性时，标签l是 1，如果$\boldsymbol{w} \cdot \boldsymbol{x} + b$是正数，则模型分类正确，此时$l \cdot (\boldsymbol{w} \cdot \boldsymbol{x} + b)$大于等于 0，损失值是 0；如果$\boldsymbol{w} \cdot \boldsymbol{x} + b$是负数，则模型分类错误，此时$l \cdot (\boldsymbol{w} \cdot \boldsymbol{x} + b)$小于 0，损失值是$-(\boldsymbol{w} \cdot \boldsymbol{x} + b)$，损失值大于 0 且$\boldsymbol{w} \cdot \boldsymbol{x} + b$的绝对值越大错误越严重，损失值就越大。

当样本是女性时，标签l是-1，如果$\boldsymbol{w} \cdot \boldsymbol{x} + b$是负数，则模型分类正确，此时$l \cdot (\boldsymbol{w} \cdot \boldsymbol{x} + b)$大于等于 0，损失值是 0；如果$\boldsymbol{w} \cdot \boldsymbol{x} + b$是正数，则模型分类错误，此时$l \cdot (\boldsymbol{w} \cdot \boldsymbol{x} + b)$是负数，损失值是$\boldsymbol{w} \cdot \boldsymbol{x} + b$，损失值大于 0 且$\boldsymbol{w} \cdot \boldsymbol{x} + b$越大错误越严重，损失值就越大。

为了让模型表现更好，需要让模型对每一个训练样本的损失值尽量小。训练时，每接受一个训练样本，都向着降低损失值的方向调整模型参数，使损失值减小。上面构造的$h(l, \boldsymbol{x})$只是损失函数的一种，还有许多其他针对不同问题和模型的损失函数，本书后面会详细展开。

1.4 计算图的训练

在图 1-2 中，我们已经用计算图来表示 ADALINE 模型了。现在扩展一下该计算图，将损失函数也加入其中，如图 1-7 所示。

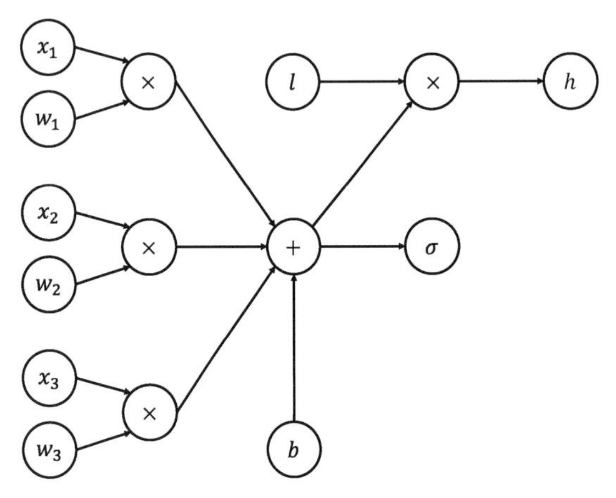

图 1-7 带损失函数的 ADALINE 计算图

相比图 1-2，图 1-7 新添的部分是将标签（$l = 1/-1$）与模型的输出（$\boldsymbol{w} \cdot \boldsymbol{x} + b$）相乘，之后根据式(1.5)计算损失值$h$。

训练开始前，随机初始化参数w_1、w_2、w_3和b。训练时，依次取训练样本，把 3 个特征和标签赋给x_1、x_2、x_3和l，计算出损失值h，然后调整w_1、w_2、w_3和b以减小h。如何调整呢？请看图 1-8。

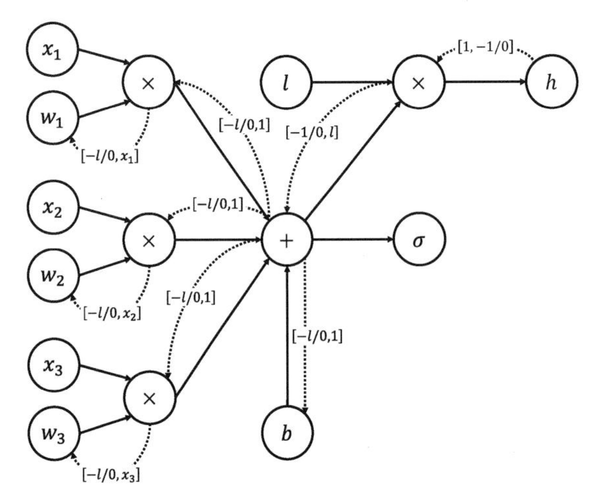

图 1-8 ADALINE 的训练（反向传播）

图 1-8 初看上去有些复杂，我们来解释一下。当一个样本的特征和标签被赋给x_1、x_2、x_3和l节点后，沿着计算图向前依次计算各个节点。具体来说，每个节点知晓自身的计算方法，当它的各个父节点的值被计算出来后，就可以计算它自身的值了。它的各个子节点也会等待并利用其值计算它们自身的值。最终，阶跃函数节点σ的值和损失值节点h的值都会被计算出来。

这个前向（forward）过程结束后，每个节点都保存本轮计算中自身的值。例如，左上角的×节点，它根据父节点x_1和w_1的值（身高和身高的权重）计算并保存自身的值：$w_1 \times x_1$。其他节点也都一样。

之后，开始一个反向（backward）过程，也是调整参数的过程。损失值节点h将二元组$[1, -1/0]$传给它的父节点（这里的斜杠/表示或）。二元组的第一个值是 1，若其父节点的值小于 0，第二个值取-1；若父节点的值大于等于 0，第二个值取 0。

右上角的×节点将收到的二元组的两个值 1 和$-1/0$相乘，得到$-1/0$。×节点把$-1/0$作为第一个值，将l作为第二个值构造二元组$[-1/0, l]$，传给它的父节点（+节点）。+节点将二元组的两个值相乘，得到$-l/0$，构造二元组$[-l/0,1]$，传给它的 4 个父节点：3 个×节点和b节点。

3 个×节点的动作相同，下面以第一个节点为例来说明。它收到二元组$[-l/0,1]$，相乘得到$-l/0$，作为第一个值，以父节点x_1的值为第二个值，组成二元组$[-l/0, x_1]$，传给父节点w_1。w_1节点将二元组的两个值相乘，得到$-l \cdot x_1/0$。类似地，w_2节点和w_3节点将算出$-l \cdot x_2/0$或$-l \cdot x_3/0$。b节点也收到二元组$[-l/0,1]$，相乘得到$-l/0$。

最后，每个参数节点用超参数η乘以得到的值，从自己的当前值中减去该值，完成本次更新，即：

$$\begin{cases} w_i = w_i - \eta \cdot (-l \cdot x_i/0) \\ b = b - \eta \cdot (-l/0) \end{cases} \tag{1.6}$$

太抽象了，是吧？以男性样本为例，若右上角的×节点的值大于等于 0，则模型分类正确。此时h节点向前传的二元组的第二个值是 0，一直传到最前面，各个参数节点得到的也是 0，参数值不更新。

若对于这个男性样本，右上角的×节点的值小于 0，h节点向前传的二元组的第二个值是-1，最前面的参数节点w_i的更新量是$-\eta \cdot (-l \cdot x_i) = \eta \cdot x_i$。如果$x_i$大于 0，则$w_i$变大；如果$x_i$小于 0，则$w_i$变小。这两种情况都是使$\boldsymbol{w} \cdot \boldsymbol{x} + b$变大，将参数往分类正确的方向上修正。对$b$的更新也是这个效果。

再回顾一下式(1.4)，样本为男性时，若模型分类正确，则$f(\boldsymbol{x}) - l$为 0，参数不更新；若模型分类错误，则$f(\boldsymbol{x}) - l$为-1，参数更新量为$\eta \cdot x_i$（对w_i）或η（对b）。可见，更新式(1.6)等价

于更新式(1.4)。我们描述的是同一种 ADALINE 训练算法，这种算法的动机和目的就是如 1.2 节描述的那样。那么，为什么要大费周章呢？那些向后传播的二元组中的数值是什么意思呢？这样更新参数能否减小损失值$h(l, \boldsymbol{x})$呢？请接着往下看。

1.5 小结

本章是本书的开篇，我们从一个简单具象的例子引入了机器学习的相关概念。我们构造了一个根据身高、体重和体脂率判断男性和女性的问题，接着描述了一个模型——ADALINE，这个模型是神经网络的先驱。以当代视角看，ADALINE 是一个以阶跃函数为“激活函数”的神经元。本书后面介绍的所有模型都在神经网络这个范畴之内，而机器学习领域还有其他类型的模型。

模型的行为受控于自身内部的参数。训练集是一个包含许多带类别标签的样本的集合。将模型对样本的判断结果与正确类别进行比对，根据误差调整模型参数，尽量将模型调整到能够正确分类训练样本以及未来遇到的新样本的状态，这就是有监督学习。所谓有监督，是指有正确类别标签作为“教师”。有监督学习是机器学习模型训练方法中的一种。

训练 ADALINE 时，将样本一个一个送给模型，计算出模型的输出和损失函数值。损失函数值衡量模型对样本分类的错误程度，分类正确时损失值小，分类错误时损失值大，且错误越严重损失值越大。根据损失值将一些信息（二元组）沿着计算图反向传播，参数节点根据收到的信息更新自身的值。我们发现，这种更新算法与基于模型结构和含义的更新方法是一致的。

但本章没有说明的是：沿着计算图反向传播的那些信息究竟是什么，为什么这样更新参数有助于降低模型对当前样本的损失值。超前一点说，这种方法就是基于计算图反向传播的随机梯度下降算法。本章使读者大致认识了计算图，在下一章中我们将详细介绍计算图，并讲解梯度下降法和计算图反向传播的原理和实现。

第 2 章 02

计算图

前一章概述了什么是机器学习模型，它解决的问题是什么，以及如何根据数据炮制一个解决现实问题的模型。“现实问题”这个词很大，而机器学习模型所解决的问题回到本质无非就是分类问题（根据一个实体的特征判断它属于若干类别中的哪一类）和回归问题（根据实体的特征预测一个数值）。机器学习或人工智能领域林林总总的问题最终都可以归约到分类问题或回归问题。

本书关注的并非全部的机器学习模型，而只是其中的一个大类。这一大类可以用“神经网络”来概括，它们都可以用计算图（computational graph）这个工具来搭建和训练。掌握了计算图，就能够从统一的视角来看待这一大类内的全部模型，也可以用统一的方法实现并训练这些模型。

读过第 1 章的读者应该已经对计算图有了初步的认识。本章正式介绍计算图的原理和训练算法，并详细讲解 MatrixSlow 框架对计算图的实现。最后，我们将用 MatrixSlow 框架搭建并训练第 1 章中的 ADALINE 模型。

2.1 什么是计算图

关于什么是计算图，我们最好不要给出一个死板的教科书式的定义：“计算图是……。”第 1 章已经给出了 ADALINE 模型的计算图，想必读者已经把什么是计算图理解了个大概。在此，我们帮助读者厘清一下。

首先请读者回顾图 1-7，那是一个包含了 ADALINE 模型的输入、参数、输出以及损失值的计算图。图中的节点（node）都含有值，节点之间都用有向边连接，有向边从父节点指向子节点。子节点允许有多个父节点，可以是一个、两个甚至更多，子节点又是其他节点的父节点，如此连接成了一幅图（graph）。用图论的术语来说，这是一个有向无环图（Directed Acyclic Graph，DAG）。

节点有不同的类型，不同类型的节点执行不同的计算。例如图 1-7 左上角的×节点，它执行的计算是将两个父节点的值相乘；图中间的+节点是将多个父节点的值相加；σ节点是对父节点的值施加阶跃函数；h节点是对父节点的值施加如下函数：

$$h(x)=\begin{cases}-x, & x<0 \\ 0, & x\geqslant 0\end{cases}$$

有些节点没有父节点，它们的值不是计算出来的，而是被赋予的。例如图中的x_1、x_2、x_3、w_1、w_2、w_3和b节点，这样的节点称为变量（variable）节点。具体到模型中，变量节点的值是模型的输入、参数或者标签。图 1-7 用这几类节点搭建了 ADALINE 模型。本书后文会遇到更多类型的节点以及更复杂的模型。

节点的值既可以是一个数，也可以是一个向量。例如，可以用一个节点保存输入向量$\boldsymbol{x}=(x_1,x_2,x_3)$，这样就可以只用一个（而不是 3 个）节点来保存模型的输入了；权值向量$\boldsymbol{w}=(w_1,w_2,w_3)$也可以放在一个节点中。引入一种新节点——内积节点，它计算两个父节点的内积，那么 ADALINE 的计算图就可以简化成图 2-1。

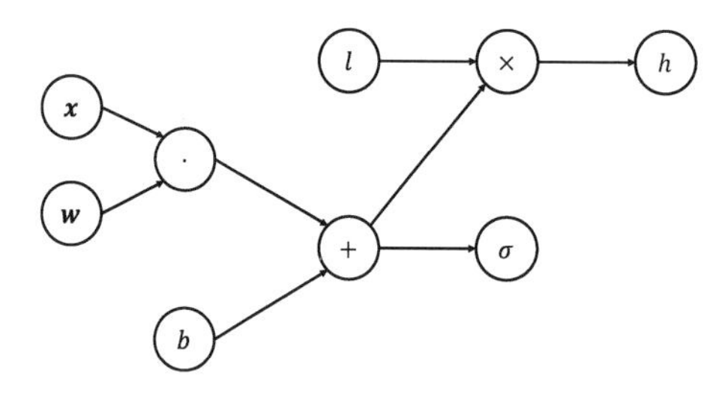

图 2-1　简化的 ADALINE 计算图

ADALINE 模型的非变量节点的值都是标量（数）。但是在更一般的情况下，非变量节点的值也有可能是向量，例如两个向量的和。

2.2　前向传播

所谓“前向传播”（forward propagation），其实就是计算图的计算过程。我们可以将计算图的任何一个节点视为结果节点。要想得到结果节点的值，就要先取得各个父节点的值，然后按照该节点的类型执行相应的计算。因此要想计算节点的值，必须先计算它的所有父节点的值。但若节点是变量节点，它没有父节点，那么它的值必须已经被赋予。相信有编程基础的读者都已看出，用递归（recursive）可以很自然地实现这个算法。

在我们的 MatrixSlow 框架中，用 `Node` 类（matrixslow/core/node.py）来封装计算图的节点。`Node` 类是基类，各种具体类型的节点类均继承自它。`Node` 基类提供节点的公共属性和方法，包括保存节点值的 `value` 属性，保存节点间双向连接关系的 `parents` 列表和 `children` 列表。后面会详细讲解 `Node` 类的完整实现。此处我们更关心前向传播算法的实现，详见 `Node` 类的 `forward` 方法：

```
def forward(self):
    """
    前向传播计算本节点的值，若父节点的值未被计算，则递归调用父节点的 forward 方法
    """
    for node in self.parents:
        if node.value is None:
            node.forward()

    self.compute()
```

这个函数很简单。先遍历全部父节点，若父节点的 value 不是 None，则说明它的值已经计算完毕；若父节点的值是 None，则递归调用这个父节点的 forward 方法。循环结束后，所有父节点的值就都已经准备好了。这时再调用节点自己的 compute 方法，根据父节点的值计算自己的值，并将其保存在 value 属性中。

每一种类型的节点都是 Node 类的子类，需要覆盖 compute 方法以实现其特定的计算。以向量+节点（Add 节点）为例，它（matrixslow/ops/ops.py）是 Node 类的子类，它的 compute 方法如下：

```
def compute(self):

    self.value = np.mat(np.zeros(self.parents[0].shape()))

    for parent in self.parents:
        self.value += parent.value
```

Add 节点接受不定数量的父节点，这些父节点必须是相同维度的向量。Add 节点的 compute 方法首先根据父节点的维度构造一个全 0 向量，并将其赋给 value 属性，然后遍历父节点，将每个父节点的值累加到自己的 value 属性中，这样就完成了向量相加的计算。

递归从结果节点出发，逆着有向边执行深度优先遍历。递归执行到变量节点时达到返回条件。从整个网络来看，输入信息被赋予变量节点，沿着网络向前流动，最终流动到所要计算的结果节点，这就是计算图的前向传播过程，如图 2-2 所示。

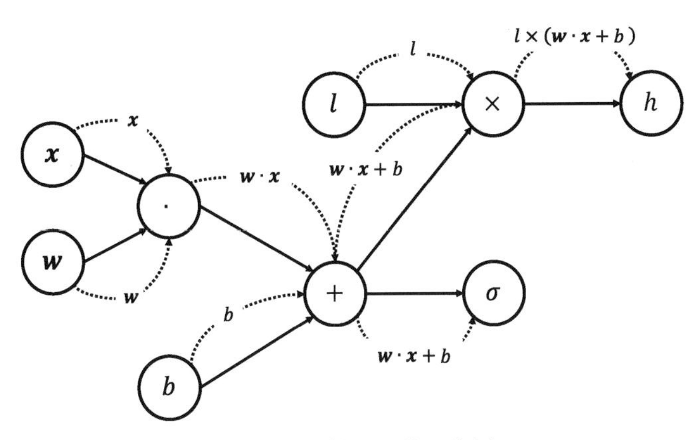

图 2-2　计算图的前向传播

计算图的任何节点都可以被当作结果节点。例如，计算 ADALINE 的输出时，就以阶跃函数σ节点作为结果节点；而计算损失值时，就以h节点作为结果节点。

现在我们用 MatrixSlow 框架搭建一个 ADALINE 模型，并计算它的预测结果和损失。读者将会看到一些还没介绍的类，不必担心，这里我们希望给读者一个搭建计算图并执行前向传播的感觉，后面会更详细地讲解这个例子。代码如下：

```
import numpy as np
import matrixslow as ms

# 输入向量，是一个 3×1 矩阵，不需要初始化，不参与训练
x = ms.core.Variable(dim=(3, 1), init=False, trainable=False)

# 类别标签，1 表示男，-1 表示女
label = ms.core.Variable(dim=(1, 1), init=False, trainable=False)

# 权重向量，是一个 1×3 矩阵，需要初始化，参与训练
w = ms.core.Variable(dim=(1, 3), init=True, trainable=True)

# 阈值，是一个 1×1 矩阵，需要初始化，参与训练
b = ms.core.Variable(dim=(1, 1), init=True, trainable=True)

# 构造 ADALINE 的计算图
output = ms.ops.Add(ms.ops.MatMul(w, x), b)
predict = ms.ops.Step(output)

# 损失函数
loss = ms.ops.loss.PerceptionLoss(ms.ops.MatMul(label, output))

# 对一个样本计算损失值和输出，首先将样本赋给 x 变量
x.set_value(np.mat([[182], [72], [0.17]]))
label.set_value(np.mat([[1]]))

# 计算模型的输出
predict.forward()
loss.forward()
print("模型判断该样本为{:s}， 损失值是{:.8f}".format(
      "男士" if predict.value[0, 0] == 1.0 else "女士",
      loss.value[0, 0])
)
```

首先，引入 numpy 和 matrixslow。然后创建 x 节点。在性别分类的例子中，x 应该是身高、体重和体脂率三维向量，于是创建一个形状为3×1的 Variable 节点（dim=(3,1)）：MatrixSlow 框架的节点中保存的值是矩阵，因此三维向量就是3×1矩阵；参数 init=False 表示变量 x 无须初始化，在计算时赋值；参数 trainable=False 表示变量 x 不参与训练，因为它保存的是模型的输入，而不是模型的参数。再创建一个形状为1×1的变量节点 label 来保存性别标签（1 或-1），它不需要初始化且不参与训练。

w 节点是三维向量，用于保存 ADALINE 模型的权值，它需要初始化并参与训练。w 节点的形状是1×3，是一个1×3矩阵。1×3的 w 与3×1的 x 做矩阵乘法，就是 w 和 x 两个向量的内积。b 节点是1×1矩阵，存放模型的偏置，它作为模型参数也需要初始化并参与训练。至此，ADALINE 计算图的变量节点都已经构造完毕。

接下来，用 ms.ops.MatMul(w, x)构造一个矩阵乘法节点，它的父节点是 w 节点和 x 节点。它对 w 和 x 做矩阵乘法，就是计算 w 和 x 的内积。构造 ms.ops.Add(ms.ops.MatMul(w, x), b)，把内积和阈值相加得到 output 节点。对 output 节点施加阶跃函数 ms.ops.Step(output)，就得到了模型的预测结果。

把 label 节点和 output 节点相乘，再施加 ms.ops.loss.PerceptionLoss 就得到了损失值。这个损失值节点类叫 PerceptionLoss，这个名称来源于神经网络的先驱——感知机（perception）。读者们不必纠结于名词，要得鱼而忘荃，得意而忘言。至此，ADALINE 的计算图已搭建完成。再提醒一下，这里不是在进行计算，而是搭建计算图。这里出现的执行各种计算的节点类都是 Node 类的子类。

为 x 变量赋值一个样本，就是第 1 章的第一位男士。为 label 变量赋值男性标签 1。调用 predict 节点的 forward 方法，以 predict 节点为结果节点执行前向传播。接着又调用 loss 节点的 forward 方法，以 loss 节点为结果节点求其值。

中间节点的值会被保存在 value 属性中，所以在计算 loss 节点时，之前计算 predict 节点时已经被计算的节点会直接返回其保存的值，从而提前终止递归。所以，在计算图上多次执行前向传播时，每次只会计算必要的节点，不会重复计算。最后，将模型的预测结果和损失值打印出来。因为权值和偏置都是随机初始化的，所以每次运行该代码会有不同的结果。

向量与矩阵

一般将向量的分量竖着列在一起，如：

$$\boldsymbol{x}=\begin{pmatrix}x_1\\x_2\\x_3\end{pmatrix}$$

这称为列向量。也可以将向量的分量横着列在一起，如：

$$\boldsymbol{w}=\begin{pmatrix}w_1 & w_2 & w_3\end{pmatrix}$$

这称为行向量。分量相同时，行向量和列向量互为转置（transpose）。作为向量来说，写成行向量还是列向量不太重要，但是作为矩阵就有区别了。$\boldsymbol{x}$是形状为1×3的矩阵，即 1 行 3 列的矩阵。$\boldsymbol{w}$是形状为3×1的矩阵，即 3 行 1 列的矩阵。只有当第一个矩阵的列数等于第二个矩阵的行数时，第一个矩阵才能乘以第二个矩阵。$\boldsymbol{w}$的列数是 3，$\boldsymbol{x}$的行数是 3，所以$\boldsymbol{w}$可以乘以$\boldsymbol{x}$。乘积$\boldsymbol{wx}$的行数等于$\boldsymbol{w}$的行数 1，列数等于$\boldsymbol{x}$的列数 1，所以$\boldsymbol{wx}$是形状为1×1的矩阵，即标量（数）。根据矩阵的乘法规则，有：

$$\boldsymbol{wx} = w_1x_1 + w_2x_2 + w_3x_3$$

（作为矩阵的）$\boldsymbol{w}$和$\boldsymbol{x}$的乘积$\boldsymbol{wx}$，就是（作为向量的）$\boldsymbol{w}$和$\boldsymbol{x}$的内积，之前我们记作$\boldsymbol{w} \cdot \boldsymbol{x}$。若把$\boldsymbol{w}$当作列向量，内积也可以写成$\boldsymbol{w}^{\mathrm{T}}\boldsymbol{x}$，即$\boldsymbol{w}$的转置乘以$\boldsymbol{x}$。

2.3 函数优化与梯度下降法

多次运行上一节的例子，有时模型判断为男士，有时模型判断为女士，这是因为模型的权值和偏置是随机值。“喂”给模型的样本是男士，所以模型有时预测正确，有时预测错误。预测正确时损失值是 0，预测错误时损失值大于 0，这正是感知机损失（perception loss）该有的行为。要想让模型表现得更好，也就是让模型尽量预测正确，就应该尽量降低模型在所有训练样本上的损失值。

在 ADALINE 的计算图（如图 2-1 所示）中，我们首先关注权值向量节点$\boldsymbol{w}$，将其他变量节点先视作常量。这里也忽略阶跃函数节点，那么整个计算图就可以看作以$\boldsymbol{w}$为输入向量、以损失值为结果的多元函数：

$$h = f(\boldsymbol{w})$$

这个多元函数的自变量是一个向量，即多个数值（在这个例子中是 3 个数值，即 ADALINE 的 3 个权值）。因变量是一个数，即损失值。将$\boldsymbol{x}$节点和b节点都看作固定值，则h只因$\boldsymbol{w}$的变化而变化。

$\boldsymbol{w}$是k维向量（在这个例子中k是 3）。前文说过，向量$\boldsymbol{w}$是k维空间中的一个点（point）。那么当点$\boldsymbol{w}$在空间中运动时，h也将随之变化。若k是 2，可以将$\boldsymbol{w}$画在二维平面上（xy 平面），以 z 轴表示函数值，如图 2-3 所示。

点$\boldsymbol{w}$（$= (w_1, w_2)$）所在的二维空间好比是地面，地面上每个位置都在竖直的第三个坐标轴上对应一个函数值。将所有位置的函数值连成一张曲面，就好像是起伏不定的地形。一定要记住，这种形象化的图景只在自变量是二维向量时有效。当自变量的维数更高时，就难以用形象化的视图展示函数了。但是在二维情况下得到的一切结论都同样适用于更高维的情况。

现在，如果要你找到这幅地形的最低点，该怎么办？记住，这幅地形是无边无界、永远向远方延伸的。你会说：“干不了，在无边无界的地形上永远不知道我找到的点是否是最低点。”那好，放松要求，只要求你尽量找到地势较低的点，你会怎么做？

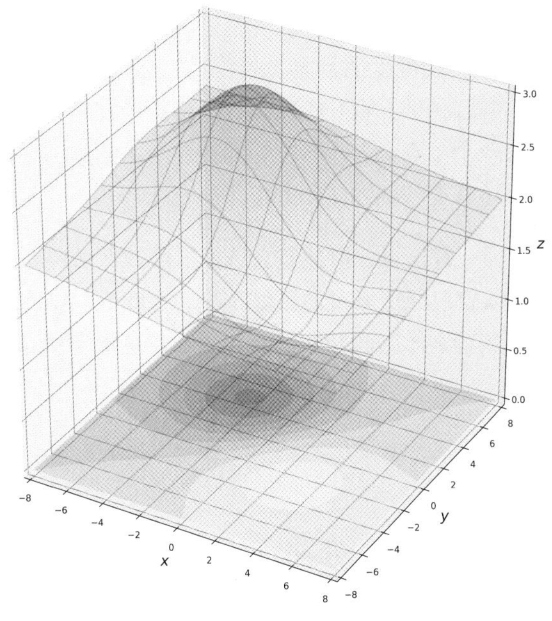

图 2-3　二元函数的图像

如果是我，我的第一个办法是，随机选择 10 个、100 个或更多位置，计算它们的函数值，取其中函数值最小的那个位置，如图 2-4 所示。

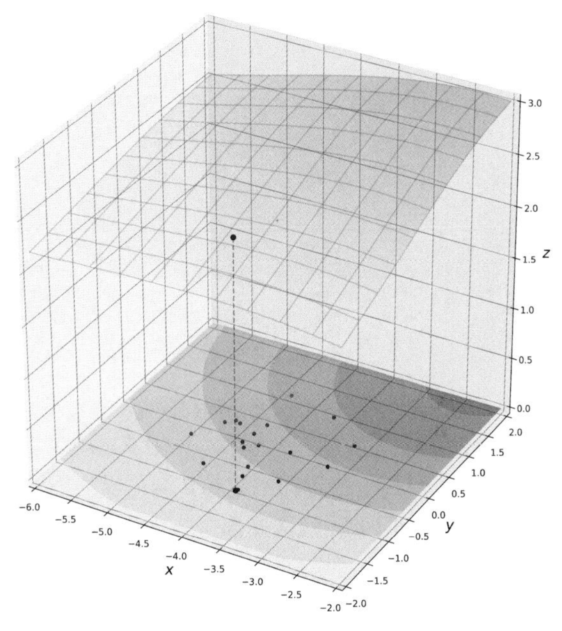

图 2-4　随机选择多个位置，取函数值最小的位置

如果选择的位置太少，选择余地就小，可能会错过函数值更小的位置。计算力足够的话，可以选 10 000 个位置（愿意的话，我可以说个更大的数字）。但是现在我画一个足够大的圆圈，将选择的全部位置圈在其中。然后我坐上直升机向上升，将更广阔的地域收进视野。这时，我画的圆圈成了地面上微不足道的一个小点，选择的位置都在这个不起眼的小点中。我发现只探索了一块小小的区域，在圆圈外面还有更广阔的空间。

我需要继续探索，探索另一片区域。但是怎么选择另一片区域呢？毕竟茫茫大地，可供选择的区域无穷无尽。我决定紧挨着已经探索过的区域选择，也就是邻接着刚刚那个圆圈，再划一个圆圈，在其中撒点。但是围绕着刚才的圆圈，仍有无数邻居圆圈可供选择，如图 2-5 所示（只画出了 6 个）。

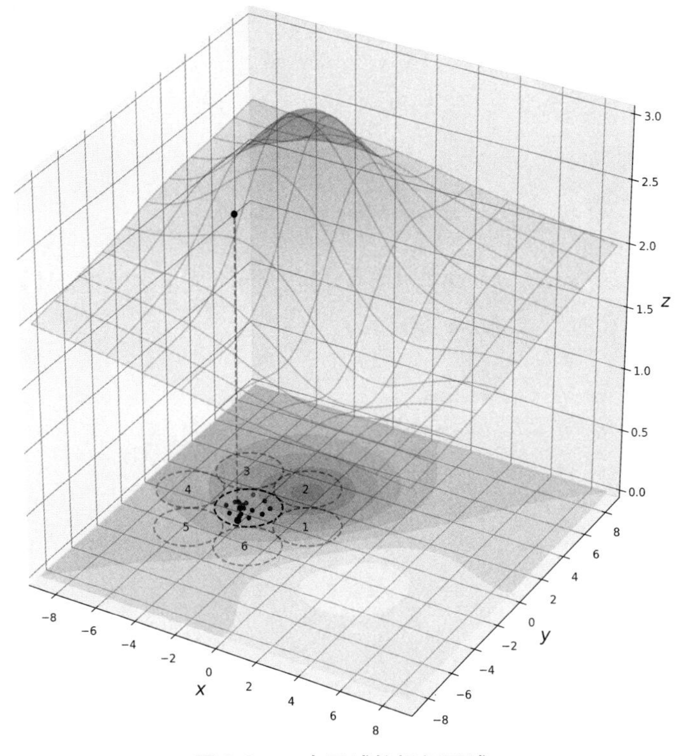

图 2-5　一个区域的相邻区域

假如我手里已经有第一个圆圈中若干位置的函数值，这可以为下一步选择提供线索。我观察它们，若发现这些函数值向某一个方向下降，就选择那个方向上的邻居圆圈作为下一个搜索区域。比如，做 0 号圆圈（第一次选择的圆圈）的圆心与最小值位置的连线，它指向函数值下降方向。选择圆心在这条连线上的邻近圆圈，如图 2-6 所示。

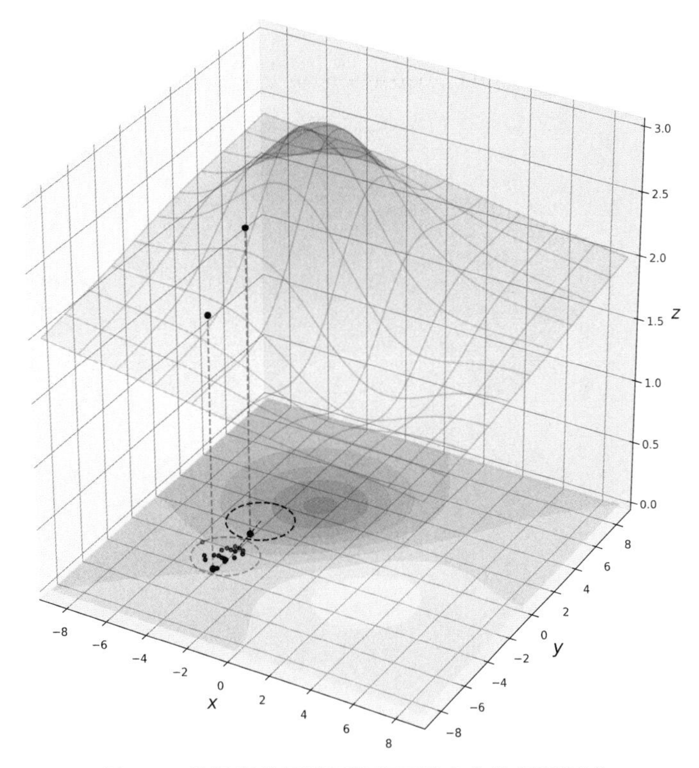

图 2-6　选择当前区域函数值下降方向的邻近区域

看，函数值下降了。但是第二个区域依然不是探索的终点，可以用同样的方法选择第 3 个区域、第 4 个区域……这是一个持续不断的迭代过程。那它何时终止？也许有人给我定了个时间，也许有人给我限定了迭代次数，也许有人说当函数值低于 0.0001 时就停止，也许有人说你记住当前找到的最小函数值，如果接下来的三次迭代都没有找到更小的函数值，你就停止。这些都是办法。

不过既然已经要采用这种多次迭代的方式了，那么每轮探索就不用查看 1000 个位置那么多了。已知某一个位置的函数值后，我只需知道向哪个方向走函数值会更低，然后在那个方向上的不远处选择下一个位置就行。

可以这样做：在围绕当前位置的一个小圆周上每隔 30° 选择一个点。圆周是 360°，就选择 12 个圆周上位置（注意，这是自变量是二维向量的情况，如果自变量是三维向量，就是在球面上均匀选择若干位置，更高维时可类推）。计算这 12 个位置的函数值，选择函数值最小的位置。从当前位置（圆心）向被选中的位置连一个箭头，箭头所指即下一步要探索的方向。沿着该方向前进一段距离，达到新位置，重新开始整个过程，如图 2-7 所示。

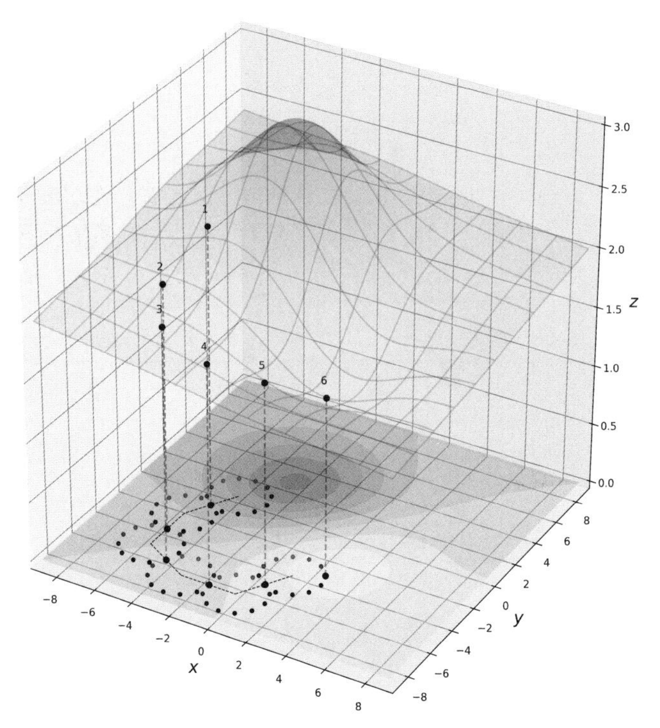

图 2-7　根据圆周上函数值最小的位置选择探索方向

图 2-7 迭代了 6 步，函数值逐步下降。如果嫌每步采样 12 个位置太少，那就每隔1°选一个位置，共 360 个位置，算力足够总有办法。但是以这种方式找出来的方向未必真的是下降方向，因为也许沿着该方向前进一段距离后函数值反而更高了，但这就是目前我们所能找到的办法。再有，若当前位置周围圆周上的位置的函数值都不低于当前位置的函数值，怎么办？这时就不必继续了，可以停止算法，也可以随机从一个新位置重新开始整个过程。

搜索方向是试出来的。如果我们对于函数$f(\boldsymbol{w})$一无所知，只能把它当作黑盒，送进去输入得到函数值，那也就只能用试的了。但多数情况下我们是知道$f(\boldsymbol{w})$的形式的，这允许我们用更好的方法找到函数值下降方向。

假如当前位置是$\boldsymbol{w}$，圆周上某一位置是$\boldsymbol{w}'$，从$\boldsymbol{w}$向$\boldsymbol{w}'$画一个箭头，这个箭头也是个向量，记作$\Delta\boldsymbol{w}$。$\Delta\boldsymbol{w}$从$\boldsymbol{w}$指向$\boldsymbol{w}'$，它是向量$\boldsymbol{w}'$与$\boldsymbol{w}$的“差”：

$$\Delta\boldsymbol{w} = \boldsymbol{w}' - \boldsymbol{w}$$

$\boldsymbol{w}$处的函数值是$f(\boldsymbol{w})$，$\boldsymbol{w}'$处的函数值是$f(\boldsymbol{w}')$。如果圆周取的极小（半径极小），那么这个量：

$$\frac{f(\boldsymbol{w}') - f(\boldsymbol{w})}{|\Delta\boldsymbol{w}|} \tag{2.1}$$

称作函数f在$\boldsymbol{w}$处沿方向$\Delta\boldsymbol{w}$的方向导数。$|\Delta\boldsymbol{w}|$是向量$\Delta\boldsymbol{w}$的长度，即小圆周的半径。方向导数反映了从$\boldsymbol{w}$出发沿着$\Delta\boldsymbol{w}$运动到$\boldsymbol{w}'$时函数值变化的速度。

如果方向导数为正，则函数值上升，此时方向导数越大则上升越快。如果方向导数为负，则函数值下降，此时方向导数越小（绝对值越大）则下降越快。当圆周非常小，即$|\Delta\boldsymbol{w}|$非常小时，方向导数就是瞬时速度。f在$\boldsymbol{w}$处沿任意方向都有不同的方向导数，它们是函数值沿不同方向变化的瞬时速度。

假如我们沿小圆周取 360 个点（即取 360 个方向），在函数值最小的那个点所指示的方向上有最小的负方向导数。那么该方向就是函数值下降最快的方向，我们沿着该方向前进一段距离，运动到下一个位置。我们希望新位置上有更小的函数值，也希望一轮一轮这么迭代下去能不断降低函数值，从而找到函数值尽量小的位置。

注意，如果圆周上所有位置的函数值都大于圆心的函数值，说明沿所有方向（至少是考察的那 360 个方向）的方向导数都是正数，函数值都上升。此时应终止探索。

方向导数

式(2.1)不是方向导数的精确定义。

方向导数是这么定义的：在自变量空间的某个位置$\boldsymbol{w}$处选择一个方向，用沿该方向的长度为 1 的向量（单位向量）$\boldsymbol{d}$表示该方向，则函数在$\boldsymbol{w}$处沿方向$\boldsymbol{d}$的方向导数是：

$$\nabla_{\boldsymbol{d}} f(\boldsymbol{w}) = \lim_{\alpha\to 0}\frac{f(\boldsymbol{w}+\alpha\boldsymbol{d})-f(\boldsymbol{w})}{\alpha} \tag{2.2}$$

其中，α是一个实数。方向导数$\nabla_{\boldsymbol{d}} f(\boldsymbol{w})$既与$\boldsymbol{w}$有关，也与$\boldsymbol{d}$有关。它是函数在“$\boldsymbol{w}$处沿方向$\boldsymbol{d}$”的方向导数。我们阐释一下式(2.2)的含义：用实数α乘单位向量$\boldsymbol{d}$，就是保持方向不变而缩放$\boldsymbol{d}$的长度。如果α是负数，则$\alpha\boldsymbol{d}$指向$\boldsymbol{d}$的反方向。因为$\boldsymbol{d}$的长度为 1，所以$\alpha\boldsymbol{d}$的长度是α的绝对值$|\alpha|$。对于所有可能的α，$\boldsymbol{w}+\alpha\boldsymbol{d}$表示的是经过$\boldsymbol{w}$沿$\boldsymbol{d}$方向的一条直线。$\alpha$是$\boldsymbol{w}+\alpha\boldsymbol{d}$与$\boldsymbol{w}$的距离（可正可负）。可以想象这条直线是一个新的坐标轴，该坐标轴的位置和方向由$\boldsymbol{w}$和$\boldsymbol{d}$共同决定，α是这条坐标轴上的坐标值（刻度）。如果改变α，$\boldsymbol{w}+\alpha\boldsymbol{d}$就会在这条坐标轴上来回移动。

回忆一下微积分第一课：

$$\frac{\mathrm{d}f}{\mathrm{d}x}(x) = \lim_{\Delta x\to 0}\frac{f(x+\Delta x)-f(x)}{\Delta x}$$

f是一元函数；Δx是自变量偏离x的距离（可正可负，相当于沿着坐标轴左右移动）；$f(x+\Delta x)-f(x)$是新位置上的函数值与x上的函数值之差，再比上Δx就是函数在x的平均变化率。当变化量Δx趋近于 0 时，平均变化率的极限就是瞬时变化率——导数。

单自变量函数的导数$\mathrm{d}f/\mathrm{d}x$是自变量沿着唯一坐标轴的瞬时变化率。如果是多元函数，它在$\boldsymbol{w}$处可沿无数方向运动，任何一个方向$\boldsymbol{d}$都可以视作一个坐标轴。自变量沿该坐标轴运动的导数就是多元函数在$\boldsymbol{w}$处沿方向$\boldsymbol{d}$的方向导数：$\nabla_{\boldsymbol{d}} f(\boldsymbol{w})$。

注意，如果取反方向$-\boldsymbol{d}$，直线还是那条直线，但是正方向相反了。想象一元函数情况下把x轴的方向反一下，函数上升变成函数下降，则导数是翻转前的导数的相反数，所以有：

$$\nabla_{-\boldsymbol{d}} f(\boldsymbol{w}) = -\nabla_{\boldsymbol{d}} f(\boldsymbol{w})$$

总之，方向导数$\nabla_{\boldsymbol{d}} f(\boldsymbol{w})$是多元函数在某位置$\boldsymbol{w}$处沿某方向$\boldsymbol{d}$的瞬时变化率。$\nabla_{\boldsymbol{d}} f(\boldsymbol{w})$为正，则函数值沿该方向上升（至少是在足够短的距离内上升，再远了$\nabla_{\boldsymbol{d}} f(\boldsymbol{w})$管不着）；$\nabla_{\boldsymbol{d}} f(\boldsymbol{w})$为负，则函数值沿该方向下降（同样，至少是在足够短的距离内下降）。

本质上来讲，我们是用 360 个位置上的函数值来试探摸索，寻找方向导数为负且最小的方向。所以如果要想更精确地找到方向导数最小的方向，就需要采样更多的位置。但是不必如此，因为我们有数学工具——梯度（gradient）。

以二元函数为例，固然有无数搜索方向，但其中有两个特殊方向，即两个坐标轴的方向。函数在某处沿两个坐标轴方向的导数，记为$\partial f/\partial \boldsymbol{w}_1$和$\partial f/\partial \boldsymbol{w}_2$。当$\boldsymbol{w}$沿第一个坐标轴运动时，只有第一分量$w_1$发生变化，第二分量$w_2$保持固定。这时可以把函数看作以$w_1$为自变量的一元函数，它在某处的导数就是$\partial f/\partial w_1$，或者称$\partial f/\partial w_1$是二元函数在某处对第一分量$w_1$的偏导数（partial derivative）。$\partial f/\partial w_2$也类似。

注意，虽然是把自变量的一个分量视作变量，另一个分量视作固定，但偏导数的值是与两个分量都有关的，因为计算偏导数的位置是两个分量决定的。位置变了，偏导数也变了，所以偏导数也是一个多元函数。

从某位置$\boldsymbol{w}$出发沿某方向运动一段距离，这段运动可以分解成沿第一坐标轴的运动和沿第二坐标轴的运动。假设沿第一坐标轴运动的分量是Δw_1（可正可负，即运动是朝着坐标轴的正方向还是反方向），沿第二坐标轴运动的分量是Δw_2。根据偏导数的定义，函数值的变化近似是：

$$\Delta f = \frac{\partial f}{\partial w_1}\Delta w_1 + \frac{\partial f}{\partial w_2}\Delta w_2$$

运动的距离是$\sqrt{(\Delta w_1)^2 + (\Delta w_2)^2}$。函数沿运动方向的偏导数就是：

$$\frac{\Delta f}{|\Delta \boldsymbol{w}|} = \frac{\frac{\partial f}{\partial w_1}\Delta w_1 + \frac{\partial f}{\partial w_2}\Delta w_2}{\sqrt{(\Delta w_1)^2 + (\Delta w_2)^2}} = \left(\frac{\partial f}{\partial w_1}, \frac{\partial f}{\partial w_2}\right)\begin{pmatrix} \frac{\Delta w_1}{\sqrt{(\Delta w_1)^2 + (\Delta w_2)^2}} \\ \frac{\Delta w_2}{\sqrt{(\Delta w_1)^2 + (\Delta w_2)^2}} \end{pmatrix} \tag{2.3}$$

式(2.3)看着很多，但一点也不复杂，第二个等号右边是把左边的式子写成向量内积（矩阵乘法）的形式。其中，第一个向量是$(\partial f / \partial w_1, \partial f / \partial w_2)$，这个向量是函数在$\boldsymbol{w}$处的梯度（gradient），记为$\nabla f(\boldsymbol{w})$。梯度与位置相关，每个位置有不同的梯度。梯度的第一分量是函数对自变量第一分量的偏导数，第二分量是函数对自变量第二分量的偏导数。第二个向量就很简单了，它是位置变化向量$\Delta\boldsymbol{w}$除以它的长度$|\Delta\boldsymbol{w}|$（$=\sqrt{(\Delta w_1)^2+(\Delta w_2)^2}$）。向量除以自己的长度，就得到与自己同方向的单位向量。

所以函数在$\boldsymbol{w}$处沿方向$\Delta\boldsymbol{w}$的方向导数是函数在$\boldsymbol{w}$处的梯度$\nabla f(\boldsymbol{w})$与运动方向的单位向量的内积。我们知道一个向量与单位向量的内积等于该向量朝该单位向量方向投影的长度，所以方向导数是梯度向该方向的投影，如图 2-8 所示。

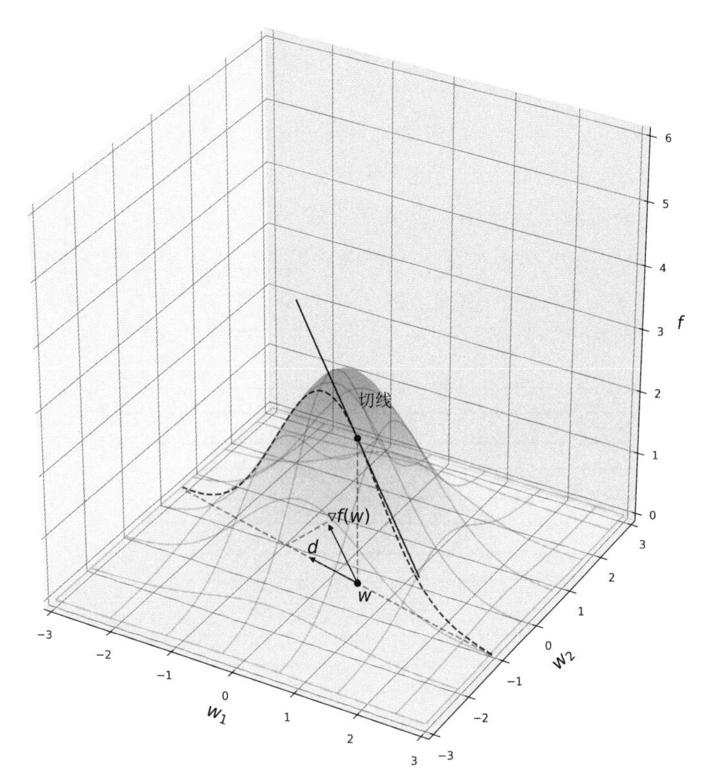

图 2-8　方向导数等于梯度向该方向的投影

图 2-8 中展示了一个简单的二元函数在位置$\boldsymbol{w}$处的梯度$\nabla f(\boldsymbol{w})$。$\nabla f(\boldsymbol{w})$向单位向量$\boldsymbol{d}$的投影长度是函数沿$\boldsymbol{d}$的方向导数。当自变量只能沿$\boldsymbol{d}$指示的方向运动时，函数可以看作一个一元函数，即图中拱起的虚线。函数在$\boldsymbol{w}$处沿$\boldsymbol{d}$的方向导数就是这个一元函数在$\boldsymbol{w}$处的导数，即图中切线的斜率。

梯度向某方向的投影长度是$|\nabla f(\boldsymbol{w})| \cdot \cos\theta$，$\theta$是梯度与该方向之间的夹（锐）角。当$\theta$为 0 时，$\cos\theta$为 1，此时方向导数达到最大值$|\nabla f(\boldsymbol{w})|$，所以梯度方向是方向导数最大（为正）的方向；当$\theta$为 π 时$\cos\theta$为$-1$。此时方向导数达到最小值$-|\nabla f(\boldsymbol{w})|$。所以梯度的反方向是方向导数最小（为负）的方向。当θ为 π/2 时，$\cos\theta$为 0。此时方向导数为 0。所以垂直于梯度方向的方向导数为 0。

我们是以自变量二维为例讲解，但同样的结论可以推广到任意维。假如自变量是n维向量，则梯度也是n维向量。梯度的每个分量是函数对自变量每个分量的偏导数。梯度指示了自变量空间中的一个方向。沿梯度方向函数有最大的顺时变化率，函数值上升最快；逆梯度方向函数有最小的瞬时变化率，函数值下降最快；垂直于梯度方向函数值的瞬时变化率为 0。

这里打个形象的比喻。有一座坐北朝南的建筑，门前有一座大台阶。大台阶向北是上坡、向南是下坡。将这个大台阶比作函数的局部近似形态（在局部可以用平面来近似函数）。北方就是梯度方向，向北走是爬台阶，这时你在台阶上上升最快。南方是梯度的反方向，向南走是下台阶，这时你在台阶上下降最快。向东北（或西北）走也在上升，但这是斜着爬台阶，上升得不那么快（可能你是想省力些）。向东南（或西南）走也在下降，但这是斜着下台阶，下降得不那么快（可能你不想伤膝盖）。向正东或正西走是在同一梯级上横着走，前进方向与梯度垂直，既不上升也不下降。再强调一下，梯度方向是在地面上的运动方向（比如“正东”“东北偏北”等），而不是斜着上升或下降的方向，如图 2-9 所示。

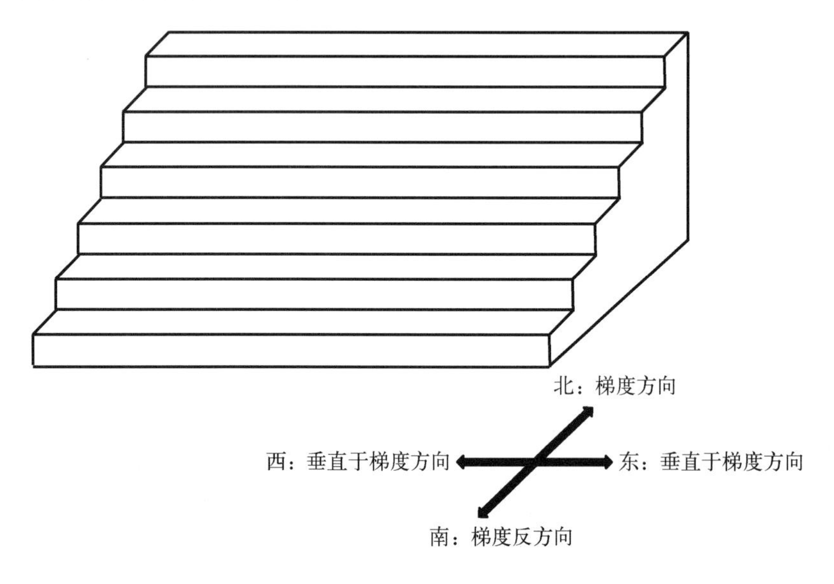

图 2-9 梯度方向

说到台阶，请看图 2-10，这是彭罗斯台阶（Penrose stairs），由英国数学家罗杰·彭罗斯（Roger Penrose）提出。在荷兰画家埃舍尔（M. C. Escher）的画作《升降》（*Ascending and Descending*）中就出现过这样的台阶。

图 2-10 彭罗斯台阶

彭罗斯台阶是一个不可能的台阶，它永远上升却回到起点。在我们当前的语境下，彭罗斯台阶之所以不可能，是因为一直沿着梯度方向前进不可能回到原点。台阶上升的方向即为梯度。梯度场的旋度为 0。任何一个旋度为 0 的向量场，其积分结果与路径无关，而只与起点和终点有关。以任一点为参考点，旋度为 0 的向量场从参考点到某一点的积分可以定义为该点的势能。在台阶比喻中，人身处的高度即为势能，台阶上升方向即为梯度。转一圈回到起点是一条闭合路径。梯度沿闭合路径的积分为 0。在闭合路径上梯度不可能处处与路径同向（夹锐角），即不可能处处都是上台阶。

还有一点需要说明，假如函数在某位置的梯度是零向量——分量全为 0，那么梯度的长度为 0，它向任何方向的投影长度也为 0，即函数在该处沿任何方向的方向导数都为 0。这样的位置称为驻点，在驻点上向各个方向都没有瞬时速度。

有了梯度，就不用计算许多函数值来摸索函数值下降方向了。在某位置，只要计算函数的梯度，其反方向就是函数值下降最快的方向。结合之前的介绍，梯度下降法就出来了：从一个随机位置开始，计算函数在当前位置的梯度，沿着梯度反方向前进一段距离，来到下一个位置，在新位置上计算函数的梯度，再沿着梯度反方向前进一段距离。重复该动作，期望运动到函数值足够小的位置。所谓“前进一段距离”，是指：

$$\boldsymbol{w}^{\text{new}} = \boldsymbol{w}^{\text{old}} - \eta \cdot \nabla f\left(\boldsymbol{w}^{\text{old}}\right)$$

$\boldsymbol{w}^{\text{new}}$就是新位置。$\eta$是一个实数，例如 0.0001，称作步长或学习率（learning rate）。还记得第 1 章 ADALINE 的训练么，η是梯度下降法的一个超参数。$\nabla f(\boldsymbol{w}^{\text{old}})$是函数在当前位置的梯度，它经过$\eta$的缩放，即“一段距离”。$\eta$要小，即前进距离要短。因为梯度包含的是函数的瞬时变化率，它只能反映函数在当前位置周围极小邻域内的变化情况。距离当前位置较远时，函数的变化情况会与梯度有较大差异。一个函数的反梯度场如图 2-11 所示，梯度下降法就是用数值方法模拟粒子在反梯度场中的运动，其本质是数值积分。

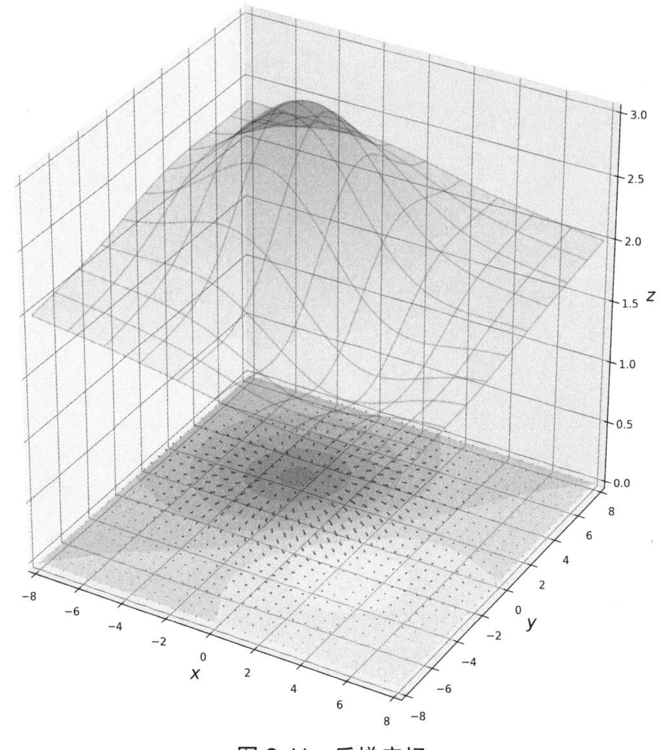

图 2-11 反梯度场

对于一对训练样本和标签，损失值可以视作参数$\boldsymbol{w}$和 b 的函数。可以把所有参数看作一个大向量$(\boldsymbol{w}, b)$，然后以$(\boldsymbol{w}, b)$为自变量，以损失值为函数值。要求得损失值对当前参数向量$(\boldsymbol{w}, b)$的梯度，就可以运用梯度下降法更新参数，降低损失值。

求梯度就是求损失值对每个参数的偏导数：$\partial f/\partial w_1$、$\partial f/\partial w_2$以及$\partial f/\partial b$（以 ADALINE 为例）。为了求这些偏导数，可以单独把每个参数节点视作自变量，求损失值对该节点的梯度。例如ADALINE，可以把其他变量节点视为固定，只把损失值视为权值节点$\boldsymbol{w}$的函数，求损失值对$\boldsymbol{w}$的节点梯度$(\partial f/\partial w_1, \partial f/\partial w_2)$，再把阈值节点$b$视为变量，求损失值对$b$节点的梯度$(\partial f/\partial b)$，最后用这些偏导数更新$\boldsymbol{w}$和 b。

2.4 链式法则与反向传播

再次回顾一下简化的 ADALINE 计算图（如图 2-1 所示），要想求出右上角的损失值节点h对左侧的权值向量节点$\boldsymbol{w}$的梯度向量。可以这样做，从$\boldsymbol{w}$节点出发，沿一条有若干中间节点的路径最终可以到达h节点。计算图中的每一对父子节点都可以视作从一个向量到另一个向量的映射（map）。父节点的值是映射的自变量，子节点的值是映射的因变量。

当然，一个节点可以有多个父节点，它的值由多个父节点的值计算而得，但当只考虑其中的一对父子时，其他父节点可以先当作常量。例如对于图 2-1 的内积节点，如果考察它与$\boldsymbol{w}$节点的关系，则可以将内积节点看作一个映射：

$$f(\boldsymbol{w}) = \boldsymbol{w} \cdot \boldsymbol{x} = \sum_{i=1}^{n} w_i x_i \tag{2.4}$$

这个映射就是求自变量向量（此时是$\boldsymbol{w}$）与一个常数向量（此时是$\boldsymbol{x}$）的内积。

计算图中的每个节点都是多到多（即向量到向量）的映射。然后你可能会说，图 2-1 里的损失值节点不就是一个标量么？对，但是标量也可以看作一维向量。往后还会有值是矩阵的节点，但是矩阵也无非就是多个向量的组合，说白了还是多个数值，仍可以视作向量。总而言之，从多个值计算出多个值，都可以视作向量到向量的映射。

我们之前介绍了函数的梯度，那时所说的函数是标量函数，它是从多个值计算出一个值。而由多个值计算出多个值的映射则可以看作多个标量函数，比如从n维向量计算出m维向量的映射就可以看作m个标量函数：

$$f(\boldsymbol{w}) = \begin{pmatrix} f_1(\boldsymbol{w}) \\ f_2(\boldsymbol{w}) \\ \vdots \\ f_m(\boldsymbol{w}) \end{pmatrix}$$

这个映射用n维向量$\boldsymbol{w}$计算出了一个m维向量。如果把结果的第i分量记作$f_i(\boldsymbol{w})$，则该映射可以看作由m个标量函数$f_i(\boldsymbol{w})$组成的。每个$f_i(\boldsymbol{w})$既然是标量函数，那么它在某位置$\boldsymbol{w}$处就会有梯度$\nabla f_i(\boldsymbol{w})$，这是一个$n$维向量。而在$\boldsymbol{w}$处，$m$个$f_i(\boldsymbol{w})$各有一个$n$维梯度向量，以这$m$个梯度作为行，就组成了一个$m \times n$矩阵：

$$\boldsymbol{J}_f(\boldsymbol{w}) = \begin{bmatrix} \frac{\partial f_1}{\partial w_1}(\boldsymbol{w}) & \cdots & \frac{\partial f_1}{\partial w_n}(\boldsymbol{w}) \\ \vdots & \ddots & \vdots \\ \frac{\partial f_m}{\partial w_1}(\boldsymbol{w}) & \cdots & \frac{\partial f_m}{\partial w_n}(\boldsymbol{w}) \end{bmatrix}$$

$\boldsymbol{J}_f(\boldsymbol{w})$叫作映射$f(\boldsymbol{w})$在$\boldsymbol{w}$处的雅可比矩阵（Jacobi matrix）。因为$f(\boldsymbol{w})$是从n维到m维的映射，

所以雅可比矩阵是一个$m \times n$矩阵，它的每一行分别是$f(\boldsymbol{w})$的每一个分量$f_i(\boldsymbol{w})$在$\boldsymbol{w}$处的梯度向量的转置。对于计算图中的每对父子节点，都可以计算出子节点对父节点的雅可比矩阵。实际上，只需要计算子节点的每个分量对父节点的梯度，即每个分量对父节点的每个分量的偏导数即可。

例如图 2-1 中的内积节点，它是从n维到一维的映射，只有一个分量，所以它的雅可比矩阵是一个$1 \times n$矩阵，其唯一一行由内积对输入向量$\boldsymbol{w}$的梯度组成。梯度的第i分量是内积对输入向量$\boldsymbol{w}$的第i分量的偏导数。对于式(2.4)，有：

$$\frac{\partial f}{\partial w_i}(\boldsymbol{w}) = x_i$$

这是因为内积$f(\boldsymbol{w})$所做的运算是将w_i与x_i相乘后再与其他东西相加，我们假设其他东西是b，则$f(\boldsymbol{w})$可记作$w_i x_i + b$。所以$\partial f / \partial w_i$就是$x_i$，这是最简单的求导计算。将这些偏导数排列成行向量，就是内积对$\boldsymbol{w}$的雅可比矩阵：

$$\boldsymbol{J}_f(\boldsymbol{w}) = (x_1 \quad \cdots \quad x_n)$$

当然，这只是针对内积的情况。对于其他映射，只要计算出映射的每个分量对输入向量的每个分量的偏导数，就可以得到雅可比矩阵了，这是一元函数的求导。现在，我们知道该如何去求一个映射的雅可比矩阵了。

雅可比矩阵与线性近似

从初等微积分我们可以知道，函数在某一点处的导数就是它在这一点处切线的斜率，如图 2-12 所示。

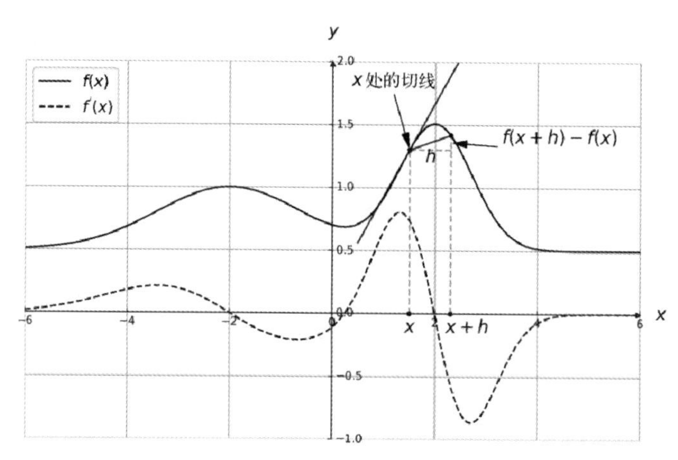

图 2-12 导数是切线的斜率

可以在某位置$\boldsymbol{x}^*$附近为函数构造一个近似：

$$f(x) \approx f(x^*) + f'(x^*)(x - x^*)$$

$f'(x^*)$是函数在x^*的导数。这个近似函数其实是以$f'(x^*)$为斜率的直线，直线在x^*处与原函数重合，且有相同的斜率，所以称它是原函数在x^*处的线性近似。显然，离开x^*后，该直线与原函数就不会完全吻合了，除非原函数本身就是直线。那么当远离x^*时，线性近似与原函数的差距会怎么变化呢？我们接下来看，通过简单的代数运算，将不受x影响的$f'(x^*)$提到极限的外面后，稍加整理就可以得到下述等式：

$$\lim_{x \to x^*} \frac{\big(f(x^*) + f'(x^*)(x - x^*)\big) - f(x)}{x - x^*} = f'(x^*) - \lim_{x \to x^*} \frac{f(x) - f(x^*)}{x - x^*} = 0$$

其中，第一个等号右边式子中的极限正是函数在x^*点处的导数$f'(x^*)$，所以上述式子等于 0。这个式子的含义是：线性近似的误差与自变量之差的比值随着x趋近于x^*而趋近于 0。也就是说，随着自变量向x^*靠近，线性近似与原函数的误差趋近于 0，且趋近速度比自变量还快。这称为线性近似的误差是自变量之差在x趋近于x^*时的高阶无穷小。

一元函数在某位置可导的定义是：它在该位置可被直线“很好地”近似。“很好”的意思是：线性近似的误差是自变量之差的高阶无穷小。

然后推广到多元函数，我们来看这个式子：

$$f(\boldsymbol{w}) \approx f(\boldsymbol{w}^*) + \nabla f(\boldsymbol{w}^*) \cdot (\boldsymbol{w} - \boldsymbol{w}^*)$$

“·”是内积运算，算的是函数在$\boldsymbol{w}^*$的梯度$\nabla f(\boldsymbol{w}^*)$与自变量位移$\boldsymbol{w} - \boldsymbol{w}^*$的内积。如果自变量是二维向量，那么近似函数的图像就是三维空间（第三维是函数值）中的平面。如果自变量是n维向量，则近似函数就是$n+1$维空间中的超平面。所以该近似是多元函数的线性近似。我们来看看这个线性近似的误差：

$$\lim_{\boldsymbol{w} \to \boldsymbol{w}^*} \frac{\big(f(\boldsymbol{w}^*) + \nabla f(\boldsymbol{w}^*) \cdot (\boldsymbol{w} - \boldsymbol{w}^*)\big) - f(\boldsymbol{w})}{|\boldsymbol{w} - \boldsymbol{w}^*|} = \nabla_{\boldsymbol{d}} f(\boldsymbol{w}^*) - \lim_{\boldsymbol{w} \to \boldsymbol{w}^*} \frac{f(\boldsymbol{w}) - f(\boldsymbol{w}^*)}{|\boldsymbol{w} - \boldsymbol{w}^*|} = 0$$

$\nabla_{\boldsymbol{d}} f(\boldsymbol{w}^*)$是函数在$\boldsymbol{w}^*$处沿方向$\boldsymbol{d}$的方向导数。第一个等号右侧式子中的极限仍然是这个方向导数，所以上述式子等于 0。也就是说，线性近似的误差随着自变量向$\boldsymbol{w}^*$靠近而消失，且比自变量之差消失得还快，即高阶无穷小。这是多元函数在$\boldsymbol{w}^*$可导的定义。

最后，再看看因变量也是多个值（即向量）的情况。同理，我们在$\boldsymbol{w}^*$附近构造原函数的近似：

$$f(\boldsymbol{w}) \approx f(\boldsymbol{w}^*) + \boldsymbol{J}_f(\boldsymbol{w}) \cdot (\boldsymbol{w} - \boldsymbol{w}^*) \tag{2.5}$$

这回我们用雅可比矩阵$\boldsymbol{J}_f(\boldsymbol{w})$乘上自变量位移。矩阵与向量相乘的结果是向量，它的维数是矩阵的行数，它的每个分量分别是是矩阵的每一行与向量的内积。雅可比矩阵的每一行是原函数的分量的梯度，所以上式等价于：

$$f_i(\boldsymbol{w}) \approx f_i(\boldsymbol{w}^*) + \nabla f_i(\boldsymbol{w}^*) \cdot (\boldsymbol{w} - \boldsymbol{w}^*), \quad i = 1, \cdots, m$$

式(2.5)的近似函数是一个多对多的线性映射。它与原函数的误差是一个向量，误差向量的每个分量都是自变量之差的高阶无穷小。这就明白了，多对多映射在$\boldsymbol{w}^*$处可导是指它在$\boldsymbol{w}^*$附近可以被线性映射“很好地”近似。映射的局部线性近似信息蕴含在雅可比矩阵中。

计算图中的一对父子节点就是一个多到多映射，可以求这个映射对父节点的雅可比矩阵。如果某个节点有多个父节点，则可以分别单独地看每一个父节点而将其他父节点视作常量，从而依次求出每个父节点的雅可比矩阵。在上文中，我们已经求出了图 2-1 中的内积节点对权重向量节点$\boldsymbol{w}$的雅可比矩阵，它就是$\boldsymbol{x}$节点的值的转置。若将$\boldsymbol{w}$节点视为常量，则同样可以计算出内积节点对$\boldsymbol{x}$节点的雅可比矩阵是$\boldsymbol{w}$节点的值的转置。

用这个办法还可以求损失值h节点对它的父节点的雅可比矩阵。可我们需要的是h节点对权值向量节点$\boldsymbol{w}$和偏置节点b的雅可比矩阵啊，怎么办？比如说$\boldsymbol{w}$节点，它并不是h节点的直接父节点，而是它的祖先节点，它要先经过内积节点、+节点和×节点后，才能最终到达h节点。

计算图中的每一跳都是一对父子节点，是一个映射。前一跳的子节点是下一跳的父节点，前一个映射的输出是下一个映射的输入，这在数学上称为复合映射。链式法则（chain rule）指出：复合映射的雅可比矩阵是组成复合映射的多个映射的雅可比矩阵的乘积。比如说，有f、g和h三个映射，它们组成一个复合映射：

$$f\left(g\big(h(\boldsymbol{w})\big)\right)$$

先对输入向量$\boldsymbol{w}$施加h映射，得到结果向量$h(\boldsymbol{w})$；再对$h(\boldsymbol{w})$施加g映射，得到结果向量$g(h(\boldsymbol{w}))$；最后对$g(h(\boldsymbol{w}))$施加f映射，得到最终结果$f(g(h(\boldsymbol{w})))$。对于某个$\boldsymbol{w}$，记映射h在$\boldsymbol{w}$处的雅可比矩阵是$\boldsymbol{J}_h(\boldsymbol{w})$，映射$g$在$h(\boldsymbol{w})$处的雅可比矩阵是$\boldsymbol{J}_g(h(\boldsymbol{w}))$，映射$f$在$g(h(\boldsymbol{w}))$处的雅可比矩阵是$\boldsymbol{J}_f(g(h(\boldsymbol{w})))$。

根据链式法则，复合映射$f(g(h(\boldsymbol{w})))$在$\boldsymbol{w}$处的雅可比矩阵是这三个雅可比矩阵的乘积$\boldsymbol{J}_f \cdot \boldsymbol{J}_g \cdot \boldsymbol{J}_h$（这里省略了自变量）。复合映射中前一个映射的输出维数是后一个映射的输入维数，所以后一个映射的雅可比矩阵的列数等于前一个映射的雅可比矩阵的行数，因此后一个映射的雅可比矩阵可以与前一个映射的雅可比矩阵相乘。

接着，回到图 2-1，要想求损失值节点h对权值向量节点$\boldsymbol{w}$的雅可比矩阵，可先求h节点对它的父节点（×节点）的雅可比矩阵，然后乘上×节点对+节点的雅可比矩阵，再乘上+节点对内积节点的雅可比矩阵，最后乘上内积节点对$\boldsymbol{w}$节点的雅可比矩阵。

节点对于自己的雅可比矩阵是一个单位矩阵——对角线元素为 1，其余元素都为 0。这是因为将一个节点视为映射的话，输出就是节点的值。输出的第一分量就是节点值的第一分量，输出的第一分量对节点值的第一分量的偏导数为 1，对其他分量的偏导数为 0，所以雅可比矩阵的第一行是$(1,0,\cdots,0)$。映射输出的第二分量就是节点值的第二分量，输出的第二分量对节点值的第二分量的偏导数为 1，对其他分量的偏导数为 0，所以雅可比矩阵的第二行是$(0,1,\cdots,0)$。以此类推，最后可知节点对于自己的雅可比矩阵是一个单位矩阵。

从计算图中作为结果的节点开始，依次从后向前，每个节点都将结果对自己的雅可比矩阵和自己对父节点的雅可比矩阵传给父节点。根据链式法则，父节点将这二者相乘就得到结果对自己的雅可比矩阵，这个父节点再将结果对自己的雅可比矩阵和自己对父节点的雅可比矩阵传给自己的父节点。这个更前的父节点将这两个矩阵相乘，也可得到结果对自己的雅可比矩阵。这个过程持续下去，整条计算图路径上的节点就都可以计算出最终结果对自己的雅可比矩阵。这个过程就是计算图上的“反向传播”（back propagation）。

“反向传播”传播的是结果节点对自己的雅可比矩阵，同时也将自己对父节点的雅可比矩阵传给父节点。父节点将这两个矩阵相乘，就得到最终结果对自己的雅可比矩阵。一般情况下，最终结果是一个标量（损失值）。它对计算路径上游某个节点的雅可比矩阵是$1 \times n$矩阵，n是该节点的维数。这个$1 \times n$的雅可比矩阵就是最终结果对该节点的梯度的转置，参与训练的参数节点就可以利用梯度更新自己的值了。

我们在第 1 章（如图 1-8 所示）中描述的就是在 ADALINE 的计算图上执行反向传播的过程。现在就明白图 1-8 中那些向父节点传递的二元组是什么了——最终结果对自己的雅可比矩阵以及自己对父节点的雅可比矩阵。

h节点就是结果节点，它对自己的雅可比矩阵是1×1的单位矩阵，也就是标量 1。h节点对父节点的雅可比矩阵也是1×1矩阵，是h节点对父节点的偏导数（其实就是导数，因为只有一个自变量）: 若父节点的值大于等于 0，则偏导数为 0；若父节点的值小于 0，则偏导数为-1。所以h节点传给父节点的二元组是$[1,-1/0]$，第一个数是h节点对自己的雅可比矩阵，第二个数是h节点对父节点的雅可比矩阵。

接下来，×节点将二元组$[-1/0,l]$传给自己的父节点——$+$节点（标签l节点不参与训练）: 其中第一个数$-1/0$是结果节点h对×节点的雅可比矩阵，它是将h节点传给自己的二元组中的两个雅可比矩阵1 和 $-1/0$相乘得到的；第二个数l是×节点对+节点的雅可比矩阵。因为×节点执行的计算是将+节点的值与l节点的值相乘，所以它对+节点的偏导数就是l节点的值。

+节点将二元组$[-l/0,1]$传给自己的三个父节点，其中第一个数是h节点对自己的雅可比矩阵，第二个数是自己对三个父节点的雅可比矩阵。因为+节点将全体父节点相加，所以它对任何一个父节点的雅可比矩阵都是单位矩阵。

接下来，以最上方的×节点为例。它将收到的二元组相乘，得到h节点对自己的雅可比矩阵$-l/0$。因为它执行的是将x_1节点与w_1节点相乘，它对w_1节点的雅可比矩阵就是x_1节点的值。所以×节点传给w_1节点的二元组是$[-l/0, x_1]$。

w_1节点收到这个二元组，将它们相乘得到$-l \cdot x_1/0$，这就是损失值节点h对w_1节点的雅可比矩阵。

ADALINE 的计算图非常简单，其中每一个节点最多只有一个子节点，节点只要拿到这个子节点传过来的两个雅可比矩阵并相乘，就可以得到损失值节点h对自己的雅可比矩阵了。以后我们会构造更复杂的计算图，那时一个节点可以有多个子节点，到时候怎么办呢?

在数学上可以证明（本书从略）：将最终结果对某节点的各个子节点的雅可比矩阵与各个子节点对该节点的雅可比矩阵相乘，再将这些矩阵乘积相加，就得到最终结果对该节点的雅可比矩阵。那么一个节点只要将所有子节点传给自己的雅可比矩阵二元组相乘，再将它们都相加，就得到最终结果节点对自己的雅可比矩阵了：

$$\boldsymbol{J}_f = \sum_s \boldsymbol{J}_{rs}\boldsymbol{J}_{sf}$$

$\boldsymbol{J}_f$是最终结果对父节点的雅可比矩阵，$\boldsymbol{J}_{rs}$是最终结果对某个子节点s的雅可比矩阵，$\boldsymbol{J}_{sf}$是子节点s对父节点的雅可比矩阵。遍历所有子节点，将最终结果对每个子节点的雅可比矩阵与子节点对父节点的雅可比矩阵相乘并加在一起，就得到最终结果对父节点的雅可比矩阵。这个过程可以用递归算法来完成，反向传播的核心代码在 Node 类（matrixslow/core/node.py）的 backward 方法中：

```
def backward(self, result):
    """
    反向传播，计算结果节点对本节点的雅可比矩阵
    """
    if self.jacobi is None:
        if self is result:
            self.jacobi = np.mat(np.eye(self.dimension()))
        else:
            self.jacobi = np.mat(
                np.zeros((result.dimension(), self.dimension())))

            for child in self.get_children():
                if child.value is not None:
                    self.jacobi += child.backward(result) * child.get_jacobi(self)

    return self.jacobi
```

Node 类有一个属性 jacobi，用来保存最终结果对自己的雅可比矩阵。在代码一开始，先判断自己的 jacobi 属性是否是 None，如果不是，说明最终结果对自己的雅可比矩阵已经计算完成。其意义在于对于复杂的计算图来说，一次反向传播中某个节点可能被多次访问，如果它的雅可比

矩阵已经有了，就不必重复计算了。

result 参数传进来的是最终结果节点。如果本节点自身就是最终结果节点，那么只需构造一个适当形状的单位矩阵作为雅可比矩阵就可以了。self.dimension()函数返回的是节点值作为向量的维数。

如果本节点不是最终结果节点，则要先构造一个适当形状的全零矩阵作为累加器，再遍历其全部子节点：若子节点的 value 属性不为 None，则说明它在本次的计算路径上（对于复杂的计算图来说，有些节点可能并不在某次前向传播的计算路径上，则它们就是无关的节点），递归调用该子节点的 backward 方法，从而获得最终结果节点对它的雅可比矩阵；然后再以本节点自己为参数调用子节点的 get_jacobi 方法，该方法接受一个父节点作为参数，返回子节点对这个父节点的雅可比矩阵；最后，将这两个雅可比矩阵相乘后加到累加器上。全部子节点遍历完成后，累加器的值就是最终结果对本节点的雅可比矩阵。

虽然 get_jacobi 方法已经在基类 Node 中声明了，但还要在每个继承 Node 类的节点类中具体实现。因为对于不同的计算节点来说，求父节点的雅可比矩阵的方式也是不同的。就像 compute 方法一样，get_jacobi 方法也是每种计算节点都需要提供的一个方法。

为框架新添一种运算，或者说新增一种继承自 Node 类的节点类。其核心就是要实现 compute 方法和 get_jacobi 方法。这里我们仍以最简单的向量+节点为例（matrixslow/ops/ops.py）：

```
def get_jacobi(self, parent):
    return np.mat(np.eye(self.dimension()))
```

向量+节点对父节点的雅可比矩阵就是单位矩阵。不论对于哪个父节点，其雅可比矩阵都是一样的，所以这个 get_jacobi 方法根本就没有参考参数 parent。当然，这是最简单的一种情况，有些雅可比矩阵的计算要复杂得多；有些节点类对不同父节点的雅可比矩阵是不同的，且与该父节点当前的值有关。所以 get_jacobi 方法需要利用 parent 参数来区分是对哪个父节点计算雅可比矩阵，并在需要的时候访问它的 value 属性。

总结一下，计算图的变量节点被赋值或初始化后，在结果节点（比如损失值节点）上调用 forward 方法，递归计算路径上各个节点的值，信息沿着计算图向前传播，最终得到结果节点的值。之后，在需要更新的节点上调用 backward 方法，递归计算结果节点对路径上各个节点的雅可比矩阵，信息反向传播。如果有多个节点需要更新，比如权值向量节点和偏置节点，就在这些节点上分别调用 backward 方法。由于中间节点的雅可比矩阵（如果已经被计算）已经保存在了 jacobi 属性中，所以在多个节点上多次调用其 backward 方法时并不会增加额外的计算负担。这其实就是“反向传播”的精髓，它执行的无非就是复杂复合映射的求导链式法则，保存中间结果，从而以空间换时间。

2.5 在计算图上执行梯度下降法

将某个节点作为最终结果节点，通过前向传播来计算它的值，通过反向传播来计算它对各个节点的雅可比矩阵。如果结果节点是一个标量，那么那些雅可比矩阵就都是行向量，即梯度的转置。有了梯度，就可以利用梯度下降法来更新计算图中的变量节点，降低结果节点的值。其具体过程是这样的：

(1) 对结果节点的上游变量节点赋值或初始化；
(2) 在结果节点上调用 `forward` 方法，计算出它的值；
(3) 在所有需要训练的变量节点上调用 `backward` 方法；
(4) 调用 `backward` 方法后，变量节点的 `jacobi` 属性保存了结果节点对它的雅可比矩阵，即梯度的转置（若结果节点是标量），从变量节点的当前值中减去用学习率乘梯度的值即为更新后的值；
(5) 清除所有节点的 `value` 和 `jacobi` 属性，回到第(2)步。

重复以上步骤，就可以持续调整变量节点的值以达到降低结果节点值的目的。具体到图 2-1 的 ADALINE 模型，那就是：

(1) 随机初始化$\boldsymbol{w}$节点和b节点；
(2) 取一个训练样本的输入向量赋给$\boldsymbol{x}$节点，标签赋给l节点；
(3) 调用损失值节点h的 `forward` 方法，计算出它的值；
(4) 调用$\boldsymbol{w}$节点和b节点的 `backward` 方法；
(5) 将$\boldsymbol{w}$节点和b节点的 `jacobi` 属性的值乘上学习率η后，从它们各自的 `value` 属性中减去；
(6) 清除所有节点的 `value` 属性和 `jacobi` 属性，回到第(2)步。

重复上述步骤，就可以持续调整 ADALINE 模型的参数，并降低它在每个训练样本上的损失值。请注意，降低模型在一个样本上的损失值有可能会增加它在其他样本上的损失值，但是上述算法在总体上有降低模型在全体训练样本上损失值的作用，这称作随机梯度下降法（Stochastic Gradient Descent，SGD）。在下一章中，我们将会详细讲解这个话题。

2.6 节点类及其子类

原理已经讲得差不多了，接下来我们谈一下实现。MatrixSlow 框架将计算图节点封装成 `Node` 类，它的核心代码就是前向传播和反向传播，这个之前介绍过。现在我们将 `Node` 类的完整代码放在这里（matrixslow/core/node.py）：

```
class Node(object):
    """
    计算图节点类基类
    """

    def __init__(self, *parents, **kargs):

        # 计算图对象，默认为全局对象default_graph
        self.graph = kargs.get('graph', default_graph)
        self.need_save = kargs.get('need_save', True)
        self.gen_node_name(**kargs)

        self.parents = list(parents)  # 父节点列表
        self.children = []  # 子节点列表
        self.value = None  # 本节点的值
        self.jacobi = None  # 结果节点对本节点的雅可比矩阵

        # 将本节点添加到父节点的子节点列表中
        for parent in self.parents:
            parent.children.append(self)

        # 将本节点添加到计算图中
        self.graph.add_node(self)

    def get_parents(self):
        """
        获取本节点的父节点
        """
        return self.parents

    def get_children(self):
        """
        获取本节点的子节点
        """
        return self.children

    def gen_node_name(self, **kargs):
        """
        生成节点名称，如果用户不指定，则根据节点类型生成类似于MatMul:3的节点名，
        如果指定了name_scope，则生成类似Hidden/MatMul:3的节点名
        """
        self.name = kargs.get('name', '{}:{}'.format(
            self.__class__.__name__, self.graph.node_count()))
        if self.graph.name_scope:
            self.name = '{}/{}'.format(self.graph.name_scope, self.name)

    def forward(self):
        """
        前向传播计算本节点的值，若父节点的值未被计算，则递归调用父节点的forward方法
        """
        for node in self.parents:
            if node.value is None:
                node.forward()
```

```
        self.compute()

    @abc.abstractmethod
    def compute(self):
        """
        抽象方法，根据父节点的值计算本节点的值
        """

    @abc.abstractmethod
    def get_jacobi(self, parent):
        """
        抽象方法，计算本节点对某个父节点的雅可比矩阵
        """

    def backward(self, result):
        """
        反向传播，计算结果节点对本节点的雅可比矩阵
        """
        if self.jacobi is None:
            if self is result:
                self.jacobi = np.mat(np.eye(self.dimension()))
            else:
                self.jacobi = np.mat(
                    np.zeros((result.dimension(), self.dimension())))

                for child in self.get_children():
                    if child.value is not None:
                        self.jacobi += child.backward(result) * child.get_jacobi(self)

        return self.jacobi

    def clear_jacobi(self):
        """
        清空结果节点对本节点的雅可比矩阵
        """
        self.jacobi = None

    def dimension(self):
        """
        返回本节点的值展开成向量后的维数
        """
        return self.value.shape[0] * self.value.shape[1]

    def shape(self):
        """
        返回本节点的值作为矩阵的形状：(行数，列数)
        """
        return self.value.shape

    def reset_value(self, recursive=True):
        """
        重置本节点的值，并递归重置本节点的下游节点的值
        """
```

```
        self.value = None

        if recursive:
            for child in self.children:
                child.reset_value()
```

Node 类的构造函数接受数量不定的其他 Node 类对象作为本节点的父节点。将 parents 参数赋给 parents 属性；将 children 属性初始化为一个空列表；将 value 属性和 jacobi 属性设置为 None；将 graph 属性设置为参数中传进来的 Graph 类对象，若没有这个参数，则设置成全局默认 Graph 类对象 default_graph。再为节点设置一个（在本计算图中的）唯一的名字，节点名在模型保存和导入时要用到。

遍历所有的父节点，将本节点加入到每个父节点的 children 列表中。最后，再将本节点加入到 Graph 类对象的节点列表中，此处虽然用到了 Graph 类，但是它的作用在此时并不太重要。每构造一个节点，都需要指明它的父节点，并建立起它与父节点的双向连接（parents 列表和 children 列表）。有了双向连接，我们就可以在计算图中自由遍历了。

接下来的两个 get 方法不言自明。forward 方法在前文介绍过，在节点上调用 forward 方法就会递归访问本节点依赖的全部上游节点，信息经计算图向前传播到本节点，计算出本节点的值。compute 方法是一个抽象方法，继承 Node 类的具体节点类都需要覆盖它，以实现自己特有的计算。get_jacobi 方法是另一个抽象方法，子类通过覆盖它来实现对父节点的雅可比矩阵的计算。因为计算父节点的雅可比矩阵（可能）需要该父节点以及其他父节点的值，所以只能在子节点中完成。父节点以 self 为参数调用子节点的 get_jacobi 方法，就能得到子节点对自己的雅可比矩阵。

backward 方法也已经介绍过。clear_jacobi 方法不言自明。MatrixSlow 框架的节点保存的都是矩阵：标量是1×1矩阵，向量是$n \times 1$矩阵（列向量）或$1 \times n$矩阵（行向量），最普通的就是$m \times n$矩阵。$m \times n$矩阵无非就是$m \times n$个数值，作为映射的输入或输出时可以看作$m \times n$维向量，因此计算映射的雅可比矩阵时，可以将输入或输出矩阵按行展开当作向量来处理。dimension 方法返回节点值按行展开后的向量的维数，即矩阵的高乘以宽。shape 方法返回节点值作为矩阵的形状。

Node 类的 value 属性一律是 Numpy 的 Matrix 类，直接获取 value 的 shape 属性就是它的形状，是一个 tuple（高和宽）。reset_value 方法将 value 属性重置为 None。若本节点的值被重置，则所有依赖本节点的下游节点的值都失效了，所以这里递归调用下游节点的 reset_value 方法，将它们全部置为 None，即作废掉。

Node 类囊括了计算图节点的核心功能和公共辅助功能，若要实现某种特定运算，只要继承 Node 类并实现 compute 方法和 get_jacobi 方法即可。变量节点稍微特殊些，我们来看一下（matrixslow/

core/node.py）：

```
class Variable(Node):
    """
    变量节点
    """

    def __init__(self, dim, init=False, trainable=True, **kargs):
        """
        变量节点没有父节点，其构造函数接受变量的形状、是否初始化以及是否参与训练的标识
        """
        Node.__init__(self,  **kargs)
        self.dim = dim

        # 如果需要初始化，则以正态分布随机初始化变量的值
        if init:
            self.value = np.mat(np.random.normal(0, 0.001, self.dim))

        # 变量节点是否参与训练
        self.trainable = trainable

    def set_value(self, value):
        """
        为变量赋值
        """
        assert isinstance(value, np.matrix) and value.shape == self.dim

        # 本节点的值被改变，重置所有下游节点的值
        self.reset_value()
        self.value = value
```

Variable 类节点的值不是计算出来的，因此它不需要父节点。Variable 类覆盖基类的构造函数，接受几个参数。dim 参数是一个 tuple，包含变量矩阵的形状——高和宽。init 参数是一个布尔值，决定节点的值是否需要初始化，比如保存样本和标签的节点不需要初始化，而保存参数的节点需要初始化。若要初始化，则将 value 属性初始化为一个形状为 dim 的矩阵，矩阵元素采样自以 0 为均值、0.001 为标准差的正态分布。参数的初始化很重要，它能影响到梯度下降法是否收敛及其收敛速度，尤其在深度学习中，参数的初始化有许多理论结果和实践方法，本书对此不作探讨。我们只依据一个原则：将参数初始化为接近零值的随机值。

trainable 参数指示节点是否参与训练。比如样本和标签不参与训练，可以不计算它们的雅可比矩阵，而参数参与训练，就需要计算雅可比矩阵。set_value 方法为变量节点赋值，在赋值前先调用 reset_value 方法清空本节点以及所有依赖本节点的下游节点的值。

其他节点类基本都是运算节点，本书后续章节会逐步引入其他运算节点。在此我们先以矩阵×节点（ADALINE 的向量内积就是用矩阵乘法完成的）为例展示一个计算节点的样子（matrixslow/ops/ops.py）：

```
class MatMul(Operator):
    """
    矩阵乘法
    """

    def compute(self):
        assert len(self.parents) == 2 and self.parents[0].shape()[
            1] == self.parents[1].shape()[0]
        self.value = self.parents[0].value * self.parents[1].value

    def get_jacobi(self, parent):
        """
        将矩阵乘法视作映射，求映射对参与计算的矩阵的雅可比矩阵
        """

        # 很神秘，靠注释说不明白了
        zeros = np.mat(np.zeros((self.dimension(), parent.dimension())))
        if parent is self.parents[0]:
            return fill_diagonal(zeros, self.parents[1].value.T)
        else:
            jacobi = fill_diagonal(zeros, self.parents[0].value)
            row_sort = np.arange(self.dimension()).reshape(
                self.shape()[::-1]).T.ravel()
            col_sort = np.arange(parent.dimension()).reshape(
                parent.shape()[::-1]).T.ravel()
            return jacobi[row_sort, :][:, col_sort]
```

MatMul 类继承 Operator 类，Operator 类继承 Node 类。它什么也没做，只起整理类继承结构的作用。MatMul 类的 compute 方法很简单，它先判断两个父节点的值（矩阵）的形状是否可以相乘，即第一个父节点的列数是否等于第二个父节点的行数。因为节点值都是 Numpy 的 Matrix 类，乘法运算符（*）被重载为矩阵乘法，所以可以直接将两个父节点的值相乘。get_jacobi 方法接受一个父节点，返回×节点对这个父节点的雅可比矩阵。原理上较为简单，但实现上涉及元素的排列，稍烦琐些。

矩阵乘法的雅可比矩阵

两个矩阵相乘，例如矩阵$\boldsymbol{A}$乘以矩阵$\boldsymbol{B}$。令$\boldsymbol{A}$的形状是$m \times n$，即$\boldsymbol{A}$有m行n列。令$\boldsymbol{B}$的形状是$n \times k$，即$\boldsymbol{B}$有n行k列。$\boldsymbol{A}$的列数等于$\boldsymbol{B}$的行数。$\boldsymbol{A}$与$\boldsymbol{B}$的乘积是$m \times k$的矩阵$\boldsymbol{C}$：

$$\boldsymbol{C} = \boldsymbol{AB} = \begin{pmatrix} a_{1,1} & \cdots & a_{1,n} \\ \vdots & \ddots & \vdots \\ a_{m,1} & \cdots & a_{m,n} \end{pmatrix} \begin{pmatrix} b_{1,1} & \cdots & b_{1,k} \\ \vdots & \ddots & \vdots \\ b_{n,1} & \cdots & b_{n,k} \end{pmatrix} = \begin{pmatrix} \sum_{s=1}^{n} a_{1,s}b_{s,1} & \cdots & \sum_{s=1}^{n} a_{1,s}b_{s,k} \\ \vdots & \ddots & \vdots \\ \sum_{s=1}^{n} a_{m,s}b_{s,1} & \cdots & \sum_{s=1}^{n} a_{m,s}b_{s,k} \end{pmatrix}$$

$\boldsymbol{C}$的第i行第j列元素$c_{i,j}$，是$\boldsymbol{A}$的第i行的n个元素与$\boldsymbol{B}$的第j列的n个元素对应相乘再相加：$\sum_{s=1}^{n} a_{i,s}b_{s,j}$。现在我们将矩阵乘法视为多到多映射，例如，以左矩阵$\boldsymbol{A}$为自变量，以右矩阵$\boldsymbol{B}$为

常量。将矩阵乘法视为映射时，其自变量和因变量都是向量。将矩阵按行展开，视作一个向量。例如，矩阵$\boldsymbol{A}$就视作$m \times n$维的向量：

$$\boldsymbol{A} = \begin{pmatrix} a_{1,1} \\ \vdots \\ a_{1,n} \\ \vdots \\ a_{m,1} \\ \vdots \\ a_{m,n} \end{pmatrix}$$

同样，将映射的结果矩阵$\boldsymbol{C}$视为$m \times k$维向量：

$$\boldsymbol{C} = \begin{pmatrix} \sum_{s=1}^{n} a_{1,s} b_{s,1} \\ \vdots \\ \sum_{s=1}^{n} a_{1,s} b_{s,k} \\ \vdots \\ \sum_{s=1}^{n} a_{m,s} b_{s,1} \\ \vdots \\ \sum_{s=1}^{n} a_{m,s} b_{s,k} \end{pmatrix} \tag{2.6}$$

我们省略了很多元素，但是读者应该能看出这是将矩阵按行展开列在一起形成的向量。从$\boldsymbol{A}$得到$\boldsymbol{C}$的映射是一个从mn维向量到mk维向量的映射（注意我们省略了×号）。该映射对$\boldsymbol{A}$的雅可比矩阵是$mk \times mn$的矩阵。观察式(2.6)，$\boldsymbol{C}$的第 1 个分量对$\boldsymbol{A}$的第 1 行元素（$a_{1,1}, a_{1,2}, \cdots, a_{1,n}$）的偏导数是$\boldsymbol{B}$的第 1 列，对$\boldsymbol{A}$其余元素的偏导数是 0，所以雅可比矩阵的第 1 行是这样的：

$$(b_{1,1} \quad \cdots \quad b_{n,1} \quad 0 \quad \cdots \quad 0)$$

这一行共有mn个元素，前n个是$\boldsymbol{B}$的第 1 列，其余为 0。$\boldsymbol{C}$的第 2 个分量对$\boldsymbol{A}$的第 1 行元素的偏导数是$\boldsymbol{B}$的第 2 列，对$\boldsymbol{A}$其余元素的偏导数是 0，所以雅可比矩阵的第 2 行是这样的：

$$(b_{1,2} \quad \cdots \quad b_{n,2} \quad 0 \quad \cdots \quad 0)$$

一直到雅可比矩阵的第k行都是这样，只不过每行前面的非零元素分别是$\boldsymbol{B}$的第k列元素。$\boldsymbol{C}$的第$k+1$个分量对$\boldsymbol{A}$的第 2 行元素（$a_{2,1}, a_{2,2}, \cdots, a_{2,n}$）的偏导数是$\boldsymbol{B}$的第 1 列，对$\boldsymbol{A}$其余元素的偏导数是 0，所以雅可比矩阵的第$k+1$行是这样的：

$$(0 \quad \cdots \quad 0 \quad b_{1,1} \quad \cdots \quad b_{n,1} \quad 0 \quad \cdots \quad 0)$$

这一行中第 2 个长度为n的段是$\boldsymbol{B}$的第 1 列，其余为 0。

我相信读者已经找出规律了。下面我们直接给出结论，作为向量的$\boldsymbol{C}$对作为向量的$\boldsymbol{A}$的雅可比矩阵是：

$$
\boldsymbol{J}=\begin{bmatrix}
b_{1,1} & \cdots & b_{n,1} & & & & \\
\vdots & \ddots & \vdots & \cdots & & 0 & \\
b_{1,k} & \cdots & b_{n,k} & & & & \\
& \vdots & & \ddots & & \vdots & \\
& & & & b_{1,1} & \cdots & b_{n,1} \\
& 0 & & \cdots & \vdots & \ddots & \vdots \\
& & & & b_{1,k} & \cdots & b_{n,k}
\end{bmatrix}=\begin{bmatrix}
\boldsymbol{B}^{\mathrm{T}} & \cdots & 0 \\
\vdots & \ddots & \vdots \\
0 & \cdots & \boldsymbol{B}^{\mathrm{T}}
\end{bmatrix}
$$

$\boldsymbol{B}^{\mathrm{T}}$是$\boldsymbol{B}$的转置，即把$\boldsymbol{B}$的列作为行。$\boldsymbol{B}^{\mathrm{T}}$的形状是$k \times n$。把$m$个$\boldsymbol{B}^{\mathrm{T}}$矩阵放在“对角线”上（这个“对角线”是广义的），得到的是一个$mk \times mn$的矩阵，这就是$\boldsymbol{C}$对$\boldsymbol{A}$的雅可比矩阵。这就是代码中做的事情：先构造一个零矩阵，再用函数 `fill_diagonal` 将矩阵$\boldsymbol{B}^{\mathrm{T}}$填在广义的“对角线”上。`fill_diagonal` 函数就不在书中详解了，只涉及一些定位和赋值，读者可以自己看代码。

下面我们还需要看一看$\boldsymbol{C}$对$\boldsymbol{B}$的雅可比矩阵。作为向量的$\boldsymbol{C}$还是式(2.6)所示，而作为向量的$\boldsymbol{B}$是：

$$
\boldsymbol{B}=\begin{pmatrix}
b_{1,1} \\ \vdots \\ b_{1,k} \\ \vdots \\ b_{n,1} \\ \vdots \\ b_{n,k}
\end{pmatrix}
$$

这是一个nk维向量。$\boldsymbol{C}$对$\boldsymbol{B}$的雅可比矩阵是$mk \times nk$矩阵。$\boldsymbol{C}$的第 1 个分量对$\boldsymbol{B}$的第 1 列元素的偏导数是$\boldsymbol{A}$的第 1 行，所以雅可比矩阵的第 1 行是这样的：

$$
\begin{pmatrix} a_{1,1} & 0 & \cdots & 0 & a_{1,2} & 0 & \cdots & 0 & a_{1,n} & 0 & \cdots & 0 \end{pmatrix}
$$

这一行共有$n \times k$个元素，每个长度为k的段的第 1 个元素是$\boldsymbol{A}$的第 1 行的对应元素，其余元素为 0。雅可比矩阵的第 2 行是这样的：

$$
\begin{pmatrix} 0 & a_{1,1} & \cdots & 0 & 0 & a_{1,2} & \cdots & 0 & 0 & a_{1,n} & \cdots & 0 \end{pmatrix}
$$

这一行中每个长度为k的段的第 2 个元素是$\boldsymbol{A}$的第 1 行的对应元素，其余元素为 0。以此类推，雅可比矩阵的前k行是一个$k \times nk$矩阵，它包含横着排列的n个对角阵。第s个对角阵的对角线元素是$\boldsymbol{A}$的第 1 行的第s个分量。

整个雅可比矩阵由m个这样的$k \times nk$矩阵竖着摞在一起，构成了一个$mk \times nk$矩阵。每一个$k \times nk$矩阵的那n个对角阵的对角线元素依次是$\boldsymbol{A}$的各行，如图 2-13 所示。

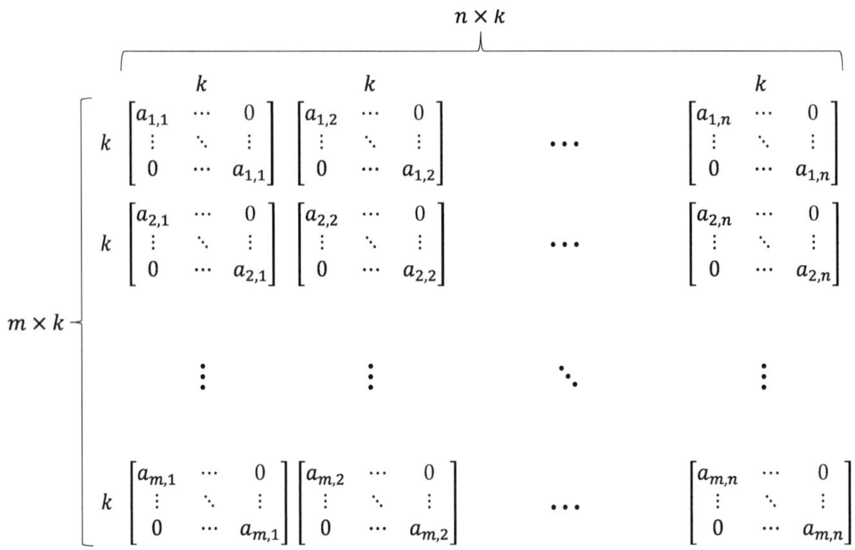

$$
\overbrace{
\begin{matrix}
\begin{bmatrix} a_{1,1} & \cdots & 0 \\ \vdots & \ddots & \vdots \\ 0 & \cdots & a_{1,1} \end{bmatrix} & \begin{bmatrix} a_{1,2} & \cdots & 0 \\ \vdots & \ddots & \vdots \\ 0 & \cdots & a_{1,2} \end{bmatrix} & \cdots & \begin{bmatrix} a_{1,n} & \cdots & 0 \\ \vdots & \ddots & \vdots \\ 0 & \cdots & a_{1,n} \end{bmatrix} \\
\begin{bmatrix} a_{2,1} & \cdots & 0 \\ \vdots & \ddots & \vdots \\ 0 & \cdots & a_{2,1} \end{bmatrix} & \begin{bmatrix} a_{2,2} & \cdots & 0 \\ \vdots & \ddots & \vdots \\ 0 & \cdots & a_{2,2} \end{bmatrix} & \cdots & \begin{bmatrix} a_{2,n} & \cdots & 0 \\ \vdots & \ddots & \vdots \\ 0 & \cdots & a_{2,n} \end{bmatrix} \\
\vdots & \vdots & \ddots & \vdots \\
\begin{bmatrix} a_{m,1} & \cdots & 0 \\ \vdots & \ddots & \vdots \\ 0 & \cdots & a_{m,1} \end{bmatrix} & \begin{bmatrix} a_{m,2} & \cdots & 0 \\ \vdots & \ddots & \vdots \\ 0 & \cdots & a_{m,2} \end{bmatrix} & \cdots & \begin{bmatrix} a_{m,n} & \cdots & 0 \\ \vdots & \ddots & \vdots \\ 0 & \cdots & a_{m,n} \end{bmatrix}
\end{matrix}
}^{n \times k}
\quad (m \times k \text{ 行，每块 } k \times k)
$$

图 2-13　$\boldsymbol{C}$对$\boldsymbol{B}$的雅可比矩阵

代码中先构造了一个$mk \times nk$矩阵，并调用 fill_diagonal 函数依次将k个$\boldsymbol{A}$填在“对角线”上，然后通过调换行和列，就变成了如图 2-13 所示的雅可比矩阵。调换行和列是通过重排行和列的索引的方式实现的，请读者自行阅读代码。

矩阵乘法的雅可比矩阵在数学上最简单，但实现起来却很复杂。作为雅可比矩阵元素的那些偏导数实际上就是$\boldsymbol{A}$或者$\boldsymbol{B}$的元素，但确定它们的位置比较绕，实现起来也容易出错。其他数学上更复杂的雅可比矩阵实现起来反倒更加简单。

2.7　用计算图搭建 ADALINE 并训练

前面已经展示了如何用 MatrixSlow 框架搭建 ADALINE 模型，本节将为读者展现并讲解 ADALINE 模型的训练，代码如下（adaline.py）：

```
import numpy as np
import matrixslow as ms

"""
制造训练样本。根据均值为 171、标准差为 6 的正态分布采样 500 个男性身高，根据均值为 158、标准差为 5 的正态分布采样 500 个女性身高。根据均值为 70、标准差为 10 的正态分布采样 500 个男性体重，根据均值为 57、标准差为 8 的正态分布采样 500 个女性体重。根据均值为 16、标准差为 2 的正态分布采样 500 个男性体脂率，根据均值为 22、标准差为 2 的正态分布采样 500 个女性体脂率。构造 500 个 1，作为男性标签，构造 500 个-1，作为女性标签。将所有以上数据组装成一个 1000 × 4 的 numpy 数组：前 3 列分别是身高、体重和体脂率，最后一列是性别标签
"""
```

```
male_heights = np.random.normal(171, 6, 500)
female_heights = np.random.normal(158, 5, 500)

male_weights = np.random.normal(70, 10, 500)
female_weights = np.random.normal(57, 8, 500)

male_bfrs = np.random.normal(16, 2, 500)
female_bfrs = np.random.normal(22, 2, 500)

male_labels = [1] * 500
female_labels = [-1] * 500

train_set = np.array([np.concatenate((male_heights, female_heights)),
                      np.concatenate((male_weights, female_weights)),
                      np.concatenate((male_bfrs, female_bfrs)),
                      np.concatenate((male_labels, female_labels))]).T

# 随机打乱样本顺序
np.random.shuffle(train_set)


# 构造计算图：输入向量是一个3×1矩阵，不需要初始化，不参与训练
x = ms.core.Variable(dim=(3, 1), init=False, trainable=False)

# 类别标签，其中1表示男，-1表示女
label = ms.core.Variable(dim=(1, 1), init=False, trainable=False)

# 权重向量是一个1×3矩阵，需要初始化，参与训练
w = ms.core.Variable(dim=(1, 3), init=True, trainable=True)

# 阈值是一个1×1矩阵，需要初始化，参与训练
b = ms.core.Variable(dim=(1, 1), init=True, trainable=True)

# ADALINE的预测输出
output = ms.ops.Add(ms.ops.MatMul(w, x), b)
predict = ms.ops.Step(output)

# 损失函数
loss = ms.ops.loss.PerceptionLoss(ms.ops.MatMul(label, output))

# 学习率
learning_rate = 0.0001

# 训练执行50个epoch
for epoch in range(50):

    # 遍历训练集中的样本
    for i in range(len(train_set)):

        # 取第i个样本的前4列（除最后一列的所有列），构造3×1矩阵对象
        features = np.mat(train_set[i,:-1]).T

        # 取第i个样本的最后一列，是该样本的性别标签（1表示男，-1表示女），构造1×1矩阵对象
        l = np.mat(train_set[i,-1])
```

```
        # 将特征赋给 x 节点，将标签赋给 label 节点
        x.set_value(features)
        label.set_value(l)

        # 在 loss 节点上执行前向传播，计算损失值
        loss.forward()

        # 在 w 节点和 b 节点上执行反向传播，计算损失值对它们的雅可比矩阵
        w.backward(loss)
        b.backward(loss)

        """
        用损失值对 w 和 b 的雅可比矩阵（梯度的转置）更新参数值。我们想优化的节点都
        应该是标量节点（才有所谓降低其值一说），它对变量节点的雅可比矩阵的形状都是
        1×n。这个雅可比的转置是结果节点对变量节点的梯度。将梯度再重构（reshape）
        成变量矩阵的形状，对应位置上就是结果节点对变量元素的偏导数。将改变形状后
        的梯度乘上学习率，从当前变量值中减去，再赋值给变量节点，完成梯度下降更新
        """
        w.set_value(w.value - learning_rate * w.jacobi.T.reshape(w.shape()))
        b.set_value(b.value - learning_rate * b.jacobi.T.reshape(b.shape()))

        # default_graph 对象保存了所有节点，调用 clear_jacobi 方法清除所有节点的雅可比矩阵
        ms.default_graph.clear_jacobi()

    # 每个 epoch 结束后评价模型的正确率
    pred = []

    # 遍历训练集，计算当前模型对每个样本的预测值
    for i in range(len(train_set)):

        features = np.mat(train_set[i,:-1]).T
        x.set_value(features)

        # 在模型的 predict 节点上执行前向传播
        predict.forward()
        pred.append(predict.value[0, 0])  # 模型的预测结果：其中 1 表示男，0 表示女

    pred = np.array(pred) * 2 - 1  # 将 1/0 结果转化成 1/-1 结果，以便与训练标签的约定一致

    # 判断预测结果与样本标签相同的数量与训练集总数量之比，即模型预测的正确率
    accuracy = (train_set[:,-1] == pred).astype(np.int).sum() / len(train_set)

    # 打印当前 epoch 数和模型在训练集上的正确率
    print("epoch: {:d}, accuracy: {:.3f}".format(epoch + 1, accuracy))
```

我们首先制造了一些训练样本，分别从不同均值和标准差的正态分布中采样了男性和女性的身高、体重和体脂率。具体做法看代码注释就明白了，这里不再赘述。但是有一点要注意：若男性和女性的特征均值接近且标准差较大，则两个性别的数据会有较大程度的重叠，训练完成的模型的正确率就会较低；若两性别的特征均值相差较大且标准差较小，则两个性别的数据重叠较轻，模型的正确率就会较高。读者可以修改特征的均值和标准差，观察效果。

接下来搭建计算图，这部分前文已经介绍过。这里再强调一下，MatrixSlow 框架的节点都是矩阵，n维向量是$n \times 1$矩阵（列向量）或$1 \times n$矩阵（行向量）。将保存样本特征的节点 x 构造为3×1矩阵，将权值向量节点 w 构造为1×3矩阵。矩阵乘积节点 MatMul(w,x)是1×1矩阵（标量），即它们的内积。

x 和 w 的内积与偏置节点 b 相加得到 output 节点。模型的预测结果是 predict 节点，它是对 output 节点施加阶跃函数（Step）得到的。将 output 节点与保存样本性别标签的 label 节点相乘，再施加 PerceptionLoss，就得到了损失值 loss 节点。至此，ADALINE 模型的计算图搭建完毕。

PerceptionLoss 是计算感知机损失的节点类，读者可以自己考虑一下如何实现 PerceptionLoss 类的 compute 和 get_jacobi 方法，权当习题（代码见 matrixslow/ops/loss.py）。

接下来，开始执行训练主循环。我们训练 50 轮，每轮称为一个 epoch。每个 epoch 遍历全部训练样本，依次将每个样本的特征向量赋值给 x 节点，性别标签赋值给 label 节点。注意，赋给节点的值必须是适当形状的矩阵对象，比如 np.mat(train_set[i,:-1]).T。该语句首先取 train_set 数组第 i 行除最后一列的所有列，即第 i 个样本的输入向量，用它来构造一个矩阵对象。这时矩阵的形状是1×3，所以将其转置成3×1。np.mat(train_set[i,-1])取第 i 行最后一列，即第 i 个样本的性别标签，构造一个1×1矩阵。分别将它们赋值给 x 节点和 label 节点。

之后在 loss 节点上调用 forward 方法，执行一次前向传播，计算模型对当前样本的损失值。然后在权值向量节点 w 和偏置节点 b 上调用 backward 方法，执行反向传播。执行完成后，就得到损失值对 w 节点和 b 节点的雅可比矩阵了。将 w 节点和 b 节点的雅可比矩阵调整成合适的形状（见代码注释），乘上学习率，然后从节点当前值中减去，再赋值给节点，这就完成了梯度下降的一步更新。

一个样本一个样本地进行下去，直到全部样本遍历完成，一个 epoch 就结束了。每完成一个 epoch 后，我们都希望看一下模型的表现。为此，我们遍历训练集，将每一个样本的特征赋值给 x 节点，在 predict 节点上执行前向传播，这时 predict 节点的值就是当前模型对该样本的预测结果：1 表示男，0 表示女。这些预测结果都保存在 pred 列表中。当全部样本都预测完毕后，就可以与样本的真实性别标签进行比较了。因为标签用 1 或−1 标识男女，而预测结果使用 1 或 0，所以首先要将预测结果转成 1 或−1。

接下来，比较预测列表 pred 和真实标签列表 train_set[:,-1]中的每一个元素，将比较结果（True 或 False）转成 1 或 0，将列表所有值相加就得到结果为 1 的数量，即模型预测结果与真实性别标签相同的数量，再除以训练集的样本数量就得到了模型的预测正确率。最后将 epoch 数和正确率打印出来，监控模型训练的过程和模型的表现。

我们在此就不贴训练日志了，读者可以自己执行代码，观察结果。ADALINE 在这个问题上的正确率能达到95%以上。注意，真正客观的评价指标不应该在训练集上评估，应该在另外一份测试集上评估。本书不对此做深入讨论，感兴趣的读者请参考《深入理解神经网络》第 5 章。

2.8 小结

本章介绍了计算图的原理。计算图用各种节点连接出了一个执行复杂计算的图。将值赋给变量节点，然后在某个节点上执行前向传播的过程，就是计算这个节点的值。指定结果节点，在某个节点上执行反向传播的过程，就是计算结果节点对该节点的雅可比矩阵。如果结果节点是标量，那么雅可比矩阵就是结果节点对该节点的梯度的转置。

所谓反向传播，传播的是最终结果节点对中间节点的雅可比矩阵。每个节点需要计算自己对各个父节点的雅可比矩阵，把这个雅可比矩阵连同最终结果对自己的雅可比矩阵一起传给父节点。当父节点依次收到各个子节点的一对雅可比矩阵后，相乘后再加到一起，就得到最终结果节点对自己的雅可比矩阵。

在复杂的计算图中，节点与节点之间连接关系复杂，但是某个节点若是已经得到了结果节点对自己的雅可比矩阵，之后谁再要就传给谁，省去了重复的计算。这其实就是反向传播算法的本质：以空间换时间，在计算图表达的复杂映射上执行求导链式法则，计算结果节点对变量节点的雅可比矩阵。

本书第一部分的其余各章会用计算图框架搭建各种模型，着重介绍各种模型的原理。读者将会发现，有了计算图工具，就再也不必担心那些复杂模型的构建和训练了。在下一章中，我们首先会介绍一些梯度下降法的变体并将它们封装成优化器类，因为后面的复杂模型需要更强有力的训练算法。

第3章 03

优化器

在上一章的最后，我们用 MatrixSlow 框架搭建了 ADALINE 模型，并运用反向传播和梯度下降法对其进行了训练。反向传播是指从结果节点开始，沿着计算图反向传递雅可比矩阵。梯度下降法是指用结果节点对变量节点的雅可比矩阵（若结果节点是标量，则雅可比矩阵是梯度的转置）更新变量节点的值，以优化（减小）结果节点的值。我们首先回顾一下这个过程。

(1) 对结果节点的上游变量节点赋值（若没有初始化的话）。

(2) 在结果节点上调用 `forward` 方法，计算出它的值。

(3) 在所有参加训练的变量节点上调用 `backward` 方法。

(4) 调用 `backward` 方法后，变量节点的 `jacobi` 属性就保存了结果节点对它的雅可比矩阵，即梯度的转置，用学习率乘以梯度后，将其从变量节点的当前值中减去。

(5) 清除所有节点的 `value` 和 `jacobi` 属性，回到第(2)步。

上述过程的本质是通过降低损失函数，使计算图所表达的模型能够尽量好地对训练样本进行分类或预测，这就是模型的训练。

除了某些细节上的差异，所有基于梯度优化损失函数的模型训练都遵循上述这个流程。这个细节指的就是上述流程中的第(4)步，即如何用梯度更新变量。这一点的差异使得产生了众多梯度下降法的变体，本章将会详细地介绍这些变体，包括它们的原理以及在 MatrixSlow 框架中的具体实现和封装。

3.1 优化流程的抽象实现

在具体讨论各种梯度下降法的变体之前，我们先试着把上述优化流程做一下抽象和封装。在上一章的最后，我们展示了 ADALINE 模型训练过程的朴素实现。如果只关心其中的参数优化部分，则核心代码只有下面这几行：

```
# 学习率
learning_rate = 0.001

# 训练执行 50 个 epoch
for epoch in range(50):
    # 遍历训练集中的样本
    for i in range(len(train_set)):

        # 在 loss 节点上执行前向传播，计算损失值
        loss.forward()

        # 在 w 节点和 b 节点上执行反向传播，计算损失值对它们的雅可比矩阵
        w.backward(loss)
        b.backward(loss)

        # 用损失值对 w 和 b 的雅可比矩阵（梯度的转置）更新参数
        w.set_value(w.value - learning_rate * w.jacobi.T.reshape(w.shape()))
        b.set_value(b.value - learning_rate * b.jacobi.T.reshape(b.shape()))

        # 调用 default_graph 对象的 clear_jacobi 方法清除所有节点的雅可比矩阵
        ms.default_graph.clear_jacobi()
```

上述流程可以抽象成三步。

(1) 调用 `loss` 节点的 `forward` 方法，这将会递归调用它所有上游节点的 `forward` 方法，从而进行前向传播并计算出 `loss` 节点的值。

(2) 对于计算图中所有需要更新的变量节点，比如 ADALINE 模型中的 `w` 节点和 `b` 节点，调用它们的 `backward` 方法，计算出 `loss` 节点对它们的雅可比矩阵，即反向传播。

(3) 使用雅可比矩阵，根据梯度下降法更新参数节点。

上述流程是更新计算图中变量的普适过程，所有计算图模型的训练过程都可以这样抽象。其中，第(3)步提到的使用梯度下降法更新参数只是众多算法中的一种。熟悉面向对象编程的读者会很自然地想到可以把上述的普适流程封装成一个抽象基类 `Optimizer`，然后把不同的算法封装成不同的优化器类。这些优化器类均继承 `Optimizer` 类并各自实现其个性化的部分。基于这个想法，我们来看一下 MatrixSlow 框架中的抽象基类 `Optimizer` 的实现：

```
class Optimizer(object):
    """
    优化器基类
    """

    def __init__(self, graph, target, learning_rate=0.01):
        """
        优化器的构造函数接受计算图对象、目标节点对象以及学习率
        """
        assert isinstance(target, Node) and isinstance(graph, Graph)
        self.graph = graph
        self.target = target
```

```
        self.learning_rate = learning_rate

        # 为每个参与训练的节点累加一个批大小（mini batch）的全部样本的梯度
        self.acc_gradient = dict()
        self.acc_no = 0

    def one_step(self):
        """
        计算并累加样本的梯度
        """
        self.forward_backward()
        self.acc_no += 1

    def get_gradient(self, node):
        """
        返回样本的平均梯度
        """
        assert node in self.acc_gradient
        return self.acc_gradient[node] / self.acc_no

    @abc.abstractmethod
    def _update(self):
        """
        抽象方法，用于执行具体的梯度更新算法，由子类实现
        """

    def apply_gradients(self, node_gradients_dict, summarize=False, acc_no=None):

        for node, gradient in node_gradients_dict.items():
            if isinstance(node, Node):
                pass
            else:
                target_node = get_node_from_graph(node)
                assert target_node is not None
                assert self.acc_gradient[target_node].shape == gradient.shape
                if summarize:
                    self.acc_gradient[target_node] += gradient
                else:
                    self.acc_gradient[target_node] = gradient

        if summarize:
            self.acc_no += acc_no
        else:
            if acc_no is None:
                # 如果传入的是平均梯度,强制让 acc_no 变为 1，避免梯度更新时重复平均
                self.acc_no = 1
            else:
                self.acc_no = acc_no

    def update(self, var_gradients=None):

        if var_gradients is not None:
            self.apply_gradients(var_gradients)
```

```
        # 执行更新
        self._update()

        # 清除累加梯度
        self.acc_gradient.clear()
        self.acc_no = 0

    def forward_backward(self):
        """
        前向传播计算结果节点的值并反向传播计算结果节点对各个节点的雅可比矩阵
        """

        # 清除计算图中所有节点的雅可比矩阵
        self.graph.clear_jacobi()

        # 前向传播计算结果节点
        self.target.forward()

        # 反向传播计算雅可比矩阵
        for node in self.graph.nodes:
            if isinstance(node, Variable) and node.trainable:
                node.backward(self.target)

                # 最终结果（标量）对节点值的雅可比是一个行向量，其转置是梯度（列向量）
                # 这里将梯度重构（reshape）成与节点值相同的形状，好对节点值进行更新
                gradient = node.jacobi.T.reshape(node.shape())
                if node not in self.acc_gradient:
                    self.acc_gradient[node] = gradient
                else:
                    self.acc_gradient[node] += gradient
```

Optimizer类的构造函数接受一个Graph类对象和一个目标节点对象，即视作结果的节点（为了简单起见，MatrixSlow 框架只支持优化一个目标节点）作为参数。对于机器学习模型的训练来说，就是取损失值节点作为目标节点。learning_rate 参数用来指定学习率。

Optimizer 类的 acc_gradient 属性是一个字典，将来它会以变量节点对象为 key，累加目标节点对该变量节点的梯度。acc_no 属性是一个计数器。这两个属性的作用是什么？后面讲解各种梯度下降法的变体时自会明了。

one_step 方法是优化器类的执行入口，它的实现很简单：先调用 forward_backward 方法，再将 acc_no 计数器加一。forward_backward 方法抽象了优化过程的前两步，从它的名字就可以看出，它完成的是一次前向传播和反向传播。这个方法先调用目标节点的 forward 方法完成前向传播，然后再遍历计算图中的所有节点，找出其中类型是 Variable 且参加训练的节点，依次调用这些节点的 backward 方法执行反向传播，从而计算出目标节点对它们的雅可比矩阵。将雅可比矩阵转置后就是目标节点对某变量节点的梯度，再将梯度变形并累加到 acc_gradient 中。

update 方法封装了优化过程的第三步：参数更新。在 Optimizer 类中，update 方法调用的

是_update 抽象方法。_update 方法由具体的优化器子类覆盖实现。执行完_update 方法后，清空累加器 acc_gradient 并将 acc_no 计数器也清零。

get_gradient 是一个辅助性的方法，它返回的是当前梯度累加器的平均梯度，它的作用在本章下面自会明了。apply_gradients 是另一个辅助性的方法，它的作用会在第 11 章中讲解。

3.2 BGD、SGD 和 MBGD

我们先回忆一下梯度下降法的基本原理：将样本视为常量，将参数视为自变量，将损失值视为因变量，然后计算损失值对参数的梯度。那么这里就会有一个问题：视作常量的样本是哪些样本呢？关于这个问题，有三种梯度下降法的变体：

- BGD（Batch Gradient Descent，批量梯度下降法）
- SGD（Stochastic Gradient Descent，随机梯度下降法）
- MBGD（Mini Batch Gradient Descent，小批量梯度下降法）

BGD 是把所有的训练样本看作常量，把所有样本的平均损失值视作因变量，然后计算所有样本的平均损失值对参数的梯度。因为求梯度的过程（求导）是线性运算，因此所有样本的平均损失值对参数的梯度就等于每个样本的损失值对参数的梯度的平均：

$$\nabla\left(\frac{1}{N}\sum_{i=1}^{N}\mathrm{loss}(\boldsymbol{w}|\boldsymbol{x}_i)\right)=\frac{1}{N}\sum_{i=1}^{N}\nabla\big(\mathrm{loss}(\boldsymbol{w}|\boldsymbol{x}_i)\big) \tag{3.1}$$

其中，N是训练集样本的总数，$\boldsymbol{w}$代表的是模型的全部参数，$\boldsymbol{x}_i$是第i个样本，$\mathrm{loss}(\boldsymbol{w}|\boldsymbol{x}_i)$是在第$i$个训练样本上的损失值（比如对数损失值），$\nabla\big(\mathrm{loss}(\boldsymbol{w}|\boldsymbol{x}_i)\big)$是第$i$个样本上的损失值对模型参数的梯度。我们可以看出，BGD 实际上是以所有训练样本的平均损失值（即$(1/N)\sum_{i=1}^{N}\mathrm{loss}(\boldsymbol{w}|\boldsymbol{x}_i)$）为损失值，求它对模型参数$\boldsymbol{w}$的梯度。

因为梯度运算符∇是线性的，所以才会有式(3.1)的结论。这使得我们可以先依次计算出训练集中每个样本的损失值对参数的梯度，然后再求这些梯度的平均值。它等价于 BGD 的真正损失值（所有样本的平均损失值）对参数的梯度。看到这里，读者应该能联想到上一节中所说的梯度累加器 acc_gradient 和计数器 acc_no 的作用。

另一个极端是 SGD，它是用训练集中每个样本的损失值对参数的梯度来更新参数。之所以叫“随机”，是因为每次更新都是从训练集中随机取出一个样本，并以它为常量，用损失值对参数的梯度来更新参数。当然，由于训练集中的样本没有顺序，所以“挨着取”就相当于是“随机取”了。

SGD 就是我们在上一章中采用的方法。注意，运用 SGD 时，其实每一次更新都用的是不同

的损失值：loss($\boldsymbol{w}|\boldsymbol{x}_i$)。其中$\boldsymbol{w}$是自变量，竖线后的$\boldsymbol{x}_i$用来强调该损失值是依赖于样本$\boldsymbol{x}_i$的。对于不同的样本，loss($\boldsymbol{w}|\boldsymbol{x}_i$)就是不同的函数。在本节的最后，我们还会回来讲解这一点。

MBGD 是对上述两个极端方法的折中。它既不用全体样本的平均损失值，也不用单独一个样本的损失值，而是以一部分（mini batch）样本的平均损失值为损失值。一个 mini batch 的样本数量称为“批大小”（batch size）。显然，若批大小为 1，则 MBGD 就是 SGD；若批大小为N，则 MBGD 就是 BGD。实际上，以后就可以不谈 SGD 和 BGD 了，它们无非是批大小分别取两个极端情况的 MBGD。所以，以后我们说的梯度下降法就是指 MBGD。

在抛弃 SGD 和 BGD 之前，我们最后谈一下它们的含义。训练集中的样本是对现实生活中总体的采样。比如身高，训练集中男性/女性样本的身高是对现实生活中两性身高分布的采样。从随机样本计算出来的损失值也是随机变量，训练集中每个样本的损失值都是对这个随机变量的采样。平均损失值是对损失值随机变量的估计，一个样本就是用一个采样进行估计，N个样本就是用N个采样进行估计，那么，“批大小”个样本就是用“批大小”个采样进行估计。

读者都知道，根据大数定律，样本量越大，估计得越准确。如果照这么说的话，BGD 用全部N个样本的平均来估计损失值，好像是最好的。但是对于现实问题，训练集未必能充分地反映总体。MBGD 甚至 SGD 相当于掺入了不确定性，这是一种防止过拟合的正则化手段，“批大小”本身则是一个正则化超参。

为了支持 MBGD，MatrixSlow 框架使用了 `acc_gradient` 累加器。对于每一个样本，均通过 `forward_backward` 方法计算出当前样本的损失值对参与训练的参数节点的梯度，并累加在 `acc_gradient` 累加器中。当一个 mini batch 的样本量满后，就调用优化器类的 `update` 方法，它再调用特定优化器子类的`_update` 方法，`_update` 方法通过调用 `get_gradient` 方法取得这批样本的平均梯度。

值得一提的是，很多框架都只用一个变量节点来存储整批样本。若样本是n维向量，批大小为m，则可以用$m \times n$矩阵来存储这批样本，每行一个。后续计算节点的计算都是对存储数据的矩阵中的每一行进行的，于是这一批样本的数据都将在计算图中向前流动，直至最后的损失值节点计算“平均损失值”，即式(3.1)。

这种方式下，反向传播加梯度下降法是以一批样本的平均损失值作为损失值。它等价于顺序计算一批样本的损失值及梯度，然后用平均梯度来更新参数。我们也可以用 MatrixSLow 框架来实现这种方法，请看代码（adaline_batch.py）：

```
import sys
import numpy as np
import matrixslow as ms
```

```
# 构造训练集
male_heights = np.random.normal(171, 6, 500)
female_heights = np.random.normal(158, 5, 500)

male_weights = np.random.normal(70, 10, 500)
female_weights = np.random.normal(57, 8, 500)

male_bfrs = np.random.normal(16, 2, 500)
female_bfrs = np.random.normal(22, 2, 500)

male_labels = [1] * 500
female_labels = [-1] * 500

train_set = np.array([np.concatenate((male_heights, female_heights)),
                      np.concatenate((male_weights, female_weights)),
                      np.concatenate((male_bfrs, female_bfrs)),
                      np.concatenate((male_labels, female_labels))]).T

# 随机打乱样本顺序
np.random.shuffle(train_set)

# 批大小
batch_size = 10

# batch_size×3 矩阵，每行保存一个样本，整个节点保存一个 mini batch 的样本
X = ms.core.Variable(dim=(batch_size, 3), init=False, trainable=False)

# 保存一个 mini batch 的样本的类别标签
label = ms.core.Variable(dim=(batch_size, 1), init=False, trainable=False)

# 权值向量，3×1 矩阵
w = ms.core.Variable(dim=(3, 1), init=True, trainable=True)

# 阈值
b = ms.core.Variable(dim=(1, 1), init=True, trainable=True)

# 全 1 向量，维数是 batch_size，不可训练
ones = ms.core.Variable(dim=(batch_size, 1), init=False, trainable=False)
ones.set_value(np.mat(np.ones(batch_size)).T)

# 用阈值（标量）乘以全 1 向量
bias = ms.ops.ScalarMultiply(b, ones)

# 对一个 mini batch 的样本计算输出
output = ms.ops.Add(ms.ops.MatMul(X, w), bias)
predict = ms.ops.Step(output)

# 一个 mini batch 的样本的损失函数
loss = ms.ops.loss.PerceptionLoss(ms.ops.Multiply(label, output))

# 一个 mini batch 的平均损失
B =  ms.core.Variable(dim=(1, batch_size), init=False, trainable=False)
B.set_value(1 / batch_size * np.mat(np.ones(batch_size)))
mean_loss = ms.ops.MatMul(B, loss)
```

```
# 学习率
learning_rate = 0.0001

# 训练
for epoch in range(50):

    # 遍历训练集中的样本
    for i in np.arange(0, len(train_set), batch_size):

        # 取一个 mini batch 的样本的特征
        features = np.mat(train_set[i:i + batch_size, :-1])

        # 取一个 mini batch 的样本的标签
        l = np.mat(train_set[i:i + batch_size, -1]).T

        # 将特征赋给 X 节点，将标签赋给 label 节点
        X.set_value(features)
        label.set_value(l)

        # 在平均损失节点上执行前向传播
        mean_loss.forward()

        # 在参数节点上执行反向传播
        w.backward(mean_loss)
        b.backward(mean_loss)

        # 更新参数
        w.set_value(w.value - learning_rate * w.jacobi.T.reshape(w.shape()))
        b.set_value(b.value - learning_rate * b.jacobi.T.reshape(b.shape()))

        ms.default_graph.clear_jacobi()

    # 每个 epoch 结束后评价模型的正确率
    pred = []

    # 遍历训练集，计算当前模型对每个样本的预测值
    for i in np.arange(0, len(train_set), batch_size):

        features = np.mat(train_set[i:i + batch_size, :-1])
        X.set_value(features)

        # 在模型的 predict 节点上执行前向传播
        predict.forward()

        # 当前模型对一个 mini batch 的样本的预测结果
        pred.extend(predict.value.A.ravel())

    pred = np.array(pred) * 2 - 1
    accuracy = (train_set[:, -1] == pred).astype(np.int).sum() / len(train_set)
    print("epoch: {:d}, accuracy: {:.3f}".format(epoch + 1, accuracy))
```

这是对上一章中 ADALINE 模型例子的改造。现在我们可以这样讲，那时是用 SGD 在训练 ADALINE 模型。而现在我们用 MBGD，而且采取用一个变量节点存储整个 mini batch 的样本的

方式。这并不是 MatrixSlow 框架的方式，但是通过操作计算图也能实现。这里展示这个例子是为了让读者认清这两种方式。

batch_size 是批大小。X 是形状为(batch_size, 3)的变量节点，它包含了一个 mini batch 的样本的特征，其中每行一个样本，每个样本三个特征。label 是形状为(batch_size, 1)的变量节点，它包含了一个 mini batch 的样本的标签。w 节点是3×1的变量节点，保存了 ADALINE 模型的权值向量。X 节点乘以 w 节点得到的是形状为(batch_size, 1)的内积节点。

接下来有个技巧。首先构造一个1×1的变量节点 b，用来保存 ADALINE 模型的偏置。然后这个偏置需要加到 mini batch 中每个样本的输入向量与权值向量的内积上，即加到 X 节点与 w 节点的乘积上。为此，要先构造一个形状为(batch_size, 1)的全 1 矩阵（向量）节点 ones，再运用标量乘法节点将 b 节点乘到 ones 节点上，得到 bias 节点。这相当于把偏置 b 复制了 batch_size 份。将 X 节点与 w 节点的乘积再加上 bias 节点，就得到了 output 节点，这就是 ADALINE 模型的线性部分。最后，施加阶跃函数就能得到模型的输出。

对 label 节点和 output 节点的乘积施加对数损失，就得到了损失值节点 loss。注意，loss 节点的形状仍是(batch_size, 1)，它的每个分量是 mini batch 中每个样本的对数损失值。现在要计算平均损失值了，这里再使用一个技巧，构造一个形状为(1, batch_size)的变量节点 B，并将其分量全部设置为 batch_size 的倒数。B 节点与 loss 节点的（矩阵）乘积是 mean_loss 节点，它就是 mini batch 中样本的平均损失值：

$$\begin{pmatrix}\frac{1}{b} & \frac{1}{b} & \cdots & \frac{1}{b}\end{pmatrix}\begin{pmatrix}\mathrm{loss}(\boldsymbol{w}|\boldsymbol{x}_1) \\ \mathrm{loss}(\boldsymbol{w}|\boldsymbol{x}_2) \\ \vdots \\ \mathrm{loss}(\boldsymbol{w}|\boldsymbol{x}_b)\end{pmatrix} = \frac{1}{b}\sum_{i=1}^{b}\mathrm{loss}(\boldsymbol{w}|\boldsymbol{x}_i)$$

之所以要使用这些技巧，是因为 MatrixSlow 框架不支持所谓的“广播”（broadcasting）机制。广播机制允许把比如一个标量加到矩阵的每个分量上，把向量加到矩阵的每一行或列上，等等。有了广播机制，我们就可以直接把偏置 b 加到 X 节点与 w 节点的乘积上了。另外，可以把平均损失值直接实现为一个节点类，这样就可以省去求平均损失值的那部分复杂构造了。

训练的时候，每次取一个 mini batch 的样本，并将它们的特征赋给 X 节点，将它们的标签赋给 label 节点。在 mean_loss 节点上调用 forward 方法，执行前向传播，计算出 mini batch 上的平均损失值。在 w 节点和 b 节点上调用 backward 方法，执行反向传播，计算出平均损失值节点对 w 节点和 b 节点的雅可比矩阵。接着，根据梯度下降法更新 w 节点和 b 节点，但是现在使用的梯度是 mini batch 中样本的平均梯度。

这种方法的性能更好，特别是在使用比如 GPU 这样的计算设施时。但 MatrixSlow 框架为了概念的清晰，并不采用这种办法，而是把 mini batch 机制放在了计算图之外。特别地，当后面出现矩阵样本（图像）时，存储一批样本需要第三个维度，即三阶（rank 3）张量（tensor）。但是若图像本身是多通道的，则样本本身就是三阶张量，存储这样一批样本的节点就需要是四阶（rank 4）张量了。

MatrixSlow 框架如其名称所示，其节点只支持二阶（rank 2）张量——矩阵。读者在使用其他框架时，会发现 mini batch 这件事常与变量和计算图混在一起。但在概念上，一定要厘清 mini batch 的原理，将它与模型和计算图在原理上区分开。总结一下，多数框架采用而 MatrixSlow 框架不采用的方式如下。

- 添加一个维度，用一个变量节点存储整个 mini batch 的样本。
- 前向传播对整个 mini batch 的样本进行计算。
- 以平均损失值节点为目标节点。
- 以平均损失值对参数的梯度更新参数，平均损失值的梯度等于 mini batch 上全部样本的损失值的梯度的平均（$\nabla(\sum \text{loss}/N) = (\sum \nabla \text{loss})/N$）。

3.3 梯度下降优化器

接下来，我们实现第一个优化器，也就是 MBGD。前文曾介绍过最朴素的梯度下降算法，回顾其表达式：

$$\boldsymbol{w}^{\text{new}} = \boldsymbol{w}^{\text{old}} - \eta \cdot \nabla \text{loss}(\boldsymbol{w}^{\text{old}})$$

其中，$\nabla \text{loss}(\boldsymbol{w}^{\text{old}})$是损失值对参数的梯度，它决定了参数更新的方向；$\eta$是学习率，它对梯度的长度进行缩放，决定了参数更新的速度。为了更清晰地描述这个过程，我们把它分解成三步，用$\boldsymbol{g}$表示梯度，$\boldsymbol{v}$是学习率η乘以反梯度$-\boldsymbol{g}$，它就是参数向量的更新量：

$$\begin{cases} \boldsymbol{g} = \nabla f(\boldsymbol{w}^{\text{old}}) \\ \boldsymbol{v} = -\eta \cdot \boldsymbol{g} \\ \boldsymbol{w}^{\text{new}} = \boldsymbol{w}^{\text{old}} + \boldsymbol{v} \end{cases}$$

根据上式实现 GradientDescent 类，并覆盖_update 方法。梯度下降优化器类的_update 方法比较简单：从参数节点的值中减去学习率乘以损失值对该节点的梯度。具体请看下面的代码（matrixslow/optimizer/optimizer.py）：

```
class GradientDescent(Optimizer):
    """
    梯度下降优化器
    """
```

```
    def __init__(self, graph, target, learning_rate=0.01):

        Optimizer.__init__(self, graph, target)
        self.learning_rate = learning_rate

    def _update(self):
        """
        朴素梯度下降法
        """
        for node in self.graph.nodes:
            if isinstance(node, Variable) and node.trainable:

                # 取得该节点在当前批的平均梯度
                gradient = self.get_gradient(node)

                # 用朴素梯度下降法更新变量节点的值
                node.set_value(node.value - self.learning_rate * gradient)
```

经过上面这样的设计，我们抽象了优化器的通用部分，并且把各种不同优化算法的具体实现隐藏到了子类当中。那么现在，上面提到的训练代码就可以简化成下面这样：

```
# 学习率
learning_rate = 0.001

# 批大小
batch_size = 16

# 构造梯度下降优化器
optimizer = ms.optimizer.GradientDescent(ms.default_graph, loss, learning_rate)

# 训练执行 50 个 epoch
for epoch in range(50):

    # 批计数器清零
    batch_count = 0

    # 遍历训练集中的样本
    for i in range(len(train_set)):

        # 优化器执行一次前向传播和反向传播
        optimizer.one_step()

        batch_count += 1

        # 若批计数器大于等于批大小，则执行一次更新，并清零计数器
        if batch_count >= batch_size:

            # 更新变量节点
            optimizer.update()

            # 批计数器清零
            batch_count = 0
```

接下来，我们将会介绍并实现几种不同的优化器，它们都是对朴素梯度下降法的改进。训练模型时，只需要修改一行代码来选择不同的优化器即可。

3.4 朴素梯度下降法的局限

朴素梯度下降法是最简单的优化算法，其本身存在一定的局限性。首先，学习率η在训练过程中是固定不变的，而它决定了每一次更新的步长：如果学习率过小，则收敛速度会很慢，且容易陷入局部极小点无法逃脱；若学习率过大，又会导致训练过程在某些“地形”上发生震荡甚至无法收敛。图 3-1 举例展示了不同学习率的不同表现。

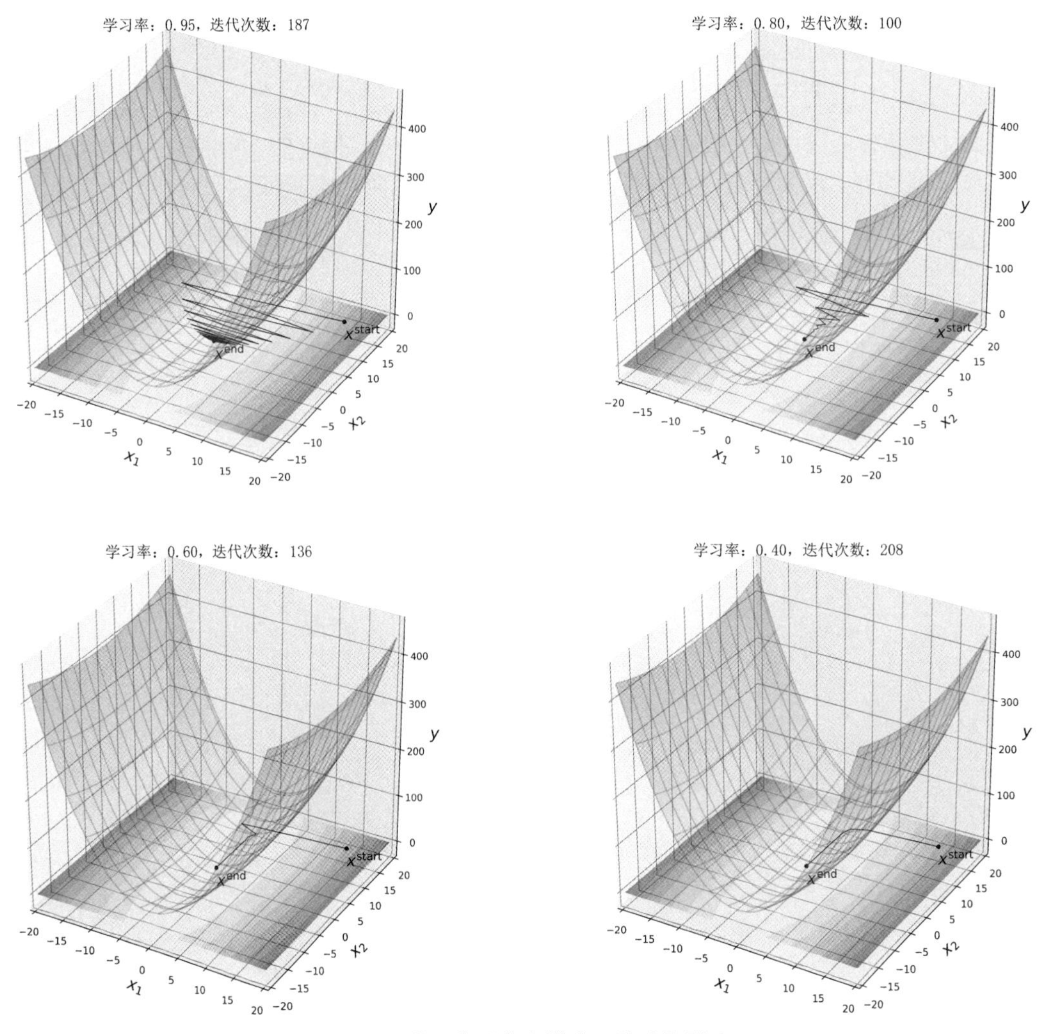

图 3-1 学习率对朴素梯度下降法的影响

被优化的函数可以看作一个“狭长的山谷”。从数学上讲，这个被优化的函数是一个二次函数，其黑塞矩阵（Hessian matrix）有两个差异较大的正特征值。从图 3-1 中可以看到，当学习率较大（0.95）时，参数轨迹发生了震荡，延缓了收敛（187 步）；当学习率更大些时，一次更新参数可能会攀上山谷对侧的更高处，那里的梯度更大。下次更新时，则反过来攀上这侧的更高处，导致训练发散。

当学习率降到 0.80 时，震荡有所缓解，其轨迹稳定在谷底并向全局最小点前进，100 步以后到达最小点。要想进一步缓解震荡，可以再减小学习率：当学习率为 0.60 时，震荡更不显著，但是因为学习率过小，这次用了 136 步才到达谷底；当学习率取 0.40 时，已经完全没有震荡了，轨迹沿着一条缓和的曲线向最小点前进，但是要用 208 步才能到达。总之，学习率过大或过小都会对训练过程有着正面和负面的作用，甚至对收敛与否也会有影响，学习率也是一个正则化超参。

朴素梯度下降法的“速度向量”$\boldsymbol{v}$只取决于本次最新的梯度$\boldsymbol{g}$，并没有参考梯度变化的历史。为了弥补这个不足，人们在朴素梯度下降法的基础上又提出了很多改进。接下来，我们将会介绍几种比较常见和有效的梯度下降法的变体，并在 MatrixSlow 框架中实现。

3.5　冲量优化器

冲量法借用了运动学中的动量（momentum）概念。它通过累积历史梯度来调整当前的梯度方向，从而改进了朴素梯度下降法。该法以带衰减的方式将历史上的$-\eta\cdot\boldsymbol{g}$累加在向量$\boldsymbol{v}$中。衰减系数为β（通常取 0.9）：

$$\begin{cases}\boldsymbol{g}=\nabla f\left(\boldsymbol{w}^{\text{old}}\right)\\ \boldsymbol{v}^{\text{new}}=\beta\cdot\boldsymbol{v}^{\text{old}}-\eta\cdot\boldsymbol{g}\\ \boldsymbol{w}^{\text{new}}=\boldsymbol{w}^{\text{old}}+\boldsymbol{v}^{\text{new}}\end{cases}$$

直观来看，如果近期的梯度接近同向，则$\boldsymbol{v}$的长度会较大，加速收敛；如果近期梯度变向频繁，犹如行走的醉汉，则它们互相抵消，$\boldsymbol{v}$的长度会较小，更新会变慢，从而缓解震荡。下面我们来实现冲量优化器子类，请看代码（matrixslow/optimizer/optimizer.py）：

```
class Momentum(Optimizer):
    """
    冲量法
    """

    def __init__(self, graph, target, learning_rate=0.01, momentum=0.9):

        Optimizer.__init__(self, graph, target)
```

```
        self.learning_rate = learning_rate

        # 衰减系数，默认为 0.9
        self.momentum = momentum

        # 累积历史速度的字典
        self.v = dict()

    def _update(self):

        for node in self.graph.nodes:
            if isinstance(node, Variable) and node.trainable:

                # 取得该节点在当前批的平均梯度
                gradient = self.get_gradient(node)

                if node not in self.v:
                    self.v[node] = gradient
                else:
                    # 滑动平均累积历史速度
                    self.v[node] = self.momentum * self.v[node] \
                        - self.learning_rate * gradient

                # 更新变量节点的值
                node.set_value(node.value + self.v[node])
```

_update 方法仍旧是遍历计算图中的所有节点，并对其中参与训练的变量节点进行操作。对于每个变量节点来说，先取来当前批的平均梯度，但是不直接用它来更新变量节点，而是从字典 v 中取出累积速度向量，乘上衰减系数β后，再减去当前梯度乘上学习率（$-\eta \cdot \boldsymbol{g}$）。最后，再用当前速度向量更新参数变量节点。

3.6 AdaGrad 优化器

无论是朴素梯度下降法还是冲量法，学习率对梯度（或者是$\boldsymbol{v}$）的每个分量都是相同的。而 AdaGrad 则针对梯度的每个分量各自的历史采用了不同的学习率：

$$\begin{cases} \boldsymbol{g} = \nabla f\left(\boldsymbol{w}^{\text{old}}\right) \\ \boldsymbol{s}^{\text{new}} = \boldsymbol{s}^{\text{old}} + \boldsymbol{g} \otimes \boldsymbol{g} \\ \boldsymbol{w}^{\text{new}} = \boldsymbol{w}^{\text{old}} - \dfrac{\eta}{\sqrt{\boldsymbol{s}^{\text{new}} + \epsilon}} \cdot \boldsymbol{g} \end{cases}$$

$\boldsymbol{s}$是与梯度同维的一个向量，它的各分量分别累加了历史梯度各分量的平方。更新参数时，求$\boldsymbol{s}$各分量的平方根，放在分母上对梯度各分量的学习率分别进行调节：若梯度的某分量在历史上一直较大，则$\boldsymbol{s}$的对应分量就较大，对应参数的学习率则较小；反之，若梯度的某分量在历史上一直较小，则$\boldsymbol{s}$的对应分量就较小，对应参数的学习率则较大。

如果不是用一个统一的学习率(标量)去乘以梯度，而是用不同的标量去乘以梯度的各分量，即用一个向量（$\eta/\sqrt{\boldsymbol{s}^{\text{new}}+\epsilon}$）与梯度做内积，或者说是将梯度向该向量做投影的话，这其实是改变了更新的方向，已经不再是沿着梯度的反方向了。

读者应该还记得，对于一元函数来说，可以用两个不同位置的函数值近似计算斜率，这其实是在不求导的情况下用函数值的历史来近似计算导数。二阶导是导函数的导函数，累积导数的历史则可以近似计算二阶导数。梯度是导数的推广，累积梯度的历史则可以近似模拟多元函数的"二阶导"——黑塞矩阵。

黑塞矩阵蕴含着多元函数的局部二阶信息，它能更准确地反映函数的局部形态。后面我们还将介绍两种算法，它们利用梯度历史的具体方式不同，但本质上都是以梯度历史来近似模拟二阶信息，以达到改进梯度下降法的目的。有兴趣的读者可以参考《深入理解神经网络》中对二阶优化算法的讨论。

这里还有个小技巧需要我们注意：公式中的ϵ是一个极小的值，设置它的目的是避免出现分母为零的情况，提高数值的稳定性。有些实现会将ϵ放在根号外面，它们在本质上没有区别。AdaGrad优化器类是如何继承Optimizer类的，请看代码（matrixslow/optimizer/optimizer.py）：

```
class AdaGrad(Optimizer):
    """
    AdaGrad 优化器
    """

    def __init__(self, graph, target, learning_rate=0.01):

        Optimizer.__init__(self, graph, target)

        self.learning_rate = learning_rate

        self.s = dict()

    def _update(self):

        for node in self.graph.nodes:
            if isinstance(node, Variable) and node.trainable:

                # 取得该节点在当前批的平均梯度
                gradient = self.get_gradient(node)

                # 累积梯度各分量的平方和
                if node not in self.s:
                    self.s[node] = np.power(gradient, 2)
                else:
                    self.s[node] = self.s[node] + np.power(gradient, 2)
```

```
            # 更新变量节点的值
            node.set_value(node.value - self.learning_rate *
                           gradient / (np.sqrt(self.s[node] + 1e-10)))
```

对于每个变量节点来说，先取来当前批的平均梯度，并计算出平均梯度各分量的平方，再累加在字典 s 中。更新参数时，求出各分量累加值的平方根的倒数，乘以学习率，再乘以当前梯度并从参数节点的当前值中减去即可。

3.7 RMSProp 优化器

AdaGrad 算法累积了全部的历史梯度，这其实是不恰当的。应该更多地考虑近期的历史梯度。RMSProp 算法就针对这一点提出了改进，其全称是 Root Mean Square Propagation。我们先来看一下 RMSProp 算法的表述：

$$\begin{cases} \boldsymbol{g} = \nabla f\left(\boldsymbol{w}^{\text{old}}\right) \\ \boldsymbol{s}^{\text{new}} = \beta \cdot \boldsymbol{s}^{\text{old}} + (1-\beta) \cdot \boldsymbol{g} \otimes \boldsymbol{g} \\ \boldsymbol{w}^{\text{new}} = \boldsymbol{w}^{\text{old}} - \dfrac{\eta}{\sqrt{\boldsymbol{s}^{\text{new}} + \epsilon}} \cdot \boldsymbol{g} \end{cases}$$

它与 AdaGrad 算法的区别仅在第 2 步，RMSProp 算法引入了衰减系数$\beta(0 < \beta < 1)$，它一般取值 0.9。$\boldsymbol{s}$是历史梯度分量平方的滑动加权累积，这也是 Root Mean Square 的由来。RMSProp 算法与 AdaGrad 算法非常类似，区别仅在于 RMSProp 算法对久远的历史梯度做了衰减，具体实现请看代码（matrixslow/optimizer/optimizer.py）：

```
class RMSProp(Optimizer):
    """
    RMSProp 优化器
    """

    def __init__(self, graph, target, learning_rate=0.01, beta=0.9):

        Optimizer.__init__(self, graph, target)

        self.learning_rate = learning_rate

        # 衰减系数
        assert 0.0 < beta < 1.0
        self.beta = beta

        self.s = dict()

    def _update(self):
```

```
        for node in self.graph.nodes:
            if isinstance(node, Variable) and node.trainable:

                # 取得该节点在当前批的平均梯度
                gradient = self.get_gradient(node)

                # 滑动加权累积梯度各分量的平方和
                if node not in self.s:
                    self.s[node] = np.power(gradient, 2)
                else:
                    self.s[node] = self.beta * self.s[node] + \
                        (1 - self.beta) * np.power(gradient, 2)

                # 更新变量节点的值
                node.set_value(node.value - self.learning_rate *
                               gradient / (np.sqrt(self.s[node] + 1e-10)))
```

3.8 Adam 优化器

冲量法累积历史梯度，RMSProp 算法累积历史梯度分量的平方，而 Adam（Adaptive Moment Estimation）算法则结合这两种算法的思想，做了进一步的改进：

$$
\begin{cases}
\boldsymbol{g} = \nabla f\left(\boldsymbol{w}^{\text{old}}\right) \\
\boldsymbol{v}^{\text{new}} = \beta_1 \cdot \boldsymbol{v}^{\text{old}} + (1-\beta_1) \cdot \boldsymbol{g} \\
\boldsymbol{s}^{\text{new}} = \beta_2 \cdot \boldsymbol{s}^{\text{old}} + (1-\beta_2) \cdot \boldsymbol{g} \otimes \boldsymbol{g} \\
\boldsymbol{w}^{\text{new}} = \boldsymbol{w}^{\text{old}} - \eta \cdot \dfrac{\boldsymbol{v}^{\text{new}}}{\sqrt{\boldsymbol{s}^{\text{new}} + \epsilon}}
\end{cases}
$$

我相信读者看着眼熟。Adam 算法将冲量法和 RMSProp 算法的机制都运用了起来。它用$\boldsymbol{v}$累积历史梯度，用$\boldsymbol{s}$累积历史梯度各分量的平方，这两种累积都采用了滑动平均的形式，于是这个算法引入了两个衰减系数β_1和$\beta_2(0<\beta_1,\beta_2<1)$，分别用于$\boldsymbol{v}$和$\boldsymbol{s}$。$\beta_1$和$\beta_2$的典型取值为 0.9 和 0.99，都接近于 1。

迭代初期$\boldsymbol{v}$和$\boldsymbol{s}$近似为零。为了修正这一点，有些实现将$\boldsymbol{v}$和$\boldsymbol{s}$分别除以$1-{\beta_1}^t$和$1-{\beta_2}^t$，其中t是迭代步数。迭代开始时，这两个除数都很小，除以很小的除数使得$\boldsymbol{v}$和$\boldsymbol{s}$远离了零向量。随着迭代的进行，这两个除数趋近于 1，修正的效果消失。为了避免技术性的细节干扰读者对算法原理的理解，我们没有将这种修正加入算法的表达式。

基于上述原理，接下来我们实现 Adam 优化器类。代码较之前稍为复杂，需要维护两个字典分别用于$\boldsymbol{v}$和$\boldsymbol{s}$。请看代码（matrixslow/optimizer/optimizer.py）：

```
class Adam(Optimizer):
    """
    Adam 优化器
    """

    def __init__(self, graph, target, learning_rate=0.01, beta_1=0.9, beta_2=0.99):

        Optimizer.__init__(self, graph, target)
        self.learning_rate = learning_rate

        # 历史梯度衰减系数
        assert 0.0 < beta_1 < 1.0
        self.beta_1 = beta_1

        # 历史梯度各分量平方衰减系数
        assert 0.0 < beta_2 < 1.0
        self.beta_2 = beta_2

        # 历史梯度累积
        self.v = dict()

        # 历史梯度各分量平方累积
        self.s = dict()

    def _update(self):

        for node in self.graph.nodes:
            if isinstance(node, Variable) and node.trainable:

                # 取得该节点在当前批的平均梯度
                gradient = self.get_gradient(node)

                if node not in self.s:
                    self.v[node] = gradient
                    self.s[node] = np.power(gradient, 2)
                else:
                    # 梯度累积
                    self.v[node] = self.beta_1 * self.v[node] + \
                        (1 - self.beta_1) * gradient

                    # 各分量平方累积
                    self.s[node] = self.beta_2 * self.s[node] + \
                        (1 - self.beta_2) * np.power(gradient, 2)

                # 更新变量节点的值
                node.set_value(node.value - self.learning_rate *
                               self.v[node] / np.sqrt(self.s[node] + 1e-10))
```

我们将不同的优化器在同一个函数上的表现做了一下比较，结果请看图 3-2。这个函数的地形并不一定能够体现这些算法孰优孰劣，读者参考一下即可。

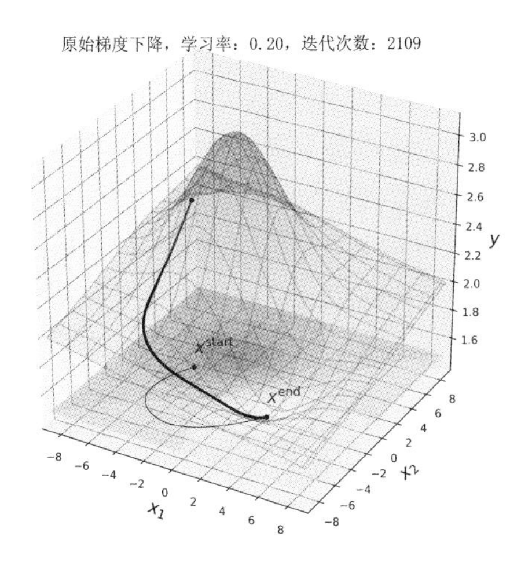

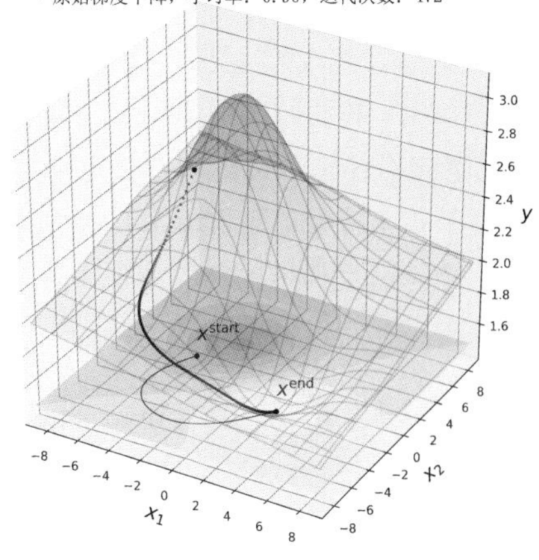

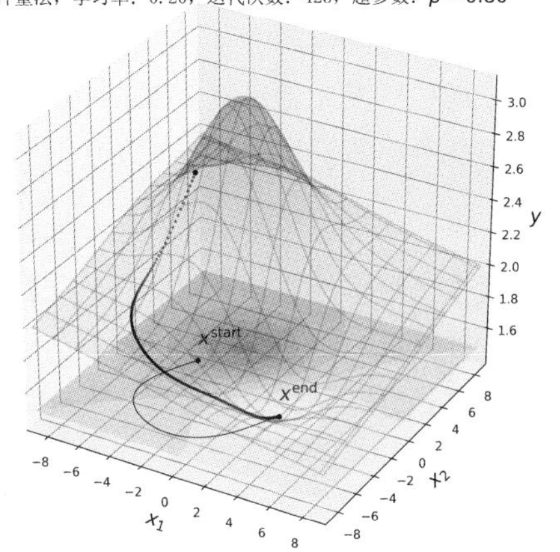

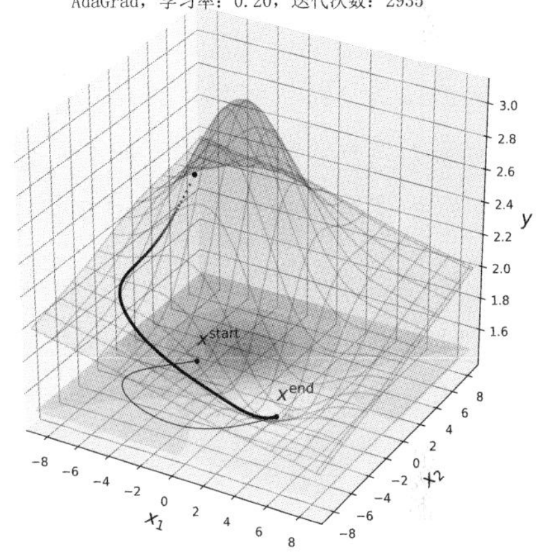

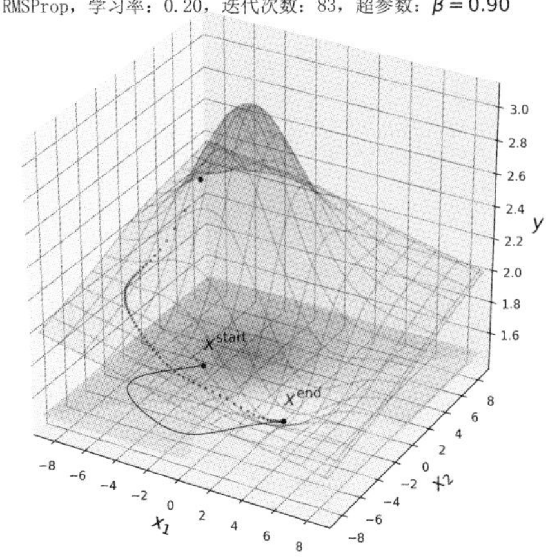

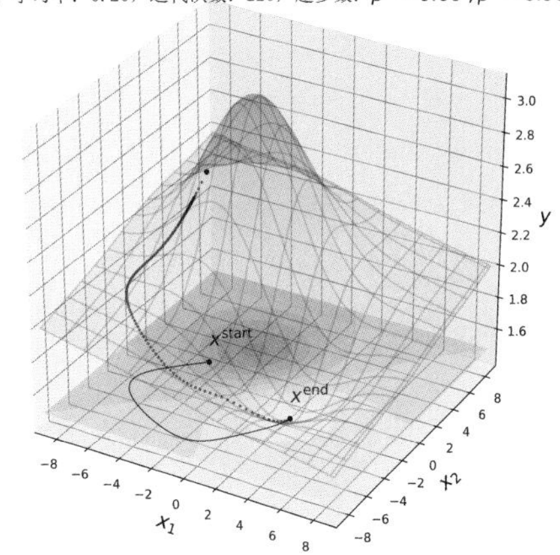

图 3-2 各种优化算法的表现

3.9 小结

在本章中，我们归纳了模型参数优化的普适过程，把这个过程进行了抽象并封装成了优化器类。优化器先抓住一个目标节点，执行一次前向传播和反向传播，这个过程完成后，各个节点（不仅是变量节点）就保存了目标节点对它们的雅可比矩阵。若目标节点是标量，则它对于变量节点的雅可比矩阵就是梯度的转置。有了梯度，就可以运用梯度下降法以及它的各种变体来更新模型参数了。

更新时，采用的是一批（mini batch）样本的平均梯度。这在数学上等价于以这批样本的平均损失值作为目标函数。SGD 和 BGD 只不过是 MBGD 的批大小分别取 1 和训练集样本数时的特例。有些框架（实际上是所有框架）用高阶张量节点保存一批样本，目标节点是平均损失值。平均损失值节点接受一批预测值和一批标签，计算这一批样本的平均损失值。

这相当于是把批机制和计算图糅合在了一起，在一次前向和反向传播中计算一批样本的平均梯度并更新参数。这当然是高效的，但读者一定要在概念上厘清这其中的区别。MatrixSlow 框架以阐释原理为目标，所以舍弃了这种方法，它是对一批样本执行多次（每个样本一次）前向和反向传播，累积梯度并用平均梯度更新模型参数。

具体到如何使用（平均）梯度来更新模型参数，这就衍生了很多朴素梯度下降法的变体。本章介绍了冲量、AdaGrad、RMSProp 以及 Adam 算法。读者可以看到，它们都是把相似的思想反复利用并加以扩展，其本质都是用梯度历史对二阶信息进行模拟，这个视角为理解它们提供了新思路。

第二部分

模型篇

第4章 04

逻辑回归

在第一部分，我们已经将 MatrixSlow 框架的基础设施大致介绍完毕了，还有一些工程问题留到了本书的第三部分进行讲解。接下来，我们将用 MatrixSlow 框架搭建一些常见的、经典的模型，并逐渐补充一些新的节点类型。

每介绍一种新的模型时，我们都将从它与之前模型的联系出发，以帮助读者建立一种统一的、联系的观点和洞见。我们尽量不像（国内）教科书一般，上来就先说某某模型是什么。是什么并不重要，关键是它具有什么样的行为，以及它与其他东西有什么样的联系和区别。静态的、分类的观点是肤浅的。模型就像生物，是经历演化、具有连续谱系的。仅仅知道名字，记得定义，以孤立的态度看待各种模型，那是茴香豆四种写法式的学问，乃记问之学。记问之学，不足以为人师。我们接下来首先从逻辑回归开始。

4.1 对数损失函数

回忆一下，ADALINE 模型首先是计算$\boldsymbol{w} \cdot \boldsymbol{x} + b$，其中$\boldsymbol{x}$是输入向量，$\boldsymbol{w}$是权值向量，$b$是偏置。这种计算称为线性计算，那么$\boldsymbol{w} \cdot \boldsymbol{x} + b$就是该模型的线性部分。接着，该模型对线性部分与类别标签l（1/−1）的乘积施加了感知机损失，从而得到损失值。同时，它通过对线性部分施加阶跃函数得到了模型的输出：1 为男，0 为女。

当标签l为 1 时，若线性部分大于等于 0，则模型分类正确，否则分类错误；当l为-1时，若线性部分小于 0，则模型分类正确，否则分类错误。把这两种情况结合在一起，即当$l \cdot (\boldsymbol{w} \cdot \boldsymbol{x} + b)$大于等于 0 时模型分类正确，否则分类错误。感知机损失的图形如图 4-1 所示，可以看出，当输入大于等于 0 时，它的值为 0，表示不惩罚；当输入小于 0 时，它的值为正数，且输入越小其值越高，表示惩罚越严厉。

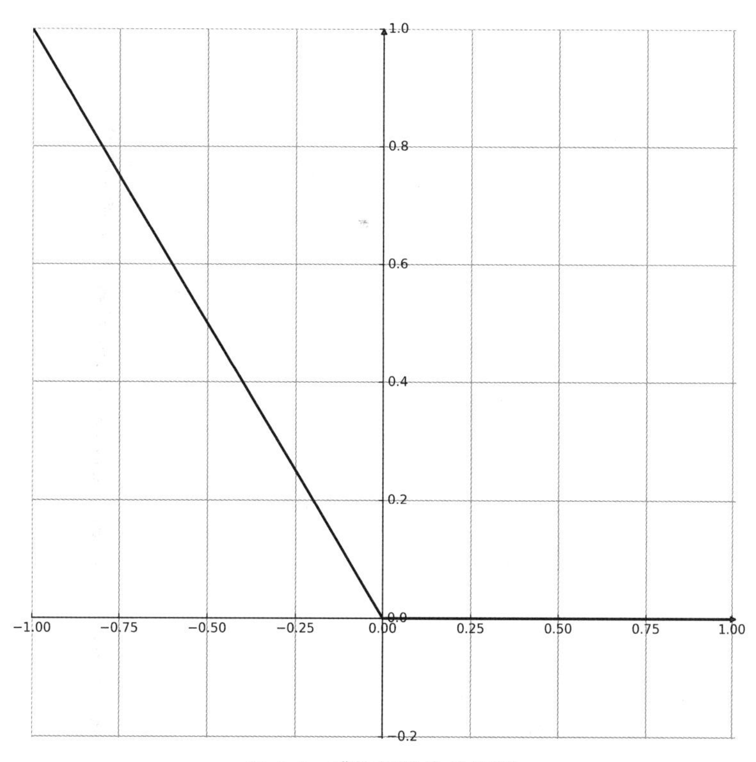

图 4-1　感知机损失的图形

感知机损失的图形在原点处有一个硬转折，这意味着它在该点不可导。这个问题其实并不大，因为输入正好落在原点处的概率极低。但是对于大于 0 的输入来说，其输出值一直为 0，这并不太好，虽然此时模型的分类正确，但还是希望它能够“更正确”，即输出值离 x 轴越远越好。我们想要的结果是让损失值在输入大于 0 时仍有惩罚，但惩罚较小，而且随着输入越大惩罚越小。这样的话，即便分类正确，训练也能将$l \cdot (\boldsymbol{w} \cdot \boldsymbol{x} + b)$推得更大，从而使模型“更正确”。为此，我们引入一种新的损失函数，叫作对数损失（Log Loss）：

$$L(x) = \log(1 + \mathrm{e}^{-x}) \tag{4.1}$$

其中，e是自然对数的底（2.718281828459…），log是自然对数。对数损失的图形如图 4-2 所示。

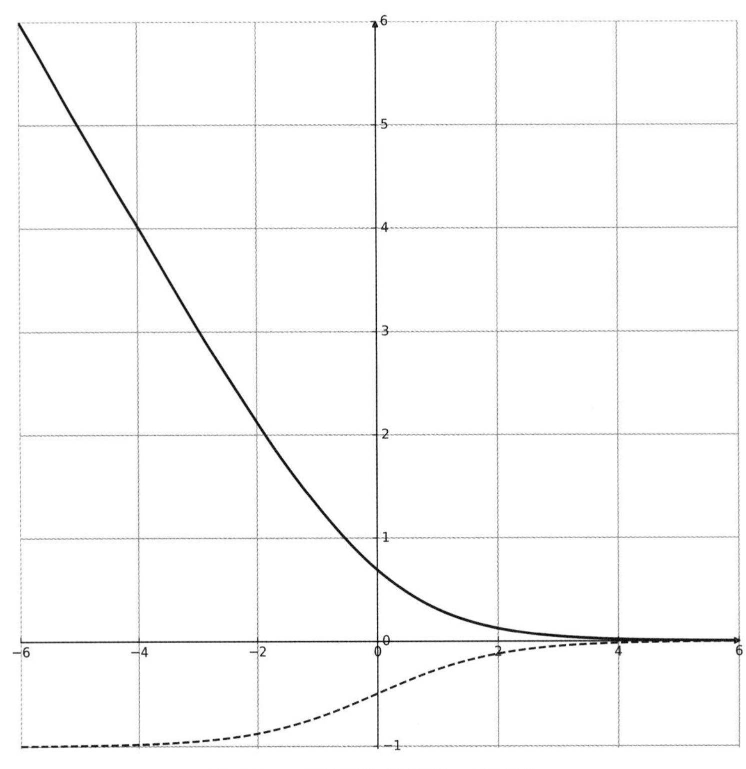

图 4-2 对数损失的图形（实线）

我们来分析一下对数损失的行为。从图 4-2 中可以看出，当输入值小于 0 时对数损失值较大，且输入值越小损失值越大。若x是一个极小的负数，则$-x$就是一个极大的正数，同时e^{-x}也极大。此时相比e^{-x}，式(4.1)中前面的 1 就可以忽略了，则对数损失值近似于$\log(\mathrm{e}^{-x}) = -x$。由此可见，当输入值为负且极小时，对数损失值近似于感知机损失值。对数损失对负的输入做呈线性增长的惩罚。

与感知机损失不同的是，对数损失在原点处值不为 0 且可导。当输入大于 0 时，随着x增大$-x$减小，$1 + \mathrm{e}^{-x}$也随之减小，因此对数损失也减小。对于极大的正输入，e^{-x}趋近于 0，此时的对数损失值趋近于$\log(1) = 0$。

由此可见，当预测正确时，对数损失的值并不会像感知机损失那样立即消失，而是逐渐消失。这就对“不那么正确”的情况施加了一定的惩罚，催促其对数损失值远离 x 轴，从而模型分类“更正确”。当预测错误时，对数损失有较大的惩罚且随错误加剧呈线性增长。注意，有的读者可能会发现，在这里引入的对数损失与其他很多地方介绍的不一样。在那些地方，对数损失与一个叫“交叉熵”的概念联系在一起。不必着急，后文将会介绍交叉熵并解释：在二分类问题中，对数损失就是交叉熵。我们先来看一下对数损失节点的实现（matrixslow/ops/loss.py）：

```
class LogLoss(LossFunction):

    def compute(self):

        assert len(self.parents) == 1

        x = self.parents[0].value

        self.value = np.log(1 + np.power(np.e, np.where(-x > 1e2, 1e2, -x)))

    def get_jacobi(self, parent):

        x = parent.value
        diag = -1 / (1 + np.power(np.e, np.where(x > 1e2, 1e2, x)))

        return np.diag(diag.ravel())
```

在上述代码中，`LogLoss` 类节点只接受一个父节点，它的 `compute` 方法对父节点的每个元素都施加式(4.1)的运算。注意这里有一个小技巧：为了防止溢出，我们对指数进行了截断，其最大只能取到 `1e2`（即 100）。

它的另一个方法 `get_jacobi` 用来计算它对父节点的雅可比矩阵，因为它的值与父节点的同形状，所以雅可比矩阵是个方阵；值的每个元素是父节点对应位置元素的函数，所以雅可比矩阵是个对角阵，其对角线元素是对数损失在父节点每个元素处的导数。

对数损失的导数

Log函数的导数是其自变量的倒数，e^x的导数是e^x本身。因此利用链式法则，就有：

$$\frac{\mathrm{d}L(x)}{\mathrm{d}x}=-\frac{\mathrm{e}^{-x}}{1+\mathrm{e}^{-x}}=-\frac{1}{1+\mathrm{e}^{x}}$$

对数损失的导数图像如图 4-2 中的虚线所示。这就是 `LogLoss` 类的 `get_jacobi` 方法所执行的计算。

4.2 Logistic 函数

正类样本（在性别问题中就是男性样本）的标签l是 1，对数损失是$\log\left(1+\mathrm{e}^{-(\boldsymbol{w}\cdot\boldsymbol{x}+b)}\right)$。训练会降低损失值，损失值越小意味着$1+\mathrm{e}^{-(\boldsymbol{w}\cdot\boldsymbol{x}+b)}$越小。我们来看这样一个数值：

$$p_1=\frac{1}{1+\mathrm{e}^{-(\boldsymbol{w}\cdot\boldsymbol{x}+b)}} \tag{4.2}$$

结合上述分析，对于正类样本，损失值越小则p_1越大。也就是说，训练会增大正类样本的p_1。又因为$\mathrm{e}^{-(\boldsymbol{w}\cdot\boldsymbol{x}+b)}$永远大于 0，所以式(4.2)的分母永远大于 1，p_1永远小于 1。同时，p_1还大于 0，所以它位于 0 和 1 之间。现在，我们再来看另一个数值：

$$p_2 = 1 - p_1 = \frac{1}{1 + \mathrm{e}^{(\boldsymbol{w} \cdot \boldsymbol{x} + b)}}$$

负类样本的标签l是-1，对数损失是$\log\left(1 + \mathrm{e}^{(\boldsymbol{w} \cdot \boldsymbol{x} + b)}\right)$。损失值越小，$1 + \mathrm{e}^{(\boldsymbol{w} \cdot \boldsymbol{x} + b)}$越小，则$p_2$就越大。$p_1$位于 0 和 1 之间，$p_2$也位于 0 和 1 之间，它们的和为 1。正如刚才所说，训练会增大正类样本的p_1与负类样本的p_2，这启发我们可以把p_1当作正类的概率，把p_2当作负类的概率，即把p_1和p_2当作二分类的概率分布。

ADALINE 模型是对线性部分施加了阶跃函数，而刚才的讨论则启发我们对线性部分施加如式(4.2)所示的函数，这样的函数称为 Logistic 函数：

$$\mathrm{Logistic}(x) = \frac{1}{1 + \mathrm{e}^{-x}}$$

Logistic 函数的图形如图 4-3 所示。

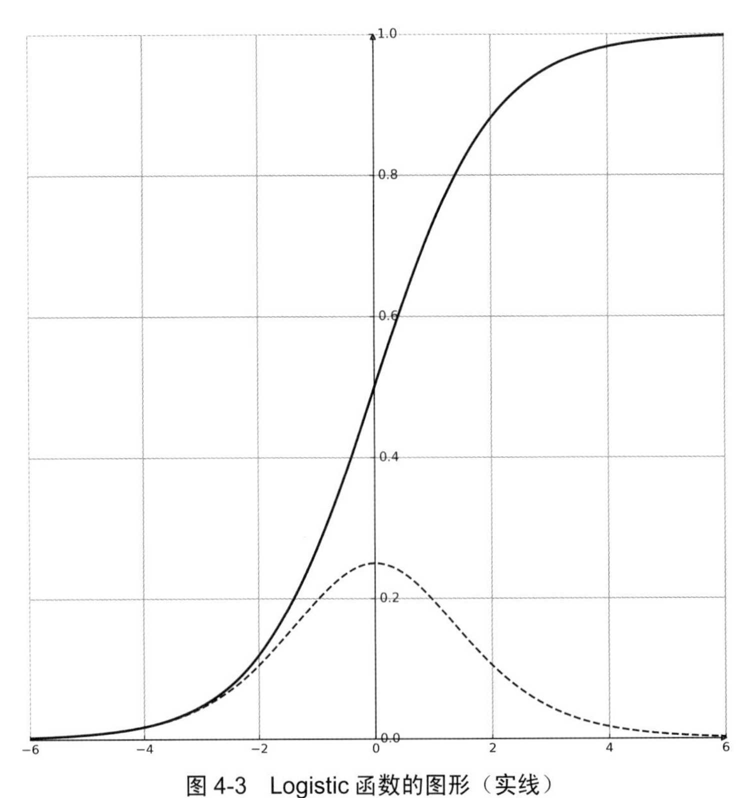

图 4-3　Logistic 函数的图形（实线）

由图 4-3 可以看出，Logistic 函数是连续光滑的，其函数值在正方向上趋近于 1，在负方向上趋近于 0，在 0 点处等于 0.5。Logistic 函数可以看作连续光滑版的阶跃函数，或者说“软阶跃”函数。对数损失的形态也与感知机损失相似，可称为“软感知机损失”。我们用这两个“软”取代 ADALINE 模型的“硬”，就得到了逻辑回归模型。我们先来看一下 Logistic 函数节点的实现（matrixslow/ops/ops.py）：

```
class Logistic(Operator):
    """
    对向量的分量施加 Logistic 函数
    """

    def compute(self):
        x = self.parents[0].value
        # 对父节点的每个分量施加 Logistic
        self.value = np.mat(
            1.0 / (1.0 + np.power(np.e, np.where(-x > 1e2, 1e2, -x))))

    def get_jacobi(self, parent):
        return np.diag(np.mat(np.multiply(self.value, 1 - self.value)).A1)
```

`Logistic` 类节点对父节点的每一个元素都执行 Logistic 函数。它对父节点的雅可比矩阵是一个对角阵，其对角线元素是 Logistic 函数对父节点的每个对应位置上元素的导数。

Logistic函数的导数

利用链式法则，有：

$$\frac{\mathrm{d}\,\mathrm{Logistic}(x)}{\mathrm{d}x}=\frac{\mathrm{e}^{-x}}{(1+\mathrm{e}^{-x})^2}$$

Logistic 函数的导数图像如图 4-3 中的虚线所示。请注意：

$$\frac{\mathrm{e}^{-x}}{(1+\mathrm{e}^{-x})^2}=\frac{1}{1+\mathrm{e}^{-x}}\cdot\frac{\mathrm{e}^{-x}}{1+\mathrm{e}^{-x}}=\frac{1}{1+\mathrm{e}^{-x}}\cdot\left(1-\frac{1}{1+\mathrm{e}^{-x}}\right)=\mathrm{Logistic}(x)\cdot\big(1-\mathrm{Logistic}(x)\big)$$

由此可见，Logistic 函数在x点处的导数等于它在x点处的函数值再乘以 1 减去该值。这个特性使得 Logistic 函数的求导运算免去了大量的指数运算，其代价则是需要保存 Logistic 的函数值。而节点类本来就保存着自身的值，这就为求父节点的雅可比矩阵提供了方便。`Logistic` 类的 `get_jacobi` 方法就是这么做的。

4.3　二分类逻辑回归

将 ADALINE 模型的阶跃函数替换为 Logistic 函数，并对其线性部分施加对数损失，就得到了逻辑回归模型。请看代码（logistic_regression.py）：

```
import numpy as np
import matrixslow as ms

male_heights = np.random.normal(171, 6, 500)
female_heights = np.random.normal(158, 5, 500)

male_weights = np.random.normal(70, 10, 500)
female_weights = np.random.normal(57, 8, 500)

male_bfrs = np.random.normal(16, 2, 500)
female_bfrs = np.random.normal(22, 2, 500)

male_labels = [1] * 500
female_labels = [-1] * 500

train_set = np.array([np.concatenate((male_heights, female_heights)),
                      np.concatenate((male_weights, female_weights)),
                      np.concatenate((male_bfrs, female_bfrs)),
                      np.concatenate((male_labels, female_labels))]).T

# 随机打乱样本顺序
np.random.shuffle(train_set)


# 构造计算图：输入向量，是一个 3×1 矩阵，不需要初始化，不参与训练
x = ms.core.Variable(dim=(3, 1), init=False, trainable=False)

# 类别标签，1 男，-1 女
label = ms.core.Variable(dim=(1, 1), init=False, trainable=False)

# 权值向量，是一个 1×3 矩阵，需要初始化，参与训练
w = ms.core.Variable(dim=(1, 3), init=True, trainable=True)

# 偏置，是一个 1×1 矩阵，需要初始化，参与训练
b = ms.core.Variable(dim=(1, 1), init=True, trainable=True)

# 预测输出
output = ms.ops.Add(ms.ops.MatMul(w, x), b)
predict = ms.ops.Logistic(output)

# 对数损失
loss = ms.ops.loss.LogLoss(ms.ops.Multiply(label, output))

# 学习率
learning_rate = 0.0001

# 构造 Adam 优化器
optimizer = ms.optimizer.Adam(ms.default_graph, loss, learning_rate)

# 批大小为 16
batch_size = 16

# 训练执行 50 个 epoch
for epoch in range(50):
```

```
    # 批计数器清零
    batch_count = 0

    # 遍历训练集中的样本
    for i in range(len(train_set)):

        # 取第 i 个样本的前 3 列，构造 3×1 矩阵对象
        features = np.mat(train_set[i,:-1]).T

        # 取第 i 个样本的最后一列，是该样本的性别标签（1 男，-1 女），构造 1×1 矩阵对象
        l = np.mat(train_set[i,-1])

        # 将特征赋给 x 节点，将标签赋给 label 节点
        x.set_value(features)
        label.set_value(l)

        # 调用优化器的 one_step 方法，执行一次前向传播和反向传播
        optimizer.one_step()

        # 批计数器加 1
        batch_count += 1

        # 若批计数器大于等于批大小，则执行一次更新，并清零计数器
        if batch_count >= batch_size:
            optimizer.update()
            batch_count = 0

    # 每个 epoch 结束后评估模型的正确率
    pred = []

    # 遍历训练集，计算当前模型对每个样本的预测值
    for i in range(len(train_set)):

        features = np.mat(train_set[i,:-1]).T
        x.set_value(features)

        # 在模型的 predict 节点上执行前向传播
        predict.forward()
        pred.append(predict.value[0, 0])  # 模型的预测结果：1 男，0 女

    # 将概率转化成 1/-1 结果，好与训练标签的约定一致
    pred = (np.array(pred) > 0.5).astype(np.int) * 2 - 1

    # 判断预测结果与样本标签相同的数量与训练集总数量之比，即模型预测的正确率
    accuracy = (train_set[:,-1] == pred).astype(np.int).sum() / len(train_set)

    # 打印当前 epoch 数和模型在训练集上的正确率
    print("epoch: {:d}, accuracy: {:.3f}".format(epoch + 1, accuracy))
```

上面这份代码与 ADALINE 模型的实现代码几乎完全相同，不同之处在于我们用 `Logistic` 类取代了阶跃函数，并对线性部分施加了对数损失（`LogLoss` 类节点）。另外，我们还使用了第 3

章中介绍的 Adam 优化器类来进行前向/反向传播和参数更新。

因为 ADALINE 模型的阶跃函数输出值为 1 或 0，所以将 0 转换成−1 后就可以与训练集的男/女标签进行比较了。但是逻辑回归的 Logistic 函数输出的是 0 到 1 之间的实数，并且被当作正类的概率，所以在计算正确率时需要做一个小的改动：

```
pred = (np.array(pred) > 0.5).astype(np.int) * 2 - 1
```

将概率与阈值（0.5）相比较，就得到了布尔值数组；将布尔值转换成整型，就得到了 1/0 标识；再将 1/0 标识乘以 2 减去 1 得到 1/−1 标识，就可以与训练集标签进行比较了。

对于上述改动，模型输出的是正类（男性）的概率，而没有判定类别，因此选择以 0.5 作为阈值，当概率大于 0.5 时，判定为男性；小于 0.5 时，判定为女性。同样也可以选择其他阈值，比如 0.9，即只有当正类概率大于 0.9 时才将该样本判定为男性。如果真的选 0.9 作为阈值，可以想象到：当阈值为 0.9 时判定为男性的准确率是很高的，但是因为门槛很高，会有很多男性样本被卡在门外，错误地被判断为女性。反之，若取 0.1 作为阈值，就不太会漏判男性样本了，但是会有很多的女性样本被错判为男性。

二分类逻辑回归模型只提供概率，选择阈值的决定权还是在人。选择阈值的依据是问题的目的和两种错误的代价。关于这一点我们在此不详细展开，待本书第二部分介绍模型评价指标的时候，再深入讨论。

代码的其余部分与 ADALINE 模型的代码完全相同，仍然使用虚构的性别数据集。读者如果运行这份代码，就会看到随着训练的进行，这个模型的正确率比 ADALINE 模型的正确率有更加平稳的上升，这体现了对数损失的优越。另外，再说明一下，真正客观的正确率（或者其他评价指标）应该是在另一份没有参与训练的测试样本集上获得的，而不应该在训练集上获得。我们在此计算并打印在训练集上获得的正确率，只是为了看到模型随着训练所发生的变化。

4.4 多分类逻辑回归

性别分类问题只有两个类别：男和女。因此它是一个二分类问题。但在现实生活中更常见的是有多个类别的分类问题。那么，逻辑回归是如何处理多分类问题的呢？我们很容易就能想到一个办法：把多分类问题转化成多个二分类问题。具体为：先分别对每一个类别都构造一个“该类/非该类”的二分类问题，再训练多个二分类逻辑回归，最后取输出概率最大的二分类逻辑回归模型所代表的类别作为多分类问题的最终预测类别。

先来介绍一个函数叫作 Max，它接受一个向量作为输入，并且输出一个向量，该输出向量除了在输入向量的最大分量对应的位置上是 1，其余位置上都是 0，比如：

$$\text{Max}\left(\begin{pmatrix}1.2\\2.3\\0.6\end{pmatrix}\right)=\begin{pmatrix}0\\1\\0\end{pmatrix}$$

上面这个 Max 函数的输入是一个三维向量，该向量在第二个位置上的分量是最大的。它的输出是一个三维向量，该向量除了在第二个位置上是 1，其余分量都是 0。Max 函数由此选出了输入向量的最大分量。

假如有一个k类别的多分类问题，则需要训练k个二分类逻辑回归，并且它们各自有一个权值向量$\boldsymbol{w}^i$和偏置b^i（$i=1,2,\cdots,k$）。

那么结合上述分析，可以这么表示该k分类逻辑回归：

$$f(\boldsymbol{x})=\text{Max}\left(\begin{pmatrix}\boldsymbol{w}^1\cdot\boldsymbol{x}+b^1\\ \vdots\\ \boldsymbol{w}^k\cdot\boldsymbol{x}+b^k\end{pmatrix}\right)$$

在这里，把k个二分类逻辑回归的线性部分列成了一个向量，称为 logit 向量。对 logit 向量施加 Max 函数，则输出向量就是模型的类别判定：第i个分量为 1 就代表判定为第i类。也可以把输出向量看作k个类别的概率分布，只不过这个概率分布是“硬”的：属于一个类别的概率是 1，其余类别的概率是 0。

回忆一下 Logistic 函数与阶跃函数的区别：Logistic 函数可以看作“软”阶跃。这里的 Max 函数与阶跃函数相似，那么是否可以构造一种“软 Max”函数呢？请看下面这个函数：

$$\text{SoftMax}\left(\begin{pmatrix}x_1\\x_2\\ \vdots\\x_k\end{pmatrix}\right)=\begin{pmatrix}\frac{\mathrm{e}^{x_1}}{\sum\mathrm{e}^{x_i}}\\ \frac{\mathrm{e}^{x_2}}{\sum\mathrm{e}^{x_i}}\\ \vdots\\ \frac{\mathrm{e}^{x_k}}{\sum\mathrm{e}^{x_i}}\end{pmatrix} \tag{4.3}$$

式(4.3)就是构造的“软 Max”函数，即 SoftMax 函数。它首先把输入向量的每个分量都放在指数函数e^x的幂上，然后再将每个指数项都除以全部指数项之和。从中不难看出，输出向量的所有分量之和是 1，且当输入向量的某个分量极小时，输出向量的对应分量近似为 0；当输入向量的某个分量极大时，输出向量的对应分量近似为 1。

总结一下，SoftMax 函数的原理就是将输入向量的分量都压到 0 和 1 之间，较大的分量得到接近于 1 的输出，而较小的分量得到接近于 0 的输出，并且所有的输出之和是 1。可以把 SoftMax 函数的输出视为多个类别的概率分布，这就是“软 Max”的含义。用 SoftMax 函数代替 Max 函数，k分类逻辑回归就变成了下面这个样子：

$$f(\boldsymbol{x}) = \text{SoftMax}\left(\begin{pmatrix} \boldsymbol{w}^1 \cdot \boldsymbol{x} + b^1 \\ \vdots \\ \boldsymbol{w}^k \cdot \boldsymbol{x} + b^k \end{pmatrix}\right)$$

更进一步，如果以k个权值向量为行，将它们列成一个权值矩阵，再将k个偏置列成一个列向量，那么，k分类逻辑回归就可以写成：

$$f(\boldsymbol{x}) = \text{SoftMax}(\boldsymbol{W}\boldsymbol{x} + \boldsymbol{b})$$

其中，$\boldsymbol{W}$是k行的矩阵，它的每一行分别是一个权值向量。$\boldsymbol{b}$是k维列向量，每个分量分别是一个偏置。我们已经有了矩阵乘法和加法的节点，欲构造多分类逻辑回归的计算图，还需要增加 SoftMax 函数节点。下面来看一下 SoftMax 函数节点的实现（matrixslow/ops/ops.py）：

```
class SoftMax(Operator):
    """
    SoftMax 函数
    """

    @staticmethod
    def softmax(a):
        a[a > 1e2] = 1e2  # 防止指数过大
        ep = np.power(np.e, a)
        return ep / np.sum(ep)

    def compute(self):
        self.value = SoftMax.softmax(self.parents[0].value)

    def get_jacobi(self, parent):
        """
        我们不实现 SoftMax 节点的 get_jacobi 函数，
        训练时使用 CrossEntropyWithSoftMax 节点
        """
        raise NotImplementedError("Don't use SoftMax's get_jacobi")
```

在上面的代码中，将式(4.3)实现为了 SoftMax 函数节点类中的静态方法 softmax，因为在别处还会用到它。SoftMax 函数类中的 compute 方法特别简单，就是对父节点的值调用 softmax 方法。另外，没有实现 SoftMax 类中的 get_jacobi 方法，因为在训练的时候并不会通过 SoftMax 函数节点进行反向传播，这个到后面就会明白了。

看到这里读者可能会问：二分类是多分类的一种特殊情况（当$k = 2$时），多分类是二分类的推广，那么本节介绍的多分类逻辑回归与之前的二分类逻辑回归是一回事么？为了回答这个问题，我们首先来看看当$k = 2$时，多分类逻辑回归是什么样子：

$$f(\boldsymbol{x}) = \text{SoftMax}\left(\begin{pmatrix} w_{11} & w_{12} & w_{13} \\ w_{21} & w_{22} & w_{23} \end{pmatrix}\begin{pmatrix} x_1 \\ x_2 \\ x_3 \end{pmatrix} + \begin{pmatrix} b_1 \\ b_2 \end{pmatrix}\right) = \begin{pmatrix} \dfrac{e^{\boldsymbol{w}^1 \cdot \boldsymbol{x} + b_1}}{e^{\boldsymbol{w}^1 \cdot \boldsymbol{x} + b_1} + e^{\boldsymbol{w}^2 \cdot \boldsymbol{x} + b_2}} \\ \dfrac{e^{\boldsymbol{w}^2 \cdot \boldsymbol{x} + b_2}}{e^{\boldsymbol{w}^1 \cdot \boldsymbol{x} + b_1} + e^{\boldsymbol{w}^2 \cdot \boldsymbol{x} + b_2}} \end{pmatrix}$$

这里还是以 3 个特征为例，权值矩阵的第一行是第一个类别的权值向量，第二行是第二个类别的权值向量；第二个等号的后面就是分别对两个类别的线性部分施加 SoftMax 函数；输出向量的两个分量分别是正类和负类的概率。

我们下面来分析一下正类的概率，即输出向量的第一个分量。将分子和分母都除以分子，就得到了下面的式子：

$$p_1 = \frac{\mathrm{e}^{\boldsymbol{w}^1\cdot\boldsymbol{x}+b_1}}{\mathrm{e}^{\boldsymbol{w}^1\cdot\boldsymbol{x}+b_1}+\mathrm{e}^{\boldsymbol{w}^2\cdot\boldsymbol{x}+b_2}} = \frac{1}{1+\mathrm{e}^{-((\boldsymbol{w}^1-\boldsymbol{w}^2)\cdot\boldsymbol{x}+(b_1-b_2))}}$$

对比式(4.2)的正类概率p_1，会发现上式是以$\boldsymbol{w}^1-\boldsymbol{w}^2$为权值向量，以$b_1-b_2$为偏置的二分类逻辑回归。多分类（当$k=2$时）逻辑回归是训练了两个权值向量和两个偏置，而二分类逻辑回归实际上是分别训练了它们的差。因此，多分类逻辑回归与二分类逻辑回归是统一的。

4.5 交叉熵

多分类问题就不能再使用 1/−1 或 1/0 来标识正/负类了。它一般使用 One-Hot 编码来标识多个类别。k分类问题的 One-Hot 编码是一个k维的标签向量，样本属于第几类则向量的第几分量就取 1，其余分量则取 0，从而编码只有一个位置是“Hot”，所以叫 One-Hot。中文可称其为“独热”，但在本书中还是使用 One-Hot。

多分类逻辑回归（也包括其他多分类模型）输出的是多个类别的概率分布。One-Hot 编码也可以视作概率分布，只不过是“硬”分布：一个类别的概率是 1，其余类别的概率是 0。每一个训练样本的标签都是标识该样本类别的 One-Hot 编码，它就是“正确答案”，是告诉我们该样本所属类别的硬分布（没有不确定性），而模型对样本的输出属于各个类别的“软”概率分布，我们希望这两个分布越接近越好。

交叉熵（cross entropy）可以用来衡量两个分布的相似程度：

$$\mathrm{CrossEntropy}(\boldsymbol{p},\boldsymbol{l}) = -\sum_{i=1}^{k} l_i \cdot \log^{p_i} \tag{4.4}$$

在式(4.4)中，$\boldsymbol{p}$是模型对样本的输出，是一个k维向量，其分量p_i是第i类的概率。$\boldsymbol{l}$是样本的k维 One-Hot 编码，若样本属于第j类，则l_j就是 1，其余分量是 0。式(4.4)就是分布$\boldsymbol{p}$与分布$\boldsymbol{l}$之间的交叉熵，它衡量了分布$\boldsymbol{p}$与分布$\boldsymbol{l}$之间的相似程度。

交叉熵越小，分布$\boldsymbol{p}$与分布$\boldsymbol{l}$就越相似，这也是我们希望看到的结果。注意，这里我们是把 One-Hot 编码视为了分布，但交叉熵本身并不要求其中的一个分布是 One-Hot。我们可以计算出任意两个分布的交叉熵，只要它们的类别数相同。实际上，真正衡量分布相似性的是 K-L 散度，交叉熵只是它的一项，如果将另一项视作常量的话，就可以用交叉熵来代表它了。本书对此不做展开，有兴趣的读者详见《深入理解神经网络》第 2 章。

当样本属于第i类时，One-Hot 编码中只有第i个分量（l_i）是 1，其余分量都是 0。根据式(4.4)，此时的交叉熵等于$-\log^{p_i}$，所以最小化的交叉熵就是最大化的$\log^{p_i}$。又因为log是单调递增的函数，因此，最大化的$\log^{p_i}$就是最大化的p_i，即最大化模型输出的第i类概率。这同时也是符合直觉的：如果看到了一个属于第i类的样本，那么就调整模型，使得它判定这个样本属于第i类的概率更大，这是最大似然法（maximum likelihood method）。

上一节介绍 `SoftMax` 函数节点时，并没有实现它的 `get_jacobi` 方法，是因为它的输出会与 One-Hot 编码一起被送给交叉熵。计算交叉熵对 logit 向量的雅可比矩阵比计算对 Softmax 输出的雅可比矩阵会更容易。所以，下面我们将 SoftMax 函数与交叉熵函数合并实现为了一个节点类：`CrossEntropyWithSoftMax`（matrixslow/ops/loss.py）：

```
class CrossEntropyWithSoftMax(LossFunction):
    """
    对第一个父节点施加 SoftMax 之后，再以第二个父节点为 One-Hot 编码计算交叉熵
    """

    def compute(self):
        prob = SoftMax.softmax(self.parents[0].value)
        self.value = np.mat(
            -np.sum(np.multiply(self.parents[1].value, np.log(prob + 1e-10))))

    def get_jacobi(self, parent):
        # 这里存在重复计算，但为了代码清晰简洁，舍弃进一步优化
        prob = SoftMax.softmax(self.parents[0].value)
        if parent is self.parents[0]:
            return (prob - self.parents[1].value).T
        else:
            return (-np.log(prob)).T
```

在上述代码中，`CrossEntropyWithSoftMax` 类的第一个父节点是 logit 向量，即模型的线性部分，第二个父节点是 One-Hot 编码。该类的 `compute` 方法首先对 logit 向量施加 `SoftMax` 函数类中的 `softmax` 静态方法，得到概率，然后再对概率与 One-Hot 编码计算交叉熵。`get_jacobi` 方法则是直接计算交叉熵对 logit 向量的雅可比矩阵。

交叉熵对 logit 向量的雅可比矩阵

我们把 logit 向量记为：

$$\begin{pmatrix} a_1 \\ a_2 \\ \vdots \\ a_k \end{pmatrix} = \begin{pmatrix} \boldsymbol{w}^1 \cdot \boldsymbol{x} + b_1 \\ \boldsymbol{w}^2 \cdot \boldsymbol{x} + b_2 \\ \vdots \\ \boldsymbol{w}^k \cdot \boldsymbol{x} + b_k \end{pmatrix}$$

对 logit 向量施加 SoftMax 函数得到多分类概率分布：

$$\boldsymbol{p} = \begin{pmatrix} p_1 \\ p_2 \\ \vdots \\ p_k \end{pmatrix} = \text{SoftMax}\left(\begin{pmatrix} a_1 \\ a_2 \\ \vdots \\ a_k \end{pmatrix}\right) = \begin{pmatrix} \frac{e^{a_1}}{\sum_{j=1}^{k} e^{a_j}} \\ \frac{e^{a_2}}{\sum_{j=1}^{k} e^{a_j}} \\ \vdots \\ \frac{e^{a_k}}{\sum_{j=1}^{k} e^{a_j}} \end{pmatrix}$$

交叉熵为：

$$\text{CrossEntropy}(\boldsymbol{p}, \boldsymbol{l}) = -\sum_{i=1}^{k} l_i \cdot \log^{p_i}$$

l_i是 One-Hot 编码的第i分量，样本属于第i类时$l_i = 1$且$l_j = 0$（$j \neq i$）；样本不属于第i类时$l_i = 0$且其他某个$l_j = 1$（$j \neq i$）。交叉熵对某个 logit 向量的分量值a_s的（偏）导数是：

$$\frac{\partial \text{CrossEntropy}(\boldsymbol{p}, \boldsymbol{l})}{\partial a_s} = -\sum_{i=1}^{k} \frac{l_i}{p_i} \cdot \frac{\partial p_i}{\partial a_s} \tag{4.5}$$

$\partial p_i / \partial a_s$的计算分两种情况：$i = s$和$i \neq s$。首先来看当$i = s$时：

$$\frac{\partial p_i}{\partial a_s} = \frac{\partial p_s}{\partial a_s} = \frac{\partial}{\partial a_s}\left(\frac{e^{a_s}}{\sum_{j=1}^{k} e^{a_j}}\right) = \frac{e^{a_s} \cdot \left(\sum_{j=1}^{k} e^{a_j}\right) - (e^{a_s})^2}{\left(\sum_{j=1}^{k} e^{a_j}\right)^2} = \frac{e^{a_s}}{\sum_{j=1}^{k} e^{a_j}} - \left(\frac{e^{a_s}}{\sum_{j=1}^{k} e^{a_j}}\right)^2 = p_s \cdot (1 - p_s)$$

当$i \neq s$时：

$$\frac{\partial p_i}{\partial a_s} = \frac{\partial}{\partial a_s}\left(\frac{e^{a_i}}{\sum_{j=1}^{k} e^{a_j}}\right) = -\frac{e^{a_i} e^{a_s}}{\left(\sum_{j=1}^{k} e^{a_j}\right)^2} = -p_i \cdot p_s$$

将这两种情况代入式(4.5)：

$$\frac{\partial \text{CrossEntropy}(\boldsymbol{p}, \boldsymbol{l})}{\partial a_s} = -\sum_{i=1}^{k} \frac{l_i}{p_i} \cdot \frac{\partial p_i}{\partial a_s} = -\frac{l_s}{p_s} \cdot p_s \cdot (1 - p_s) + \sum_{i \neq s} \frac{l_i}{p_i} \cdot p_i \cdot p_s = p_s \cdot \left(\sum_{i=1}^{k} l_i\right) - l_s = p_s - l_s$$

可以看出，交叉熵对某个 logit 向量的分量值a_s的偏导数是预测概率p_s与标签l_s（1 或 0）的差。l_s为 1 说明样本就是这类，$p_s - 1$为负，更新会促使a_s变大；l_s为 0 说明样本不是这类，$p_s - 0$为正，更新会促使a_s变小。交叉熵对 logit 向量的雅可比矩阵是$1 \times k$矩阵：

$$(p_1 - l_1 \quad p_2 - l_2 \quad \cdots \quad p_k - l_k)$$

这正是 `CrossEntropyWithSoftMax` 类的 `get_jacobi` 方法对 logit 向量，即第一个父节点返回的雅可比矩阵。

最后，兑现我们的许诺，来证明：当类别数为 2 时，交叉熵与对数损失等价。回忆一下本章的开头，对数损失是：

$$\log\left(1+\mathrm{e}^{-l\cdot(\boldsymbol{w}\cdot\boldsymbol{x}+b)}\right)$$

其中，l是用 1 和−1 标识的类别标签。二分类的 One-Hot 编码可以表示成：

$$\begin{pmatrix} l_1 \\ l_2 \end{pmatrix}=\begin{pmatrix} \dfrac{1+l}{2} \\ \dfrac{1-l}{2} \end{pmatrix}$$

根据上式，当样本为正类时，$l=1$，One-Hot 编码是(1,0)；当样本为负类时，$l=-1$，One-Hot 编码是(0,1)。再根据式(4.4)，二分类的交叉熵是：

$$\text{CrossEntropy}(\boldsymbol{x},\boldsymbol{l})=-\frac{1+l}{2}\cdot\log^{\frac{\mathrm{e}^{w^1\cdot x+b_1}}{\mathrm{e}^{w^1\cdot x+b_1}+\mathrm{e}^{w^2\cdot x+b_2}}}-\frac{1-l}{2}\cdot\log^{\frac{\mathrm{e}^{w^2\cdot x+b_2}}{\mathrm{e}^{w^1\cdot x+b_1}+\mathrm{e}^{w^2\cdot x+b_2}}}$$

通过简单变形，可以得到：

$$\text{CrossEntropy}(\boldsymbol{x},\boldsymbol{l})=-\frac{1}{2}\cdot\log^{\frac{\mathrm{e}^{w^1\cdot x+b_1}\cdot\mathrm{e}^{w^2\cdot x+b_2}}{\left(\mathrm{e}^{w^1\cdot x+b_1}+\mathrm{e}^{w^2\cdot x+b_2}\right)^2}}+\frac{l}{2}\cdot\log^{\frac{\mathrm{e}^{w^2\cdot x+b_2}}{\mathrm{e}^{w^1\cdot x+b_1}}}$$

其中，当$l=1$时：

$$\begin{aligned}\text{CrossEntropy}(\boldsymbol{x},\boldsymbol{l})&=-\frac{1}{2}\cdot\log^{\frac{\left(\mathrm{e}^{w^1\cdot x+b_1}\right)^2}{\left(\mathrm{e}^{w^1\cdot x+b_1}+\mathrm{e}^{w^2\cdot x+b_2}\right)^2}}=-\log^{\frac{\mathrm{e}^{w^1\cdot x+b_1}}{\mathrm{e}^{w^1\cdot x+b_1}+\mathrm{e}^{w^2\cdot x+b_2}}}\\&=-\log^{\frac{1}{1+\mathrm{e}^{-[(w^1-w^2)\cdot x+(b_1-b_2)]}}}=\log^{1+\mathrm{e}^{-[(w^1-w^2)\cdot x+(b_1-b_2)]}}\end{aligned}$$

当$l=-1$时，推导过程类似，我们简化些：

$$\text{CrossEntropy}(\boldsymbol{x},\boldsymbol{l})=-\log^{\frac{\mathrm{e}^{w^2\cdot x+b_2}}{\mathrm{e}^{w^1\cdot x+b_1}+\mathrm{e}^{w^2\cdot x+b_2}}}=-\log^{\frac{1}{1+\mathrm{e}^{(w^1-w^2)\cdot x+(b_1-b_2)}}}=\log^{1+\mathrm{e}^{(w^1-w^2)\cdot x+(b_1-b_2)}}$$

因为对应的l是+1 或−1，所以我们可以把上述两种情况统一写成：

$$\text{CrossEntropy}(\boldsymbol{x},\boldsymbol{l})=\log^{1+\mathrm{e}^{-l\cdot[(w^1-w^2)\cdot x+(b_1-b_2)]}}$$

这正是以$\boldsymbol{w}^1-\boldsymbol{w}^2$为权值向量，以$b_1-b_2$为偏置，以 ± 1 作为正/负类标签，以对数损失为损失函数的二分类逻辑回归。所以，我们能够得出多分类逻辑回归与二分类逻辑回归是统一的，对数损失与交叉熵本质是一致的。

4.6 实例：鸢尾花

现在，我们可以用多分类逻辑回归来解决实际问题了。这里我们使用经典的鸢（yuān）尾花数据集（iris data set），它包含 150 个鸢尾花样本，这些样本属于 3 个类别，分别是：山鸢尾（Iris Setosa）、变色鸢尾（Iris Versicolor）和弗吉尼亚鸢尾（Iris Virginica）。其中每个类别各有 50 个样本。

每个样本各有 4 个特征，分别是：萼片长度（Sepal Length）、萼片宽度（Sepal Width）、花瓣长度（Petal Length）和花瓣宽度（Petal Width）。这 4 个特征都是以厘米为单位的实数，可精确到毫米。

总结一下，这是一个四特征、三类别的分类问题，我们尝试构造一个三分类逻辑回归模型来解决这个问题。因为有 4 个特征，所以每个权值向量都是四维向量；因为有 3 个类别，所以需要 3 个权值向量，即需要一个3×4的权值矩阵$\boldsymbol{W}$。同时还需要 3 个偏置，即一个三维偏置向量$\boldsymbol{b}$。

对于一个鸢尾花样本$\boldsymbol{x}$（四维向量，包含萼片长度/宽度和花瓣长度/宽度）来说，$\boldsymbol{W}\boldsymbol{x}+\boldsymbol{b}$就是逻辑回归模型的线性部分，对其施加 SoftMax 函数就得到了三维概率向量$\boldsymbol{p}$。以线性部分为父节点构造 `CrossEntropyWithSoftMax` 类节点，就得到了交叉熵，再以交叉熵为结果节点，对权值矩阵$\boldsymbol{W}$和偏置向量$\boldsymbol{b}$做反向传播及梯度下降。我们来看代码（logistic_regression_multiclass.py）：

```
import numpy as np
import pandas as pd
from sklearn.preprocessing import LabelEncoder, OneHotEncoder
import matrixslow as ms

# 读取鸢尾花数据集，去掉第一列 Id
data = pd.read_csv("data/Iris.csv").drop("Id", axis=1)

# 随机打乱样本顺序
data = data.sample(len(data), replace=False)

# 将字符串形式的类别标签转换成整数 0，1，2
le = LabelEncoder()
number_label = le.fit_transform(data["Species"])

# 将整数形式的标签转换成 One-Hot 编码
oh = OneHotEncoder(sparse=False)
one_hot_label = oh.fit_transform(number_label.reshape(-1, 1))

# 特征列
features = data[['SepalLengthCm',
                 'SepalWidthCm',
                 'PetalLengthCm',
                 'PetalWidthCm']].values
```

```
# 构造计算图：输入向量，是一个 4×1 矩阵，不需要初始化，不参与训练
x = ms.core.Variable(dim=(4, 1), init=False, trainable=False)

# One-Hot 编码，是 3×1 矩阵，不需要初始化，不参与训练
one_hot = ms.core.Variable(dim=(3, 1), init=False, trainable=False)

# 权值矩阵，是一个 3×4 矩阵，需要初始化，参与训练
W = ms.core.Variable(dim=(3, 4), init=True, trainable=True)

# 偏置向量，是一个 3×1 矩阵，需要初始化，参与训练
b = ms.core.Variable(dim=(3, 1), init=True, trainable=True)

# 线性部分
linear = ms.ops.Add(ms.ops.MatMul(W, x), b)

# 模型输出
predict = ms.ops.SoftMax(linear)

# 交叉熵损失
loss = ms.ops.loss.CrossEntropyWithSoftMax(linear, one_hot)

# 学习率
learning_rate = 0.02

# 构造 Adam 优化器
optimizer = ms.optimizer.Adam(ms.default_graph, loss, learning_rate)

# 批大小为 16
batch_size = 16

# 训练执行 200 个 epoch
for epoch in range(200):

    # 批计数器清零
    batch_count = 0

    # 遍历训练集中的样本
    for i in range(len(features)):

        # 取第 i 个样本，构造 4×1 矩阵对象
        feature = np.mat(features[i,:]).T

        # 取第 i 个样本的 One-Hot 分量，即其标签
        label = np.mat(one_hot_label[i,:]).T

        # 将特征赋给 x 节点，将标签赋给 one_hot 节点
        x.set_value(feature)
        one_hot.set_value(label)

        # 调用优化器的 one_step 方法，执行一次前向传播和反向传播
        optimizer.one_step()

        # 批计数器加 1
```

```
        batch_count += 1

        # 若批计数器大于等于批大小，则执行一次梯度下降更新，并清零计数器
        if batch_count >= batch_size:
            optimizer.update()
            batch_count = 0


    # 每个 epoch 结束后评估模型的正确率
    pred = []

    # 遍历训练集，计算当前模型对每个样本的预测值
    for i in range(len(features)):

        feature = np.mat(features[i,:]).T
        x.set_value(feature)

        # 在模型的 predict 节点上执行前向传播
        predict.forward()
        pred.append(predict.value.A.ravel())  # 模型的预测结果：3 个概率值

    # 取最大概率对应的类别为预测类别
    pred = np.array(pred).argmax(axis=1)

    # 判断预测结果与样本标签相同的数量与训练集总数量之比，即模型预测的正确率
    accuracy = (number_label == pred).astype(np.int).sum() / len(data)

    # 打印当前 epoch 数和模型在训练集上的正确率
    print("epoch: {:d}, accuracy: {:.3f}".format(epoch + 1, accuracy))
```

在上述代码中，Iris.csv 是鸢尾花数据集文件，它的每一行都包含了以逗号分隔的五列，第一行是列名称。第一列是 Id 没有用，我们将其去掉。去掉 Id 列后的前四列就是 4 个特征，最后一列是字符串形式的类别标签：`'Iris-setosa'`，`'Iris-versicolor'`和`'Iris-virginica'`。

将类别标签转化成 One-Hot 编码。首先用 Scikit-Learn 库的 `LabelEncoder` 类将字符串标签转换成整数标签：0，1 和 2；接着再用 `OneHotEncoder` 类将整数标签转化成 One-Hot 编码，每个编码是一个三维向量；最后把数据的前四列取出来，每一行是一个样本，是包含 4 个特征的向量。至此，数据准备完毕。

接下来，构造多分类逻辑回归模型的计算图：`x` 是4×1的变量节点，用来存储样本的输入向量；`one_hot` 是3×1的变量节点，用来存储样本的 One-Hot 编码；`W` 是3×4的变量节点，用来保存权值矩阵，它需要初始化并参与训练；`b` 是3×1的变量节点，用来保存偏置向量，它需要初始化并参与训练。

`Linear` 节点是 `Add` 类节点，是模型的线性部分，它将 `W` 与 `x` 相乘后再加上 `b`（这里我说得简单了，这中间还有无名的 `MatMul` 类节点，相信读者能看明白）；`predict` 节点是 `SoftMax` 函

数类节点，是模型的预测概率，它完成的是对 `linear` 节点施加 SoftMax 函数；`loss` 节点是交叉熵，它是 `CrossEntropyWithSoftMax` 类节点。至此，计算图搭建完毕，结果如图 4-4 所示。

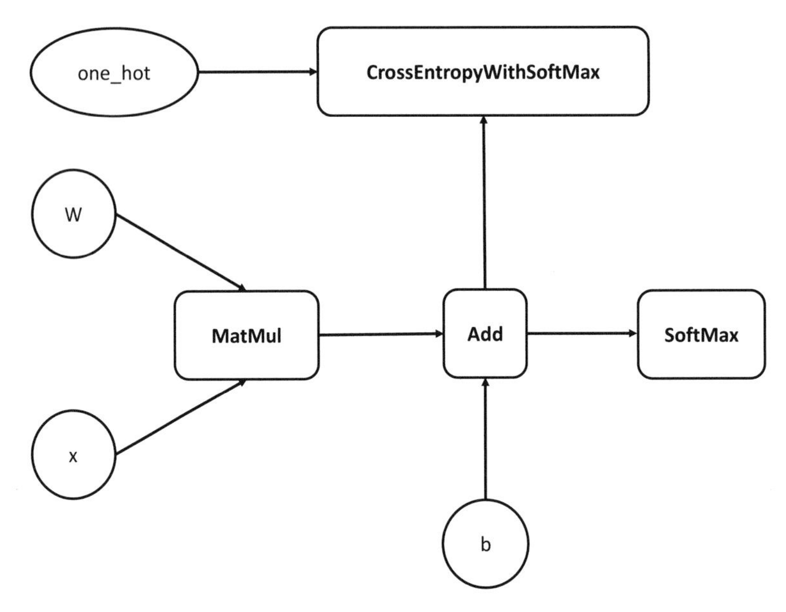

图 4-4 带交叉熵的多分类逻辑回归计算图

接下来是训练部分的代码：设学习率为 0.02，以 `loss` 节点为目标节点构造 `Adam` 优化器类；批大小设为 16；共执行 200 个 epoch，每个 epoch 开始前将批计数器清零；遍历训练集，每次取一个样本的输入向量和 One-Hot 分量，分别赋给 `x` 节点和 `one_hot` 节点；调用优化器的 `one_step` 方法进行一次前向传播和反向传播；若迭代数达到批大小，则调用优化器的 `update` 方法对模型参数（`W` 节点和 `b` 节点）进行一次更新。

每完成一个 epoch 后，都计算出当前模型对所有训练样本的预测概率，并取概率最大的类别作为预测类别，然后与真实类别进行比较，从而计算当前模型的正确率并打印。再次提醒，在训练集上计算出的正确率并非是对模型性能的客观评价，这里只是为了展示训练过程的演进。读者可以运行上面这份代码，过了 200 个 epoch 后，多分类逻辑回归在训练集上的正确率能达到 98%。

4.7 小结

在本章中，我们介绍了逻辑回归，这里介绍的一些概念和元素在后面将会反复出现。复杂的神经网络也将以简单的、类似逻辑回归的线性模型作为基础单元（神经元）。从感知机损失到对数损失，阶跃函数到 Logistic 函数，Max 函数到 SoftMax 函数，我们希望读者在这个演进过程中能够体会：类似的思路和方法会被反复利用，后有的方法会从先前的方法变化改进而来。提前说一句，在神经网络中，类似于 Logistic 函数这样的非线性函数称为激活函数，它是神经网络获得非线性分界能力的原因之一（不是唯一）。

另外，本章还展示了二分类与多分类，对数损失、交叉熵和最大似然的内在统一性。不同的名称缘于不同的视角，不同的视角来自不同的范式，不同的范式允许不同的理解，不同的理解又能引发不同的洞见，不同的洞见启迪不同的发展。同出而异名，同谓之玄，玄而又玄，众妙之门。

我们所谓的“玄”，即本质上的联系和统一。把握住联系与统一，忘记表面名目，即可达众妙之门。理论和技术的发展如同生物演化一般，都是在前有的基础上逐渐演进的。在本书后面介绍其他更复杂的模型时，这一点会看得更清楚。现在的人们爱用“创新”“爆炸性”“颠覆性”这样的一些字眼，但是其实没有什么东西是真正具有颠覆性的。人类文明史上最伟大的创新也都蕴含在之前的发展之中，了解得不够深就看不到。

在本章的最后，展示了逻辑回归模型计算图的搭建和训练，它代表了模型构建和训练的基本过程。后面还会有更复杂的模型，但改变的只是模型的搭建部分。模型的输入、输出、损失和训练迭代基本都还是同一个样子。第二部分会对训练过程进行更抽象的封装，但核心都在那个“大主循环”之中。

第 5 章

05

神经网络

在本书中提到的“神经”二字的前面都应该加上“人工”一词，因为“神经网络”这个词本义指的是生物体中由神经元细胞互连而成的信号传递网络。人工神经网络是人们受到生物神经网络的启发后研究得到的，因此它也可以看作生物神经网络的粗糙的数学模型。

随着生物学和神经科学的发展，人工神经网络已经不再是生物神经网络合格的数学模型了，它与生物神经网络之间的联系也在渐渐淡化。因此在机器学习领域，人工神经网络走上了独自发展的道路。近年来的深度学习模型基本上都属于人工神经网络这个范畴。

本章首先讲解神经网络的基本单元——神经元。其实第 4 章所讲的逻辑回归就是一个神经元，只是它选择了 Logistic 函数作为激活函数。除此之外，神经元还可以选择其他的激活函数，但其能力的核心存在于线性变换部分。本章将会再次详细地考查线性变换的特点，认识神经元的能力局限，然后从克服单神经元能力局限的角度引入神经网络。最后，我们还会用 MatrixSlow 框架来搭建神经网络并将其应用于具体问题。

5.1 神经元与激活函数

神经元是一个具有后面特征的运算单元：它接受多个输入，并对每个输入各分配一个权值，将每个输入各自乘上相应的权值后相加，然后再加上一个偏置，最后施加一个函数，这个函数称为激活函数（activation function）。图 5-1 用图示表示了一个神经元。

图 5-1 看着眼熟是吧，这就对了。如果其中的激活函数取的是 Logistic 函数，则这个神经元就是逻辑回归；如果其中的激活函数取的是阶跃函数，则这个神经元就是 ADALINE。简单来说，神经元就是对输入向量先施加线性变换，然后再施加激活函数。除了 Logistic 函数和阶跃函数以外，还有其他种类的激活函数。我们来举两个常用的例子，第一个例子是双曲正切函数（Tanh），它的表达式是：

$$\mathrm{Tanh}(x)=\frac{\mathrm{e}^x-\mathrm{e}^{-x}}{\mathrm{e}^x+\mathrm{e}^{-x}}$$

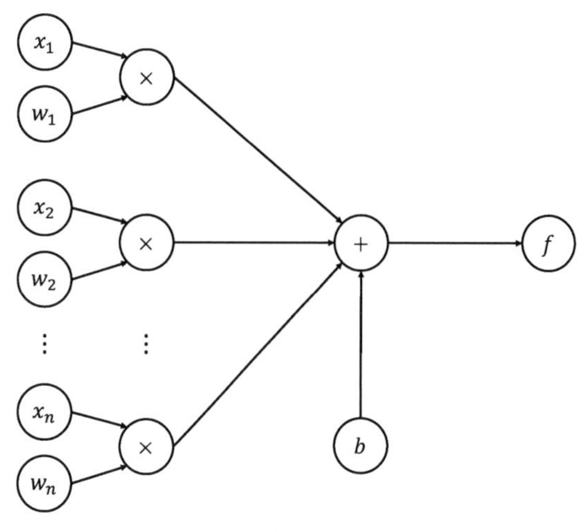

图 5-1　神经元的图示

它的图形如图 5-2 所示。

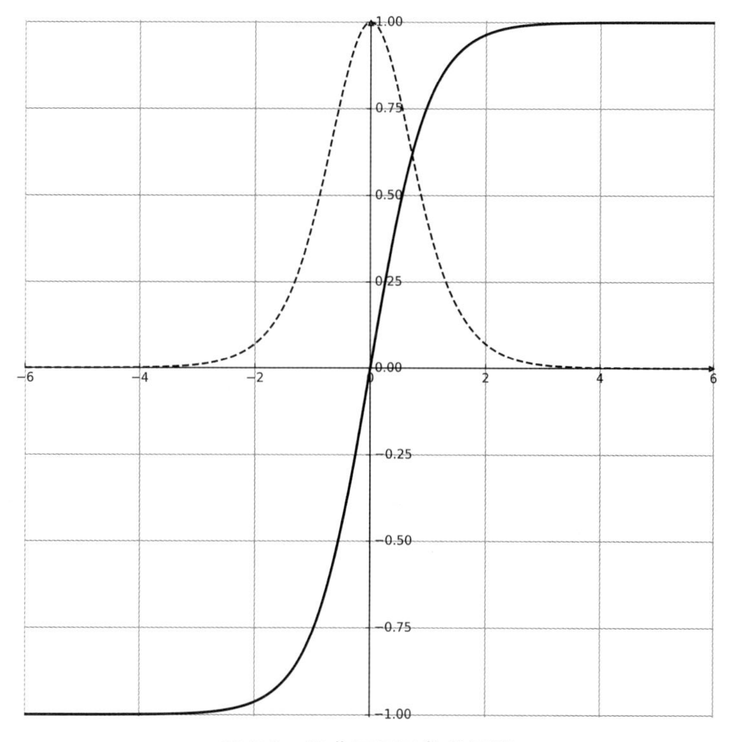

图 5-2　双曲正切函数的图形

我们从图 5-2 中可以看到，双曲正切函数和 Logistic 函数的图形相似，也是一个呈 S 形的曲线，不同的是它在负值一侧趋近于−1，而 Logistic 函数在负值一侧则趋近于 0。第二个例子是深度学习中常用的 ReLU 函数，这是线性整流单元（Rectified Linear Unit）的缩写，它的表达式是：

$$\text{ReLU}(x) = \text{Max}(x, 0)$$

ReLU 函数取输入x和 0 之间的较大者作为输出。换句话说，对于大于等于 0 的输入，它的输出等于输入；对于小于 0 的输入，它的输出等于 0。ReLU 函数的图形如图 5-3 所示。

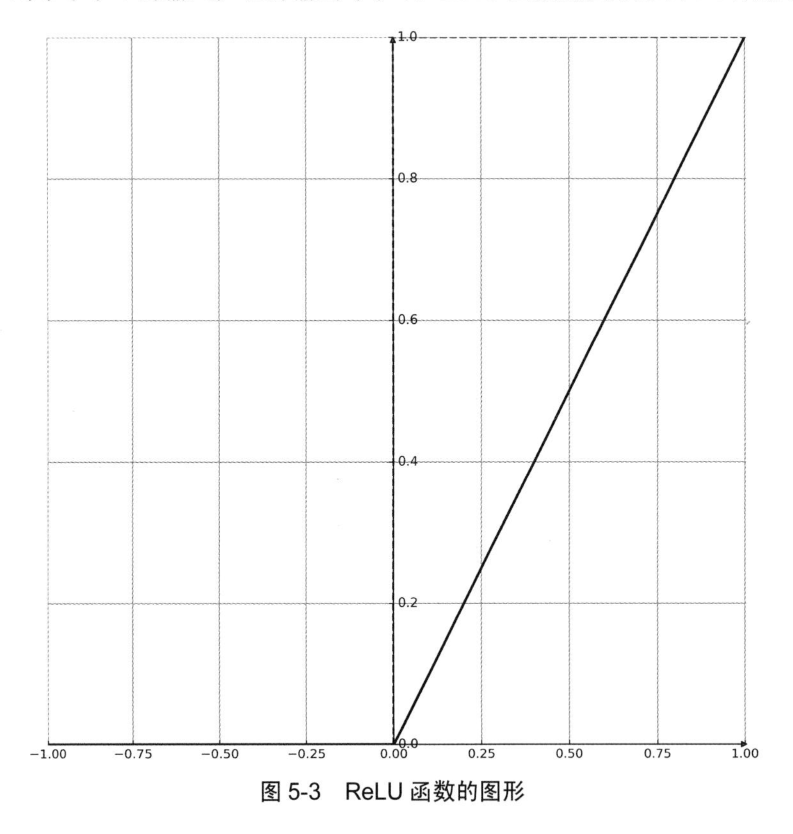

图 5-3　ReLU 函数的图形

由图 5-3 可以看出，当输入大于 0 时，ReLU 函数的导数是 1，即图形在正半轴的斜率是 1；当输入小于 0 时，ReLU 函数的导数是 0，即图形在负半轴的斜率是 0。我们都知道，计算图节点的关键任务是计算子节点对父节点的雅可比矩阵。因此，我们并不希望看到导数为 0 的情况，因为这样意味着在反向传播时就没有信息向前传递了。对此，人们提出了一种对 ReLU 函数的修改，称为 LeakyReLU：

$$\text{LeakyReLU}(x) = \text{Max}(x, 0.1x) \tag{5.1}$$

LeakyReLU 函数与 ReLU 函数的差异是：当输入小于 0 时，它的输出为输入的 0.1 倍。其中的 0.1 是一个超参数，也可以取其他值。如此，在负半轴，LeakyReLU 函数的斜率就是 0.1 了，这个值虽然很小但是不为 0。LeakyReLU 函数的图形如图 5-4 所示。

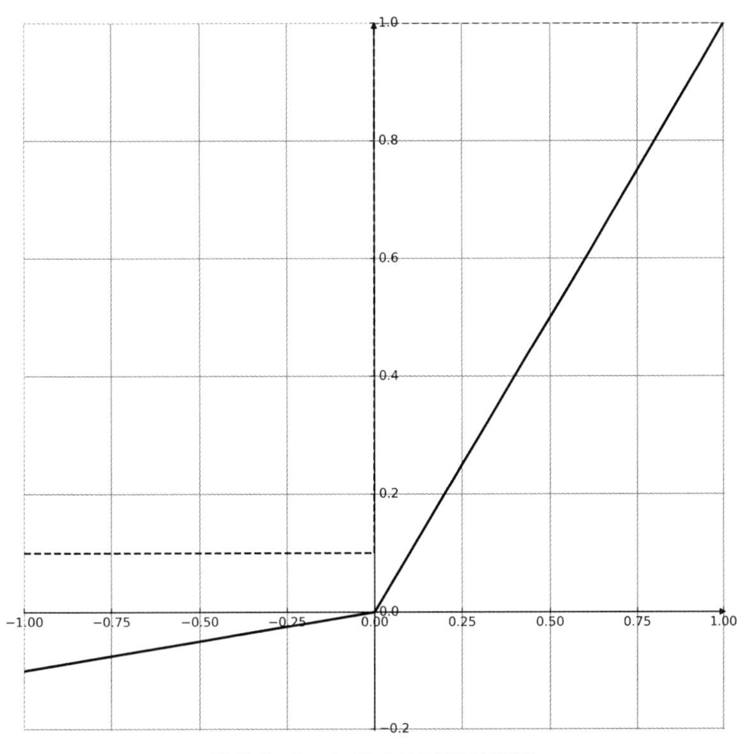

图 5-4　LeakyReLU 函数的图形

MatrixSlow 框架的 ReLU 函数类其实实现的是 LeakyReLU 函数，这是因为 ReLU 函数可以看作 LeakyReLU 函数的负半轴斜率取 0 时的特殊情况。请看代码（matrixslow/ops/ops.py）：

```
class ReLU(Operator):
    """
    对矩阵的元素施加 ReLU 函数
    """

    nslope = 0.1  # 负半轴的斜率

    def compute(self):
        self.value = np.mat(np.where(
            self.parents[0].value > 0.0,
            self.parents[0].value,
            self.nslope * self.parents[0].value)
        )
```

```
    def get_jacobi(self, parent):
        return np.diag(np.where(self.parents[0].value.A1 > 0.0, 1.0, self.nslope))
```

上述代码中，ReLU 函数类的 nslope 属性是负半轴的斜率，即式(5.1)中的 0.1，若它为 0，则表示是普通的 ReLU 函数。由于我们不需要经常改变此超参，所以这里写死在代码中。ReLU 类的 compute 方法通过判断父节点列表中的每个元素是否大于 0 来决定输出：若大于等于 0 则取元素本身；若小于 0 则取元素的 nslope 倍，即式(5.1)。

ReLU 类的 get_jacobi 方法用来计算雅可比矩阵。因为 ReLU 函数类节点的输入与输出矩阵形状相同，所以它的雅可比矩阵是个方阵，且长和宽都是父节点的元素数量。又因为结果的每个元素都只是对父节点的对应元素施加式(5.1)，所以雅可比矩阵还是个对角阵，其对角线元素根据父节点元素是否大于 0 而取 1 或 nslope。然后，Numpy 矩阵对象的.A1 属性就是将该矩阵展成一维数组。根据该一维数组的元素是否大于 0，构造值为 1.0 或 nslope 的数组，并以其为对角线元素构造雅可比矩阵。

Logistic 函数、Tanh 函数、LeakyReLU（含 ReLU）函数是典型且常用的几种激活函数。如果观察它们的图形，就会发现它们都具有一个特点：沿着正方向升高，沿着负方向降低，一头扬，一头抑。回忆一下前面讲的神经元的结构，会发现激活函数的输入就是神经元的线性部分：

$$\boldsymbol{w}\cdot\boldsymbol{x}+b$$

该线性变换先求的是输入向量$\boldsymbol{x}$与权值向量$\boldsymbol{w}$的内积$\boldsymbol{w}\cdot\boldsymbol{x}$，这个内积等于$\boldsymbol{x}$在$\boldsymbol{w}$方向的投影长度$|\boldsymbol{x}|\cdot\cos\theta$乘上$\boldsymbol{w}$的长度$|\boldsymbol{w}|$（$|\boldsymbol{w}|\cdot|\boldsymbol{x}|\cdot\cos\theta$）。因此，无论$\boldsymbol{x}$位于空间何处，它的真实位置信息都被抛弃了一部分，只保留了垂直落在$\boldsymbol{w}$所指方向上的那部分位置。

这就好比在一个操场上散落着许多学生，他/她们散布在操场的任意位置上。还有一位老师站在操场的中心，喊了一声“集合”，同时伸出其右臂指向了一个方向。同学们的空间想象能力都很强，马上就根据这个方向在脑中形成了一条贯穿整个操场的、沿着这个方向的直线，之后各自沿着最近的路径跑向了那条直线，即垂直地跑到那条直线上。

所有同学就位后，他/她们就沿着老师所指的方向排成了一队。这些同学有的在老师所指方向的前方，有的在老师所指方向的后方，距离老师也有远有近。每位同学在队伍中的位置取决于他/她在操场上本来的位置，但与老师所指方向垂直方向上的信息却失去了——跑来的时候抹除了这部分信息，只保留了顺着老师所指方向的那部分信息。上面这个过程的示意图如图 5-5 所示。

每一位同学就代表着一个输入向量$\boldsymbol{x}$，老师所指方向就代表着权值向量$\boldsymbol{w}$的方向。列队后，同学$\boldsymbol{x}$距老师的距离就是他/她的原位置在老师所指方向上的投影与老师（原点）的距离$|\boldsymbol{x}|\cdot\cos\theta$。注意这个距离可正可负，这取决于$\theta$是否小于 90 度。若距离为负，则该同学位于老师所指方向的反方向上，即队伍是向两头延伸的。线性部分$\boldsymbol{w}\cdot\boldsymbol{x}+b$是将这个距离乘上$\boldsymbol{w}$的长度$|\boldsymbol{w}|$，再加上偏

置b，因此，不会改变他/她们在队伍中的相对位置。

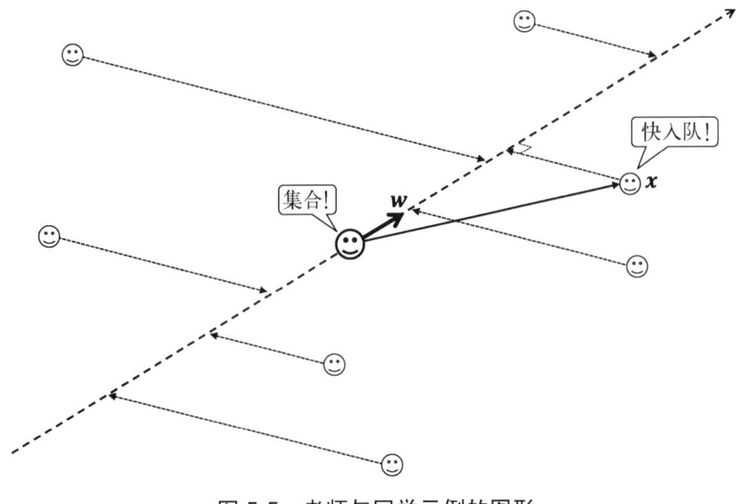

图 5-5　老师与同学示例的图形

激活函数沿着正方向上升，沿着负方向下降。那么在上面例子的队伍中，如果激活函数的值是考试得分的话，沿着老师所指方向站得越远的同学得分就会越高，沿着老师所指的反方向站得越远的同学得分则会越低。

Logistic 函数的函数值在正方向趋近于满分 1，在负方向趋近于 0 分。那么在上面例子的队伍中，沿着老师所指方向站得越远的同学就会越接近满分 1；沿着老师所指的反方向站得越远的同学（很不幸）则会越接近 0 分。

我们可以取 0.6 分为及格线，将同学分成及格和不及格两类。很显然，老师的所指的方向就很重要了。如果真的以这种方式给学生打分的话，老师所能做到的最好的过程就是先仔细看看同学们都在操场上什么位置：好学生在哪里聚集，差学生在哪里聚集。之后选择一个方向，伸出手指并发出号令，从而尽量使每位同学都能得到公正反映他/她水准的分数。啊哈，这不正是为逻辑回归选择权值向量嘛。

5.2　神经网络

我们继续使用老师与同学的这个比喻来帮助读者理解。假如一个老师只能指一个方向，他/她只能获取操场上的同学们在这一个方向上的位置差异。同时，假设好学生都在东北角，差学生都在西南角。那么，若这位老师指向东北方向，则他/她的评分就能公平地评价学生。好/差学生们的这种站位，就称为是“线性可分”的，即可以找到一条直线，当两类学生都垂直地跑到这条直线上后，可以在直线上找到一个分隔点将这两类学生分开。或者说，学生本来的位置可以被一条垂直于老师所指方向的直线分开。如图 5-6 所示。

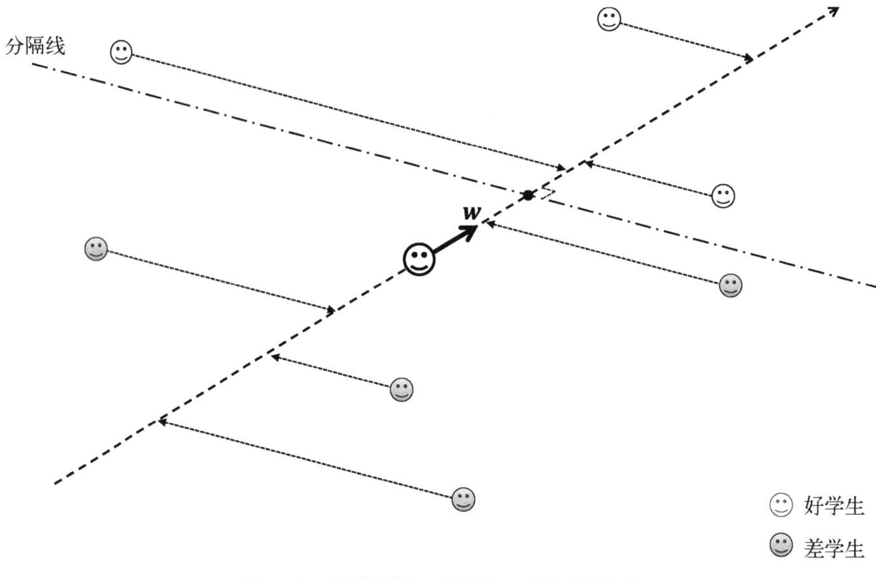

图 5-6 好/差学生“线性可分”的图形

如果上述情况更复杂些：西北角和东南角也站了一些学生，其中有好学生也有差学生。这两拨学生入队后混在了一起，且都在离老师不远的地方，最后得到 0.5 上下的分数，如图 5-7 所示。

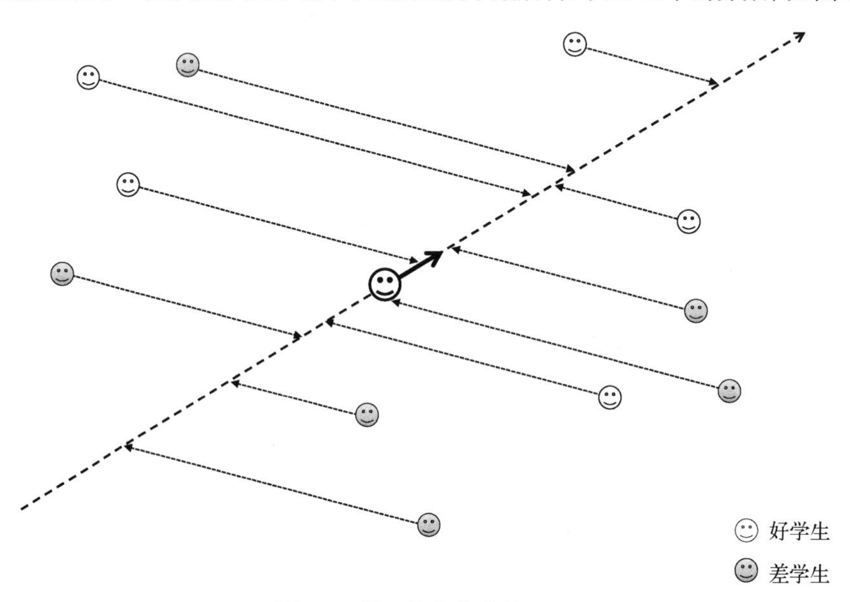

图 5-7 情况更复杂些的图形

当然，我们可以请上面这位老师调整一下他/她所指的方向。但是也可以再请一位老师，让他/她也站在操场中心，只不过指向的是西北/东南方向，学生排到这位老师指示的队伍后就得到了另一个分数。一位老师只能提取一个方向的信息，那么两位老师就能各自提取一个方向的信息了，如图 5-8 所示。当然，两位老师得到了两个分数，我们不妨就取它们的平均分作为最终分数。

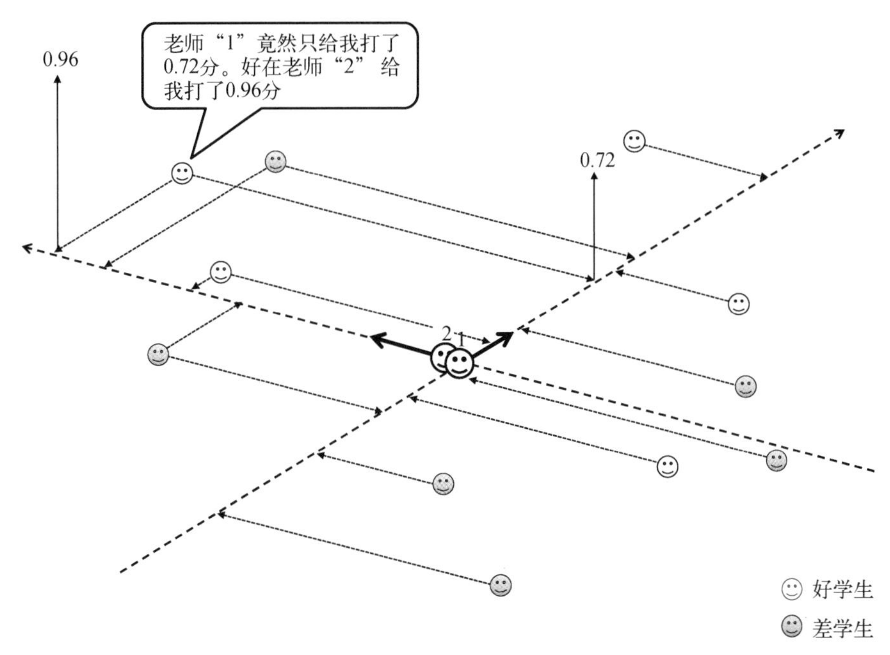

图 5-8　两位老师各指向一个方向（图中只画了部分学生向第 2 个方向的投影）的图形

现在，请想象在图 5-8 中，沿着两位老师所指的方向各有一条 S 形曲线（Logistic 函数的图形），我们分别记作 S_1 和 S_2，它们分别朝着两位老师指向的正方向逐步抬高并且最终趋近于 1，朝着两位老师所指的反方向逐步压低并且最终趋近于 0。

对于图 5-8 中左上角的那位好学生来说，当他/她跑入第一位老师指示的队伍后，排在老师指向的方向，但和老师之间的距离并不太远，所以他/她在这个队伍中的位置对应到 S_1 形曲线上（大概）就是 0.72。他/她抱怨这位老师给他/她打分打低了。但是当他/她跑入第二位老师的队伍后，其位置在老师前方的很远处，所以对应到 S_2 形曲线上（大概）是 0.96。他/她对这个分数则比较满意。

两位老师各自尝试找到一个方向，使其能够尽量分开两类学生，即给好学生打高分，给差学生打低分。但是也有比如左上角的那位差学生，两位老师都没能给他/她打出公正的（低）分数。

如果学生们的站位更加混乱，则可以尝试请更多位老师，并且都站在操场的中心，然后他们各自观察，选择各自的方向。最后，把所有老师打的分取平均数作为最终得分。也许取平均分这个算法并不太好，因为有的老师会说：“我选的方向非常好。你看，沿着我指的方向有一大群好学生。而在我后面的远处，有一大群差学生。”有的老师则会说：“我不太肯定。我看见了几位好学生，我指向他们。但是在我前后周围都分散着不少有好也有差的学生。我必须说我的打分参考性稍差。”

所以，也许应该把各位老师的打分再各自分配一个权值，然后用各自的权值乘以他们的打分，相加后再加个偏置，最后施加 Logistic 函数，得到 0 至 1 之间的值作为最终得分。我们最终的评分办法就如图 5-9 所示。

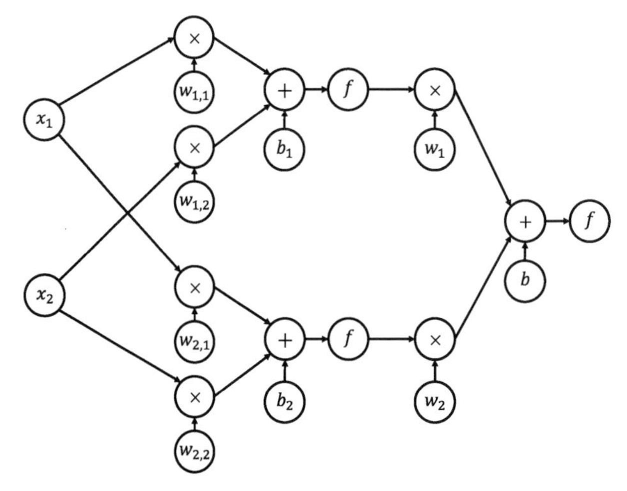

图 5-9 用神经元表示多位（画了 2 位）老师的综合评分办法

总结一下，每位学生的站位分别是一个样本，每个样本有两个特征：站位的横/纵坐标（x_1/x_2）。全体学生被分为两个类别：好/差学生。要给每位学生打一个 0 至 1 之间的分数来反映他/她们的好/差。每位老师分别是一个神经元，他/她们手指的方向是神经元的权值向量的方向（$(w_{1,1} \quad w_{1,2})$和$(w_{2,1} \quad w_{2,2})$）。

当学生们听到某位老师的号令后，就向这位老师手指的方向跑去，并加入那个方向的队伍，得到神经元的线性部分。事实上，每位学生的归队位置（即投影距离）还要乘上权值向量的长度再加上偏置，才是线性部分$\boldsymbol{w} \cdot \boldsymbol{x} + b$，但这并不影响比喻的有效性。对这个线性部分$\boldsymbol{w} \cdot \boldsymbol{x} + b$施加 Logistic 函数就是这位老师对该学生的打分。所有老师的打分加权求和再加偏置，再施加 Logistic 函数就得到了最终的打分。这相当于是把各位老师的打分结果作为输入送给一个逻辑回归模型，这其实就是一个两层的神经网络。

神经元就是像 ADALINE、逻辑回归那样的模型。它们先对输入向量做线性变换，之后再施加某种激活函数。如果把一个神经元的输出再作为另一个神经元的输入，把许多神经元都以这种方式连接成网络，就是所谓的人工神经网络。

5.3 多层全连接神经网络

我们在 5.2 节的例子中涉及的打分模型其实就是一个神经网络，它的神经元被组织成了两层。第一层有若干神经元（若干教师），它们的输入是样本的输入向量，该向量是二维向量，即学生在操场上位置的横/纵坐标，它被送给第一层的每个神经元。第二层只有一个神经元——综合评分神经元，它以第一层全体神经元的输出作为输入，它的输出就是整个网络的输出，即最终的综合评分。

打分模型是一个多层全连接神经网络（multi-layer full-connected neural network）的例子。多层全连接神经网络是最简单的神经网络，它的神经元被组织成多个层，第一层神经元接受外部输入，第二层神经元以第一层所有神经元的输出为输入，依此类推；同一层神经元之间没有连接，后一层神经元与前一层神经元完全连接，这就是“全连接”的含义；最后一层神经元的输出就是整个网络的输出。这个网络的最后一层称为输出层，前面各层的输出都没有暴露给外界，称为隐藏层。第一层称为输入层，我们约定输入层也是第一个隐藏层。图 5-10 所示是一个多层全连接神经网络的例子。

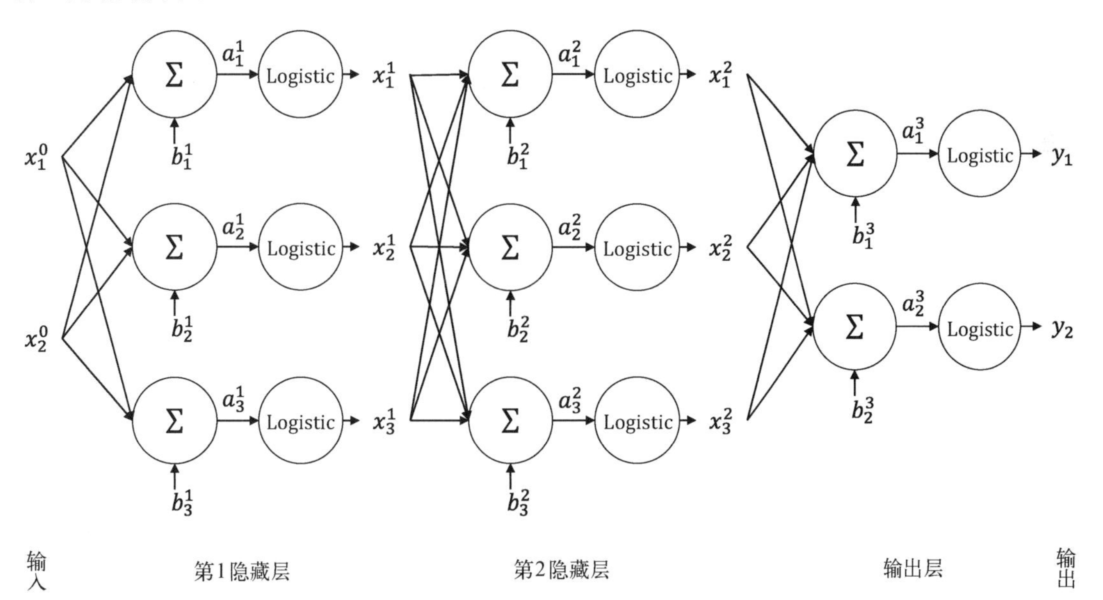

图 5-10 一个多层全连接神经网络的例子的图形

为了节省空间，图 5-10 中，我们不再把权值画作单独的节点（圆圈）了。另外，每个加和单元（Σ）的每条输入边上都有一个权值$w_{i,j}^k$，即第k层的第i个神经元对第j个输入的权值；b_i^k是第k层的第i个神经元的偏置；a_i^k是第k层的第i个神经元的线性部分；x_i^k是第k层的第i个神经元的输出。若把输入看作第 0 层，则输入的第i个分量可以记作x_i^0。该网络的神经元一律采用的是 Logistic 函数作为激活函数。我们也可以采用其他的激活函数，甚至可以每一层都采用不同的激活函数（但是一般同一层神经元都采用同样的激活函数）。

回忆一下，我们在第 4 章中介绍的多分类逻辑回归就是一个“多”层全连接神经网络。它只有一层，既是输入层也是输出层，没有隐藏层，问题有几个类别这一层就有几个神经元。输出层神经元的输出被施加 SoftMax 函数，不过我们约定不把 SoftMax 函数算作一层，只把带有可训练参数的层算作一层。

相比随意连接的神经网络，搭建多层全连接神经网络的计算图有一个便利。还是先来回忆一下多分类逻辑回归，那时我们并没有构造多个二分类逻辑回归，而是仅用一个权值矩阵保存了所有神经元的权值向量。记第i个神经元的权值向量是$\boldsymbol{w}^i$，偏置是b_i，它的线性部分是$\boldsymbol{w}^i \cdot \boldsymbol{x} + b_i$。把全体$k$个神经元的线性部分列成向量，则有：

$$\begin{pmatrix} \boldsymbol{w}^1 \cdot \boldsymbol{x} + b_1 \\ \boldsymbol{w}^2 \cdot \boldsymbol{x} + b_2 \\ \vdots \\ \boldsymbol{w}^k \cdot \boldsymbol{x} + b_k \end{pmatrix} = \begin{pmatrix} \boldsymbol{w}^1 \\ \boldsymbol{w}^2 \\ \vdots \\ \boldsymbol{w}^k \end{pmatrix} \boldsymbol{x} + \begin{pmatrix} b_1 \\ b_2 \\ \vdots \\ b_k \end{pmatrix} = \boldsymbol{W}\boldsymbol{x} + \boldsymbol{b}$$

其中，$\boldsymbol{W}$是权值矩阵，它的每一行各是一个权值向量。权值矩阵$\boldsymbol{W}$与输入向量$\boldsymbol{x}$相乘的结果是一个向量，其分量是$\boldsymbol{W}$的每一行与$\boldsymbol{x}$的内积。$\boldsymbol{b}$是偏置向量，其分量是每个神经元的偏置。向量$\boldsymbol{W}\boldsymbol{x} + \boldsymbol{b}$的分量就是这一层中每个神经元的线性部分。

对$\boldsymbol{W}\boldsymbol{x} + \boldsymbol{b}$的每个分量施加激活函数就得到了对应这一层的输出向量。我们可以看到，一个这样的神经元层的计算只用到了矩阵乘法、矩阵加法和激活函数，而这些都是我们已经实现了的。全连接神经网络的一层称作“全连接层”。全连接层不光在全连接神经网络里会用到，还会被用作其他更复杂的神经网络的组件，所以我们把全连接层的构造封装成一个函数（layer/layer.py）：

```
def fc(input, input_size, size, activation):

    weights = Variable((size, input_size), init=True, trainable=True)
    bias = Variable((size, 1), init=True, trainable=True)
    affine = Add(MatMul(weights, input), bias)

    if activation == "ReLU":
        return ReLU(affine)
    elif activation == "Logistic":
        return Logistic(affine)
    else:
        return affine
```

上述代码中，fc 函数接受四个参数。其中，input 参数是一个节点对象，用来保存输入向量；input_size 参数是个整数，是输入向量的维数；size 参数是个整数，是该层的神经元数量，也是输出向量的维数；activation 参数是个字符串，表示激活函数的类型。

首先构造保存权值矩阵的变量节点 weights，其形状是(size, input_size)。权值矩阵的行数是神经元的个数，列数是输入向量的维数，它可以和形状为(input_size, 1)的输入向量相乘。bias 是保存偏置向量的变量节点，其形状是(size, 1)。affine 是一个 Add 类节点，它是将 weights 节点与 input 节点相乘后再加上 bias 节点得到的。"affine"的意思是"仿射"，我们一直说的线性变换其实应该叫"仿射变换"，但这里我们就不那么严格了。

根据 activation 参数的值对 affine 节点施加相应的激活函数。目前我们只支持 ReLU（其实是 LeakyReLU）和 Logistic 两种激活函数。它们已经基本够用了，但还是欢迎读者自己添加其他的激活函数，这会是一个很好的练习。激活函数节点对整个矩阵的每个元素施加激活函数。最后，fc 将结果节点返回，结果节点就是该全连接层的输出。每当需要添加一个全连接层时，就可以调用一次 fc 函数。

5.4　多个全连接层的意义

一个多分类逻辑回归就是一个全连接层，只不过它的激活函数被 SoftMax 函数所取代。有的地方将 SoftMax 函数也算作一种激活函数，但我们不这么分类。首先，全连接层的多个神经元提供了提取多个方向上的信息的能力。回忆 5.2 节中操场的例子，每个神经元（教师）先利用权值向量确定一个方向，获取样本在这个方向上的信息，即投影后距离原点的距离，然后通过激活函数对不同位置的样本给出不同的输出。如果根据输出是否大于某个阈值来判断样本的类别，那么两类样本之间的分界线是一条与权值向量垂直的直线。所以，单个神经元是线性模型，它只能产生直线（超平面）分界线，把空间分成两半。

全连接层的每个神经元都有各自的权值向量，并分别指向各自的方向。它们能形成不同的分界线，沿不同的方向分割空间。多条分界线组合起来，就形成了复杂的、非直线的分界线。因此，足够多的神经元可以形成任意复杂的分界线，如图 5-11 所示。

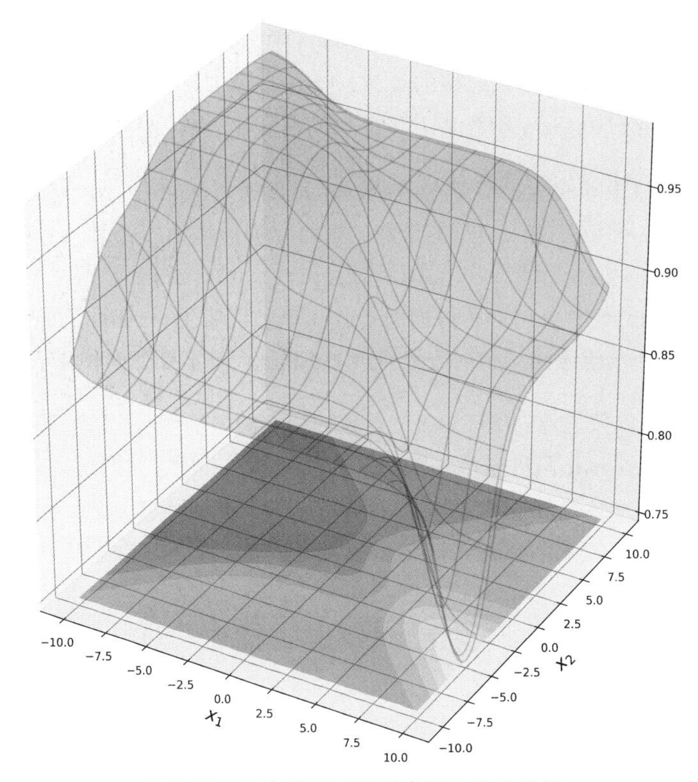

图 5-11 全连接层可以形成复杂的分界线

读者可能要问，这样的话，岂不是只要有一个全连接层，就可以解决任何的分类问题了？确实是这样，一个全连接层确实有能力表达任意分界线，但是这往往需要大量神经元——一个极"浅"但极"宽"的神经网络。这样的"浅宽"网络虽然具备强大的表达能力，但是它的参数太多，自由度太高。

参数不是从天上掉下来的，而是从样本数据中训练得来的。模型的自由度太高，在训练时就容易造成"过拟合"。发生过拟合时，神经网络不但学习不到数据的真实分布，反而会把有限样本的噪声当作有用信息。关于模型自由度与过拟合的问题，本书不做详细讨论，有兴趣的读者请见《深入理解神经网络》第 5 章。

为了保证模型在具有一定表达能力的同时还能降低模型自由度，可以将神经元组织呈层状，使每层少些神经元。我们举一个例子来直观地感受一下多个全连接层的作用，假设样本分属于正类和负类两个类别，每个样本有x_1和x_2两个特征。输入向量$\boldsymbol{x}$是二维向量，是二维平面上的一个点。两类样本呈同心圆分布：负样本聚集在中心原点附近；正样本呈环状分布在周围，如图 5-12 所示。

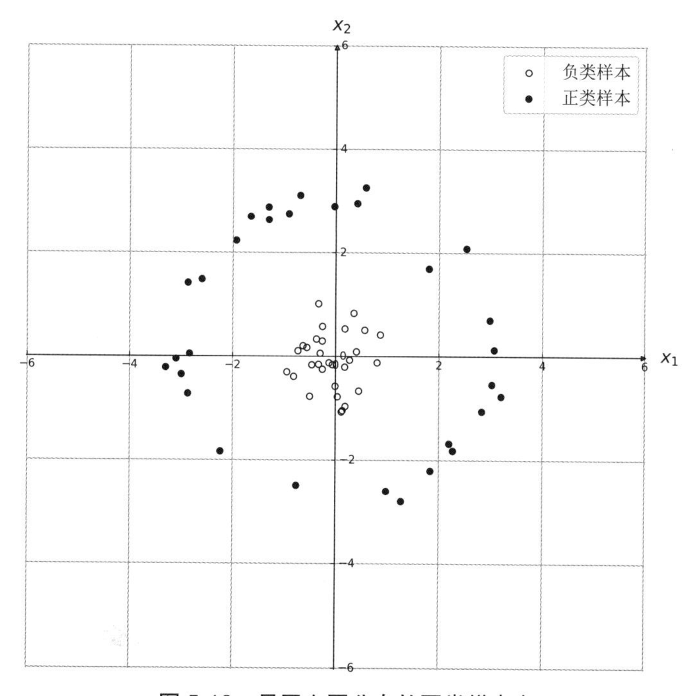

图 5-12　呈同心圆分布的两类样本点

这就好比操场上的差学生（负类）都聚集在老师周围，好学生则在稍远处站成一圈。无论老师的手指向哪个方向，这两类学生归队后都会混杂在一起。在老师前后的远处有一些好学生，但在身边好差学生会混在一起。因此无论老师指哪个方向，都无法给出区分好/差学生的打分，这是一个线性不可分的问题，单个神经元无法很好地处理这种问题。现在构造一个两层的全连接神经网络，如图 5-13 所示。

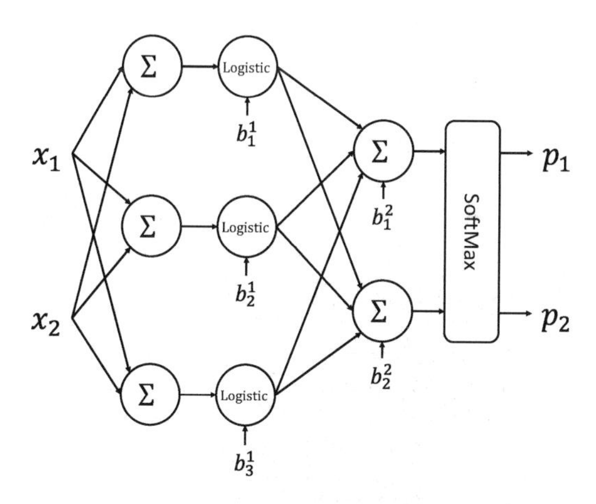

图 5-13　处理同心圆数据的两层全连接神经网络

该网络有两个全连接层，第一层（输入层）有 3 个神经元，与样本向量的两个分量全连接，激活函数取 Logistic 函数。第二层（输出层）有 2 个神经元，与输入层全连接，不设激活函数。对输出层输出的二维向量施加 SoftMax 函数，就能得到正/负类概率。我们用同心圆数据训练了这个网络，还截取了训练过程的几个瞬间，请看图 5-14 至图 5-17。

图 5-14 中左上角的子图将样本点画在了x_1x_2平面上，其纵轴是网络对该平面上所有位置输出的正类概率。训练刚开始时，网络还不具备分类的能力。右上角的子图展示了正类概率的等高线，即左上角子图的x_1x_2平面，并且用 3 个箭头展示了输入层的 3 个神经元的权值向量的方向。最有意思的是左下角的子图，这幅子图把隐藏层对所有样本输出的三维向量（因为有 3 个神经元）都画在了三维空间中。右下角的子图则显示了随着训练的进行，交叉熵损失和（分训练集和测试集的）正确率发生的变化。

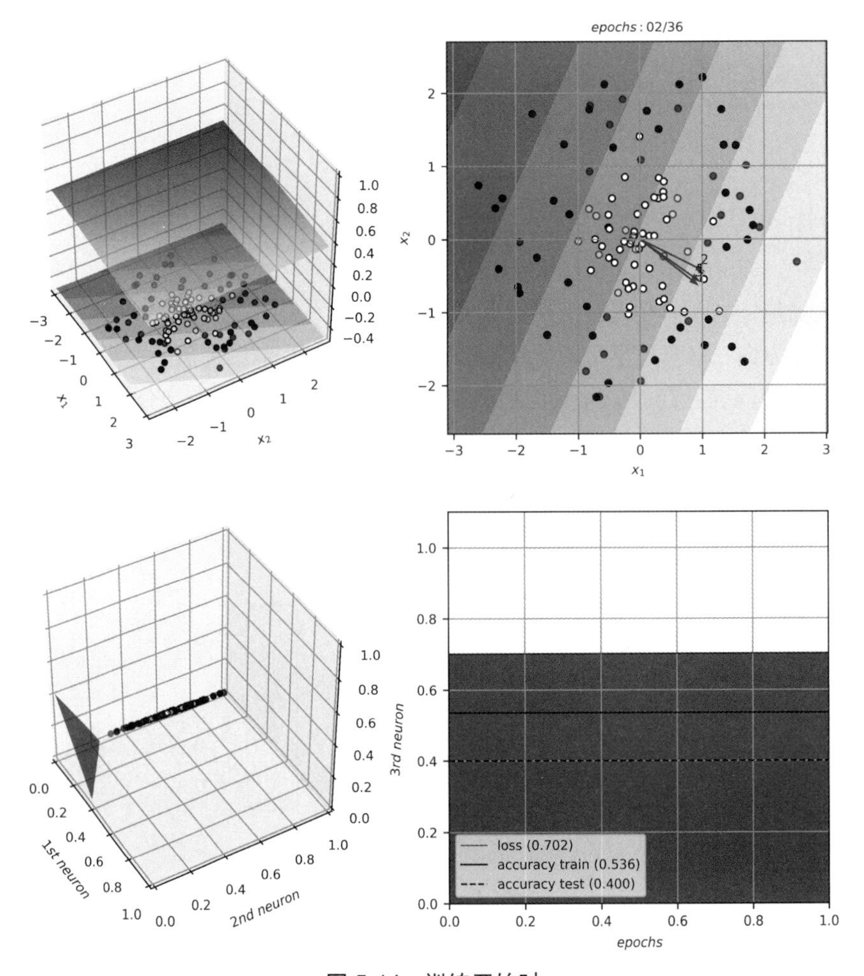

图 5-14 训练开始时

训练开始时，所有神经元的权值向量和偏置都被随机初始化为了接近于 0 的值，概率面几乎是一张平面；隐藏层的 3 个权值向量的方向几乎相同；所有样本的隐藏层输出在三维空间中都聚集在了一起，网络根本不具备区分开两类样本的能力。

训练进行不久后，概率面变得像一张两侧卷起的纸，中间形成了一条狭长的低概率带，高概率带分布在其两侧；隐藏层的 3 个权值向量几乎指向同一个方向；隐藏层输出在三维空间中的分布被拉长，一部分正类（黑色）样本聚集到了两端，而在中心位置，两类样本则混在了一起。这时，网络已经具备了一定的分开两类样本的能力，只是还不够好，如图 5-15 所示。

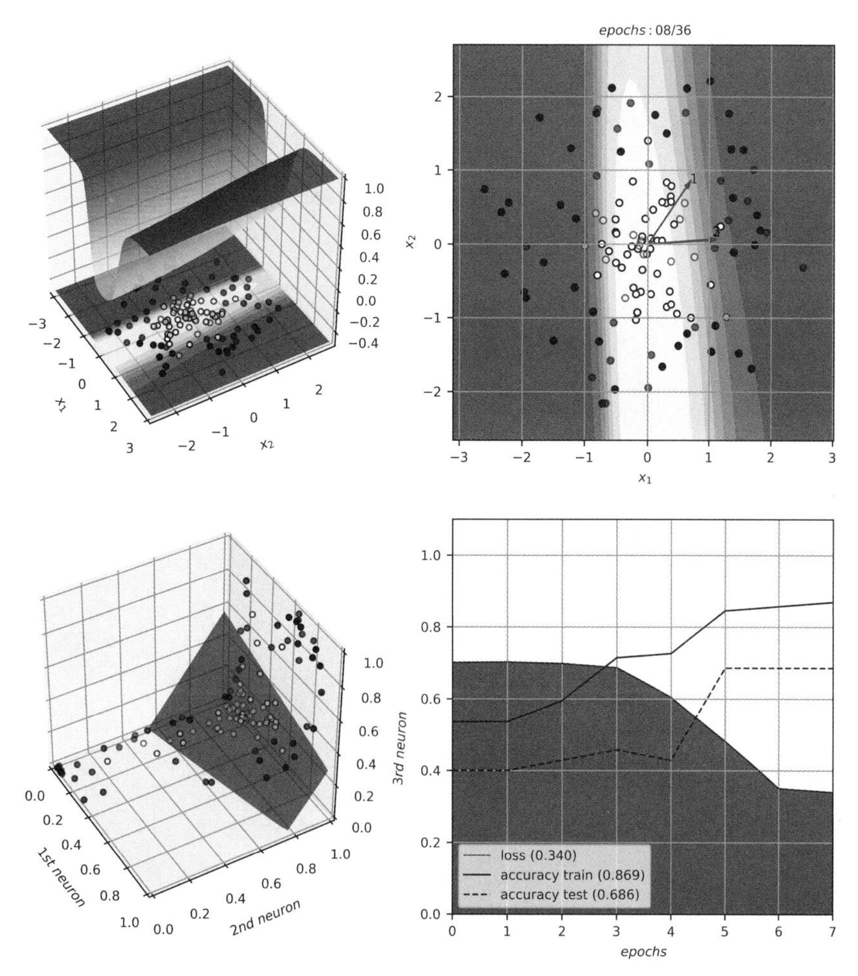

图 5-15 训练进行不久后

随着训练继续进行，如图 5-16 所示，概率面被拗成了碗状，负类样本在碗底，正类样本在碗缘；隐藏层的 3 个权值向量指向了 3 个方向，这时的它们能提取某一方向上的信息，并将样本在各自的方向上分开。“碗”稍微呈三角形，因为 3 个神经元各贡献了一条垂直于各自权值向量的“碗边缘”。

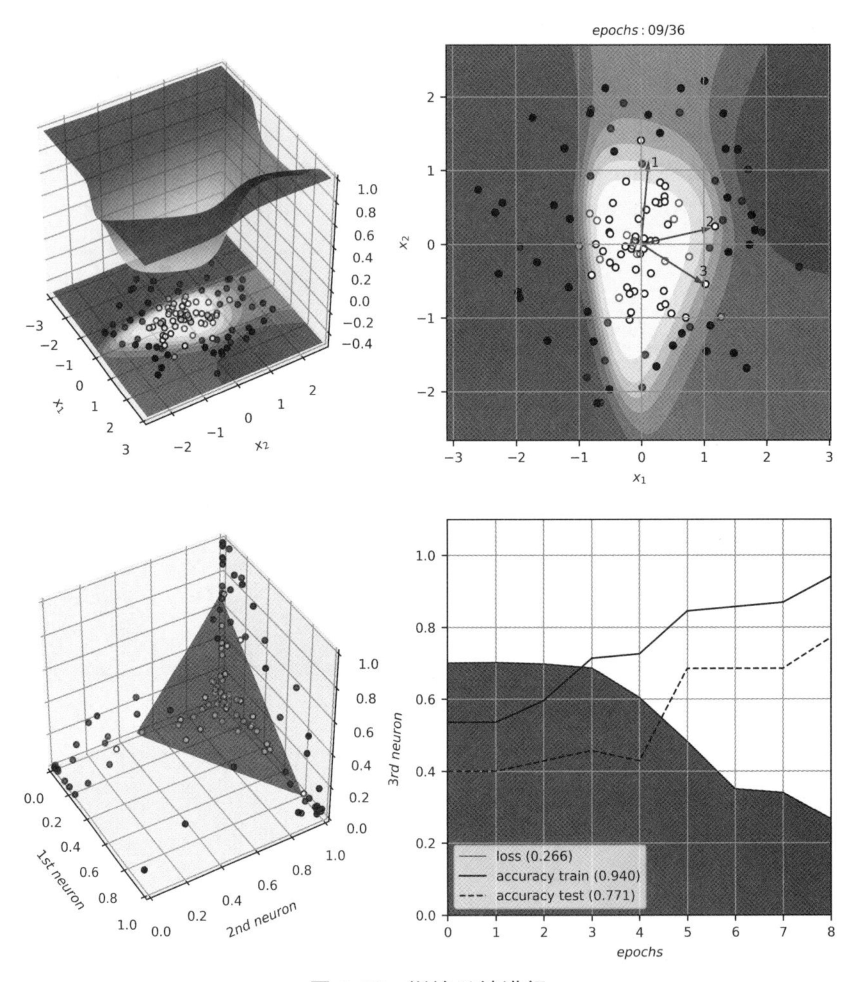

图 5-16　训练继续进行

此外，负类样本的隐藏层输出在三维空间中聚集到了一个角落里，正类样本的则集中到了另外三个角落里。这时，正负类样本在三维空间中就可以被一个平面分开了。左下角的子图中的平面运动到了恰当的位置上，分开了这两类样本。这个平面的位置是由输出层的 2 个神经元的权值向量共同决定的。

三神经元的隐藏层将二维输入向量映射到了三维，这是升维。将输入向量映射到更低维是降维。升维不能增加信息，但是（也许）可以使数据在更高维的空间变得线性可分。比如对于同心圆数据来说，如果为样本添加 2 个维度，分别是${x_1}^2$和${x_2}^2$，即两个特征的平方，那么逻辑回归模型可以给这两个新特征赋予权值 1，给原有特征x_1和x_2赋予权值 0。线性部分计算${x_1}^2+{x_2}^2$，这是样本与原点之间距离的平方。对于同心圆数据来说，负类样本和正类样本与原点距离的平方是可以用一个阈值分开的。因此，添加两个维度后，在二维空间线性不可分的样本在三维空间中就变得线性可分了。

多层全连接神经网络的隐藏层无法构造出${x_1}^2$和${x_2}^2$这样的新维度，因为神经元只能执行线性变换加激活。但这个例子展示了：可以通过升维，即将线性不可分的样本升到更高维的空间，使其变成线性可分的样本，从而再用（下一层）的线性神经元进行处理。这个例子体现了多层的作用。我们的神经网络训练完成后的情况如图 5-17 所示。

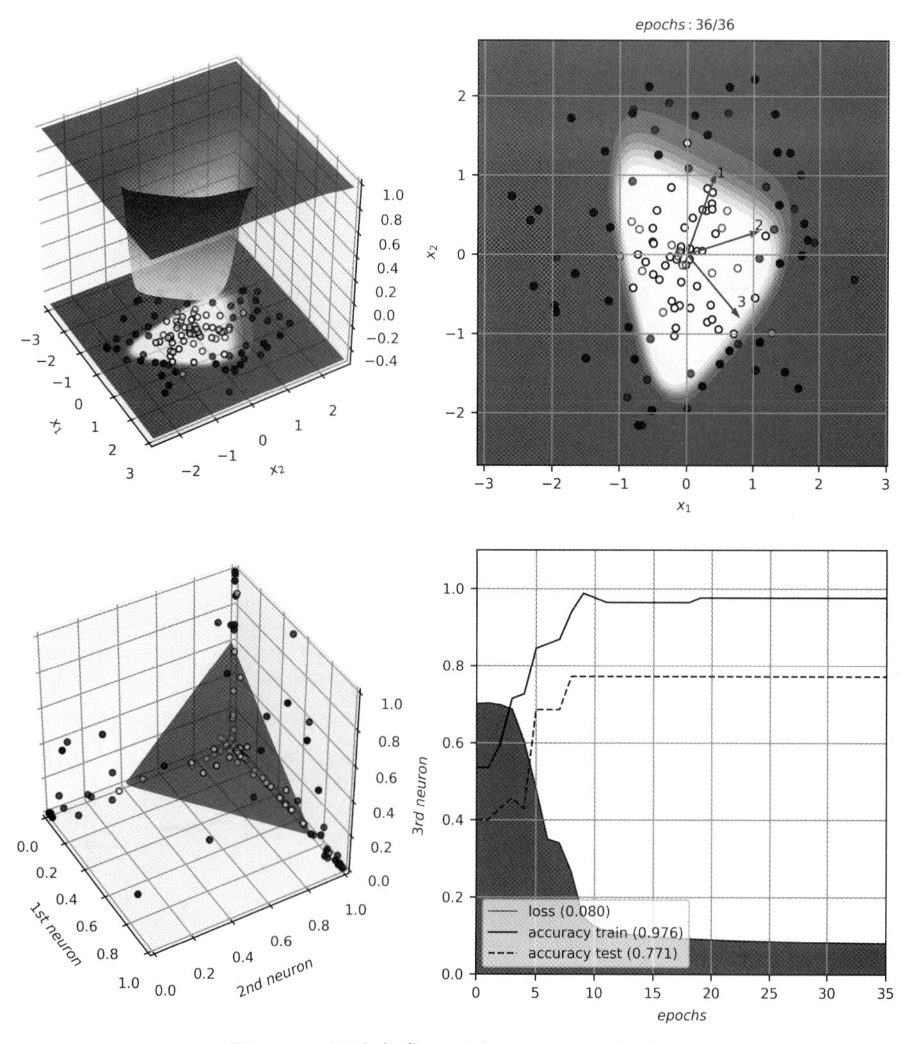

图 5-17　训练完成（36 个 epoch）后的情况

这里提醒读者注意，我们在讲解中一直都是以二维为例，比如操场上的学生、同心圆以及爬台阶，这是为了方便可视化呈现。这些数学概念和结论，例如内积、投影、分界线（面）和梯度等，都同样适用于更高的维度。请读者记住："2"即是"多"，以"2"为例只是为了"看"。

5.5 实例：鸢尾花

我们下面用多层全连接神经网络来分类鸢尾花数据集，请看代码（nn_iris.py）：

```
import numpy as np
import pandas as pd
from sklearn.preprocessing import LabelEncoder, OneHotEncoder
import matrixslow as ms

# 读取鸢尾花数据集，去掉第一列 Id
data = pd.read_csv("data/Iris.csv").drop("Id", axis=1)

# 随机打乱样本顺序
data = data.sample(len(data), replace=False)

# 将字符串形式的类别标签转换成整数 0，1，2
le = LabelEncoder()
number_label = le.fit_transform(data["Species"])

# 将整数形式的标签转换成 One-Hot 编码
oh = OneHotEncoder(sparse=False)
one_hot_label = oh.fit_transform(number_label.reshape(-1, 1))

# 特征列
features = data[['SepalLengthCm',
                 'SepalWidthCm',
                 'PetalLengthCm',
                 'PetalWidthCm']].values


# 构造计算图：输入向量，是一个 4×1 矩阵，不需要初始化，不参与训练
x = ms.core.Variable(dim=(4, 1), init=False, trainable=False)

# One-Hot 编码，是 3×1 矩阵
one_hot = ms.core.Variable(dim=(3, 1), init=False, trainable=False)

# 第一隐藏层，10 个神经元，激活函数为 ReLU
hidden_1 = ms.layer.fc(x, 4, 10, "ReLU")

# 第二隐藏层，10 个神经元，激活函数为 ReLU
hidden_2 = ms.layer.fc(hidden_1, 10, 10, "ReLU")

# 输出层，3 个神经元，无激活函数
output = ms.layer.fc(hidden_2, 10, 3, None)

# 模型输出概率
```

```
predict = ms.ops.SoftMax(output)

# 交叉熵损失函数
loss = ms.ops.loss.CrossEntropyWithSoftMax(output, one_hot)

# 学习率
learning_rate = 0.02

# 构造 Adam 优化器
optimizer = ms.optimizer.Adam(ms.default_graph, loss, learning_rate)

# 批大小为 16
batch_size = 16

# 训练执行 10 个 epoch
for epoch in range(10):

    # 批计数器清零
    batch_count = 0

    # 遍历训练集中的样本
    for i in range(len(features)):

        # 取第 i 个样本，构造 4×1 矩阵对象
        feature = np.mat(features[i,:]).T

        # 取第 i 个样本的 One-Hot 分量，3×1 矩阵
        label = np.mat(one_hot_label[i,:]).T

        # 将特征赋给 x 节点，将标签赋给 one_hot 节点
        x.set_value(feature)
        one_hot.set_value(label)

        # 调用优化器的 one_step 方法，执行一次前向传播和反向传播
        optimizer.one_step()

        # 批计数器加 1
        batch_count += 1

        # 若批计数器大于等于批大小，则执行一次更新，并清零计数器
        if batch_count >= batch_size:
            optimizer.update()
            batch_count = 0

    # 每个 epoch 结束后评估模型的正确率
    pred = []

    # 遍历训练集，计算当前模型对每个样本的预测概率
    for i in range(len(features)):

        feature = np.mat(features[i,:]).T
        x.set_value(feature)

        # 在模型的 predict 节点上执行前向传播
```

```
        predict.forward()
        pred.append(predict.value.A.ravel())  # 模型的预测结果：3 个概率值

    pred = np.array(pred).argmax(axis=1)  # 取最大概率对应的类别为预测类别

    # 判断预测结果与样本标签相同的数量与训练集总数量之比，即模型预测的正确率
    accuracy = (number_label == pred).astype(np.int).sum() / len(data)

    # 打印当前 epoch 数和模型在训练集上的正确率
    print("epoch: {:d}, accuracy: {:.3f}".format(epoch + 1, accuracy))
```

上述代码的核心在神经网络的搭建部分。我们调用了三次 fc 函数，构造了三个全连接层。第一次调用时，input 参数为 x 节点，input_size 参数为 4，size 参数为 10，activation 参数为"ReLU"。这次调用构造了一个四输入、十输出、激活函数为 ReLU 函数的全连接层。返回值赋给了 hidden_1，即第一隐藏层的输出节点。

第二次调用时，input 参数为 hidden_1 节点，input_size 参数为 10，size 参数为 10，activation 参数为"ReLU"。这次调用构造了一个十输入、十输出、激活函数为 ReLU 函数的全连接层。第二隐藏层的输入是第一隐藏层的十维输出向量，它也包含 10 个神经元。返回值赋给了 hidden_2，即第二隐藏层的输出节点。

第三次调用时，input 参数为 hidden_2 节点，input_size 参数为 10，size 参数为 3，activation 参数为 None。这次调用构造了一个十输入、三输出、没有激活函数的全连接层。它的输入是第二隐藏层的十维输出向量。这一层是输出层，包含 3 个神经元，对应鸢尾花的 3 个类别。返回值赋给了 output，即输出层的输出节点。

先是通过对 output 节点施加 SoftMax 函数得到 3 个类别的概率；以 output 节点和保存样本 One-Hot 编码的 one_hot 节点作为输入构造 CrossEntropyWithSoftMax 类节点，得到交叉熵。接下来的训练过程和之前相同，就不再赘述了。训练进行 10 个 epoch 后，正确率可以达到 98.7%。

5.6 实例：手写数字识别

MNIST 数据集包含了 7 万个手写数字的图片，它们分属于“0”至“9”十个类别。图片尺寸为28×28，单通道，所以每个图片都是28×28矩阵，其元素是 0~255 的灰度值。图 5-18 展示了其中的几个例子。

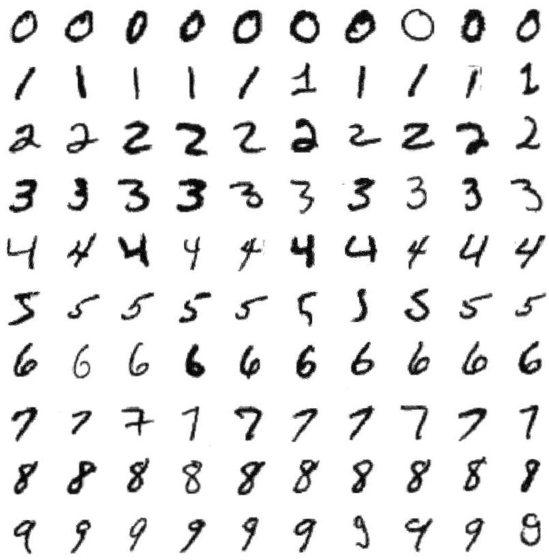

图 5-18　几个 MNIST 数据集中手写数字图片的样例

将28 × 28矩阵展开可得到一个七百八十四维向量。用这个向量作为输入向量，MNIST 手写数字识别问题就转化为了一个七百八十四维特征、十类别的分类问题。本节将会用多层全连接神经网络来处理这个问题，先来看代码（nn_mnist.py）：

```
import numpy as np
from sklearn.datasets import fetch_openml
from sklearn.preprocessing import OneHotEncoder
import matrixslow as ms

# 加载 MNIST 数据集，只取 5000 个样本
X, y = fetch_openml('mnist_784', version=1, return_X_y=True)
X, y = X[:5000] / 255, y.astype(np.int)[:5000]

# 将整数形式的标签转换成 One-Hot 编码
oh = OneHotEncoder(sparse=False)
one_hot_label = oh.fit_transform(y.reshape(-1, 1))


# 构造计算图：输入向量，是一个 784×1 矩阵，不需要初始化，不参与训练
x = ms.core.Variable(dim=(784, 1), init=False, trainable=False)

# One-Hot 编码，是 10×1 矩阵
one_hot = ms.core.Variable(dim=(10, 1), init=False, trainable=False)

# 输入层，100 个神经元，激活函数为 ReLU
hidden_1 = ms.layer.fc(x, 784, 100, "ReLU")

# 隐藏层，20 个神经元，激活函数为 ReLU
hidden_2 = ms.layer.fc(hidden_1, 100, 20, "ReLU")
```

```
# 输出层，10 个神经元，无激活函数
output = ms.layer.fc(hidden_2, 20, 10, None)

# 概率输出
predict = ms.ops.SoftMax(output)

# 交叉熵损失
loss = ms.ops.loss.CrossEntropyWithSoftMax(output, one_hot)

# 学习率
learning_rate = 0.001

# 构造 Adam 优化器
optimizer = ms.optimizer.Adam(ms.default_graph, loss, learning_rate)

# 批大小为 64
batch_size = 64

# 训练执行 30 个 epoch
for epoch in range(30):

    # 批计数器清零
    batch_count = 0

    # 遍历训练集中的样本
    for i in range(len(X)):

        # 取第 i 个样本，构造 784×1 矩阵对象
        feature = np.mat(X[i]).T

        # 取第 i 个样本的 One-Hot 标签，10×1 矩阵
        label = np.mat(one_hot_label[i]).T

        # 将特征赋给 x 节点，将标签赋给 one_hot 节点
        x.set_value(feature)
        one_hot.set_value(label)

        # 调用优化器的 one_step 方法，执行一次前向传播和反向传播
        optimizer.one_step()

        # 批计数器加 1
        batch_count += 1

        # 若批计数器大于等于批大小，则执行一次梯度下降更新，并清零计数器
        if batch_count >= batch_size:

            # 打印当前 epoch 数，迭代数与损失值
            print("epoch: {:d}, iteration: {:d}, loss: {:.3f}".format(
                  epoch + 1, i + 1, loss.value[0, 0]))

            # 优化器执行更新
            optimizer.update()
            batch_count = 0
```

```
    # 每个 epoch 结束后评估模型的正确率
    pred = []

    # 遍历训练集，计算当前模型对每个样本的预测值
    for i in range(len(X)):

        feature = np.mat(X[i]).T
        x.set_value(feature)

        # 在模型的 predict 节点上执行前向传播
        predict.forward()
        pred.append(predict.value.A.ravel())  # 模型的预测结果：10 个概率值

    pred = np.array(pred).argmax(axis=1)  # 取最大概率对应的类别为预测类别

    # 判断预测结果与样本标签相同的数量与训练集总数量之比，即模型预测的正确率
    accuracy = (y == pred).astype(np.int).sum() / len(X)

    # 打印当前 epoch 数和模型在训练集上的正确率
    print("epoch: {:d}, accuracy: {:.3f}".format(epoch + 1, accuracy))
```

有很多途径和方法都可以获取到 MNIST 数据集。为了简单起见，我们直接使用了 Scikit-Learn 包提供的 fetch_openml 函数。它的缺点是每次运行时，都会重新从网络上请求该数据集，这是比较耗时的。读者也可以用其他方法获取数据集。

MNIST 数据集有 7 万张图片，但我们仅取其中的 5000 张作为训练集。样本是七百八十四维向量，每个分量分别是 0 至 255 之间的整数。对每个分量都除以 255，归一化为 0 至 1 之间的实数。标签是字符串'0'至'9'，将其转换成整型，再用 OneHotEncoder 类转换成十维的 One-Hot 编码。

x 是形状为(784, 1)的变量节点，用来保存输入向量。one_hot 是形状为(10, 1)的变量节点，用来保存 One-Hot 编码。hidden_1 是第一隐藏层的输出节点，它是通过调用 fc 函数构造而得的。第一隐藏层的输入维度是 784，包含 100 个神经元，激活函数取 ReLU 函数。hidden_2 是第二隐藏层的输出节点，该层的输入维度是 100，包含 20 个神经元，激活函数也取的是 ReLU 函数。output 是输出层的输出节点，该层的输入维度是 20，包含 10 个神经元，无激活函数。

以 output 节点为父节点，构造 SoftMax 函数类节点 predict，它包含 10 个类别的概率。以 output 节点和 one_hot 节点为父节点构造 CrossEntropyWithSoftMax 类节点 loss，它是交叉熵损失。至此，带损失值的多层全连接神经网络的计算图搭建完成，这是一个三层网络：第一隐藏层有 100 个神经元，第二隐藏层有 20 个神经元，激活函数都是 ReLU 函数。网络的层数、每层神经元的个数、激活函数的类型，这些都可以视作是隐式的“超参数”。

接下来的训练过程相信读者应该很熟悉了，取学习率为 0.001，使用 Adam 优化器类，批大

小设置为 64；训练进行 30 个 epoch；每一批结束后打印当前 epoch 数、迭代数和损失值；每个 epoch 结束后打印 epoch 数和当前网络在训练集上的正确率。读者可以运行该代码，调整网络结构，观察训练效果。

前面我们说，多分类逻辑回归就是一个单层的全连接神经网络，它唯一的一层既是输入层也是输出层。这一层的输入维数是输入向量的维数，输出维数是类别数量，无激活函数。从这个角度看，多层全连接神经网络还是多分类逻辑回归的推广。现在我们构造一个多分类逻辑回归来处理 MNIST 手写数字识别问题，详见代码（lr_mnist.py）：

```
import numpy as np
from sklearn.datasets import fetch_openml
from sklearn.preprocessing import OneHotEncoder
import matrixslow as ms

# 加载 MNIST 数据集，只取 5000 个样本
X, y = fetch_openml('mnist_784', version=1, return_X_y=True)
X, y = X[:5000] / 255, y.astype(np.int)[:5000]

# 将整数形式的标签转换成 One-Hot 编码
oh = OneHotEncoder(sparse=False)
one_hot_label = oh.fit_transform(y.reshape(-1, 1))


# 构造计算图：输入向量，是一个 784×1 矩阵，不需要初始化，不参与训练
x = ms.core.Variable(dim=(784, 1), init=False, trainable=False)

# One-Hot 编码，是 10×1 矩阵
one_hot = ms.core.Variable(dim=(10, 1), init=False, trainable=False)

# 输出层，10 个神经元，无激活函数
output = ms.layer.fc(x, 784, 10, None)

# 概率输出
predict = ms.ops.SoftMax(output)

# 交叉熵损失
loss = ms.ops.loss.CrossEntropyWithSoftMax(output, one_hot)

# 学习率
learning_rate = 0.001

# 构造 Adam 优化器
optimizer = ms.optimizer.Adam(ms.default_graph, loss, learning_rate)

# 批大小为 64
batch_size = 64

# 训练执行 30 个 epoch
for epoch in range(30):
```

```
# 批计数器清零
batch_count = 0

# 遍历训练集中的样本
for i in range(len(X)):

    # 取第 i 个样本，构造 784×1 矩阵对象
    feature = np.mat(X[i]).T

    # 取第 i 个样本的 One-Hot 标签，10×1 矩阵
    label = np.mat(one_hot_label[i]).T

    # 将特征赋给 x 节点，将标签赋给 one_hot 节点
    x.set_value(feature)
    one_hot.set_value(label)

    # 调用优化器的 one_step 方法，执行一次前向传播和反向传播
    optimizer.one_step()

    # 批计数器加 1
    batch_count += 1

    # 若批计数器大于等于批大小，则执行一次更新，并清零计数器
    if batch_count >= batch_size:

        # 打印当前 epoch 数，迭代数与损失值
        print("epoch: {:d}, iteration: {:d}, loss: {:.3f}".format(
              epoch + 1, i + 1, loss.value[0, 0]))

        # 优化器执行更新
        optimizer.update()
        batch_count = 0


# 每个 epoch 结束后评估模型的正确率
pred = []

# 遍历训练集，计算当前模型对每个样本的预测值
for i in range(len(X)):

    feature = np.mat(X[i]).T
    x.set_value(feature)

    # 在模型的 predict 节点上执行前向传播
    predict.forward()
    pred.append(predict.value.A.ravel())  # 模型的预测结果：10 个概率值

pred = np.array(pred).argmax(axis=1)  # 取最大概率对应的类别为预测类别

# 判断预测结果与样本标签相同的数量与训练集总数量之比，即模型预测的正确率
accuracy = (y == pred).astype(np.int).sum() / len(X)

# 打印当前 epoch 数和模型在训练集上的正确率
print("epoch: {:d}, accuracy: {:.3f}".format(epoch + 1, accuracy))
```

这一次只调用了一次 `fc` 函数，构造了一个输入为七百八十四维，输出为十维的全连接层。这一层有 10 个神经元，每个神经元有一个七百八十四维的权值向量，合在一起就构成了10×784的权值矩阵。每个神经元都有一个偏置，合在一起构成了十维偏置向量。

5.7 小结

就像逻辑回归一样，神经元也是沿一个方向，即权值向量方向提取信息的。空间中任意分布的样本投影到一条直线上，就只剩下了一个实数，即投影后位置距原点的距离。当然，这个实数之后还乘上了权值向量的长度又加上了偏置，但不同样本的终极信息来源都是它的投影距离。这可以看作将高维空间中的点“嵌入”到了一维空间（直线）。

提取一个方向的信息往往是不够的。因此，可以设置多个神经元，并让它们各自提取一个方向的信息。多个神经元就组成了一个全连接层，这也是嵌入，只不过不是嵌入到一维，而是嵌入到多维，有几个神经元就嵌入到几维。全连接层通过线性变换再加上非线性的激活函数，就把高维空间中的点嵌入到了低维的子空间中。

比如我们构造的 MNIST 手写数字识别神经网络，它的第一隐藏层将七百八十四维样本向量嵌入到了一百维空间中。若把一百维的嵌入向量作为新的输入向量，那么网络后面的各层就是以新的低维向量为输入的多层全连接神经网络。这时，第一隐藏层可以看作一个预处理器，或者特征提取器。这种视角在深度学习中经常会被提及，在后面有关嵌入和深度学习的章节中我们还会再次回到这个视角。

第 6 章

06

非全连接神经网络

有时候，需要根据具体问题的特点来构造一些特殊的神经元连接方式，即非全连接的连接方式。计算图为我们提供了极大的便利和自由，它允许我们使用各类运算节点搭建各种网络结构。计算图的反向传播会自动处理变量节点的训练，让我们只需要把注意力集中在问题本身即可，即如何用恰当的网络结构去表达手头的问题。

在本章中，我们将会介绍并搭建几种非全连接神经网络。本章的思路是这样的：我们会首先说明我们面对的是什么样的问题，紧接着解释为了解决这个问题产生了什么样的动机，在这个动机指导下又提出了什么样的网络结构，而这样的结构为什么能恰当地表达相应的问题，最后再展示如何用计算图来搭建相应的网络结构。

具体来讲，本章会介绍这几种网络：带二次项的逻辑回归、因子分解机（FM）、Wide & Deep 以及 DeepFM。我们会沿着从简单到复杂的路径依次介绍这几种网络，以某种解决现实问题的动机及因其产生的结构改进为线索，将它们联系起来。

6.1 带二次项的逻辑回归

前面所讲的逻辑回归只能提取沿某一个方向上的样本位置信息，形成垂直于该方向的直线分界线（在更高维的空间中则是超平面分界面）。它能处理的最恰当的问题是线性可分问题，对于例如呈同心圆状分布的两类样本的问题来说，它就达不到很好的效果了。但是我们也曾经提到过，若为样本添加两维新的特征，分别是${x_1}^2$和${x_2}^2$，则逻辑回归就能够区分开同心圆数据了。

${x_1}^2$和${x_2}^2$就是所谓的“二次项”。对于x_1和x_2来说，还有另外一个二次项，即它们的乘积x_1x_2。x_1x_2又称为x_1和x_2的“交互项”。对于n个特征来说，逻辑回归的线性部分是它们的一次函数：

$$\sum_{i=1}^{n} w_i x_i$$

w_i是特征x_i对应的权重，代表着这个特征对于结果的影响程度。若加入二次特征，则逻辑回归的线性部分就会变成下面这样：

$$\sum_{i=1}^{n} w_i x_i + \sum_{i=1}^{n} \sum_{j=1}^{n} w_{i,j} x_i x_j$$

其中的$w_{i,j}$是二次项$x_i x_j$的权重，代表着这两个特征联合起来对结果的影响程度。添加了二次特征后，其实对于原始特征（$x_1, x_2, \cdots, x_n$）来说，这就是一个非线性模型了。但是逻辑回归本身并不知道这些二次特征是哪里来的，只是把它们都当作特征。对于全体一次和二次特征来说，逻辑回归仍然是一个线性模型。

以前，机器学习工程师们会先把二次特征构造出来，然后添加进样本，这属于“特征工程”（feature engineering）。现在我们尝试把二次项的构造纳入计算图中（注意用词，这里我们不说“二次特征”了，还是说“二次项”。因为把二次项的构造纳入计算图后，它们就不再是“特征”了）。相对于手动特征工程来说，这么做的收益其实并不大，但是能展现出计算图的表达能力。

那么，在计算图中该如何构造二次项呢？可以将输入（列）向量与它自身的转置相乘，得到一个方阵，该方阵的每个元素就是一个二次项：

$$\begin{pmatrix} x_1 \\ x_2 \\ \vdots \\ x_n \end{pmatrix} (x_1 \quad x_2 \quad \cdots \quad x_n) = \begin{pmatrix} {x_1}^2 & x_1 x_2 & \cdots & x_1 x_n \\ x_2 x_1 & {x_2}^2 & \cdots & x_2 x_n \\ \vdots & \vdots & \ddots & \vdots \\ x_n x_1 & x_n x_2 & \cdots & {x_n}^2 \end{pmatrix}$$

此方阵的对角线元素是各个特征的平方，其他元素是两个不同特征的交互项。注意，$x_1 x_2$和$x_2 x_1$都是x_1和x_2的乘积，所以这个方阵是一个对称矩阵。它包含了全部的二次项，但交互项是有冗余的。我们允许这些冗余存在，即保留重复的交互项。

将该方阵展开成向量就得到了包含所有二次项的向量。把一次项向量和二次项向量连接在一起就得到了带有二次项的输入向量。如果有n个特征，则有n^2个二次特征，合起来共有$n + n^2$，即$n \times (n + 1)$个特征。我们来看代码（lr_quadratic.py）：

```
import numpy as np
import matrixslow as ms
from sklearn.datasets import make_circles

# 获取同心圆状分布的数据，X 的每行包含两个特征，y 是 1/0 类别标签
X, y = make_circles(200, noise=0.1, factor=0.2)
y = y * 2 - 1  # 将标签转化为 1/-1

# 是否使用二次项
use_quadratic = True
```

```
# 一次项，二维向量（2×1 矩阵）
x1 = ms.core.Variable(dim=(2, 1), init=False, trainable=False)

# 标签
label = ms.core.Variable(dim=(1, 1), init=False, trainable=False)

# 偏置
b = ms.core.Variable(dim=(1, 1), init=True, trainable=True)

# 根据是否使用二次项区别处理
if use_quadratic:

    # 将一次项与自己的转置相乘，得到二次项 2×2 矩阵，再转成四维向量（4×1 矩阵）
    x2 = ms.ops.Reshape(
            ms.ops.MatMul(x1, ms.ops.Reshape(x1, shape=(1, 2))),
            shape=(4, 1)
            )

    # 将一次项和二次项连接成六维向量（6×1 矩阵）
    x = ms.ops.Concat(x1, x2)

    # 权值向量是六维（1×6 矩阵）
    w = ms.core.Variable(dim=(1, 6), init=True, trainable=True)

else:

    # 输入向量就是一次项
    x = x1

    # 权值向量是二维（1×2 矩阵）
    w = ms.core.Variable(dim=(1, 2), init=True, trainable=True)


# 线性部分
output = ms.ops.Add(ms.ops.MatMul(w, x), b)

# 预测概率
predict = ms.ops.Logistic(output)

# 损失函数
loss = ms.ops.loss.LogLoss(ms.ops.Multiply(label, output))

learning_rate = 0.001

optimizer = ms.optimizer.Adam(ms.default_graph, loss, learning_rate)


batch_size = 8

for epoch in range(200):

    batch_count = 0
```

```
    for i in range(len(X)):

        x1.set_value(np.mat(X[i]).T)
        label.set_value(np.mat(y[i]))

        optimizer.one_step()

        batch_count += 1

        if batch_count >= batch_size:
            optimizer.update()
            batch_count = 0

    pred = []
    for i in range(len(X)):

        x1.set_value(np.mat(X[i]).T)
        label.set_value(np.mat(y[i]))

        predict.forward()
        pred.append(predict.value[0, 0])

    pred = (np.array(pred) > 0.5).astype(np.int) * 2 - 1

    accuracy = (y == pred).astype(np.int).sum() / len(X)
    print("epoch: {:d}, accuracy: {:.3f}".format(epoch + 1, accuracy))
```

在上述代码中，我们用 Scikit-Learn 库里的 `make_circles` 函数来构造在二维平面上呈同心圆分布的两类样本；`noise` 参数介于 0.0 和 1.0 之间，决定了噪声的水平；`factor` 参数决定了内圆环样本与外圆环样本之间的距离，数值越大则距离越近。总之，若 `factor` 参数和 `noise` 参数较大，则两类样本在更大程度上会混在一起。我们取 200 个样本。`X` 是个200×2的数组，每一行分别是每个样本的两个特征。`y` 是个长度为 200 的一维数组，包含用 1/0 标识的类别，我们在后面将它转换成 1/−1 标识。`use_quadratic` 是标识是否使用二次项的标志。

接下来，开始构造计算图。`x1` 是二维向量节点，用来保存两个特征；`label` 是标量节点，用来保存样本标签；`b` 是标量节点，用来保存偏置，它需要初始化并参加训练。如果不使用二次项，则令 `x` 节点为 `x1` 节点，`w` 节点保存二维权值向量。

如果要使用二次项，我们先将 `x1` 向量与它自己的转置相乘，转置用 `Reshape` 类节点实现。构造计算图时，除了要给出父节点，还要给出目标形状，这里是`(1, 2)`。相乘后得到了包含 4 个二次项的2×2矩阵，再用 `Reshape` 类节点将它变形成4×1矩阵，即四维向量，并保存在 `x2` 节点中。之后，用 `Concat` 类节点将 `x1` 和 `x2` 连接成六维向量节点 `x`。计算图的这一部分可看作“特征工程”，它用原始特征制备二次项特征，提高样本维数。权值向量节点 `w` 现在也应该是六维向量了。

接下来的部分，读者应该比较熟悉了，先将 w 节点与 x 节点相乘，再加上 b 节点就得到了逻辑回归模型的线性部分，把它保存在 output 节点。以 output 节点为父节点构造 Logistic 函数类节点，就是逻辑回归模型的输出概率。将 label 节点与 output 节点相乘，再以乘积为父节点构造 LogLoss 函数类节点，就是对数损失。最后，构造优化器类并开始训练，这就不再赘述了。

运行此代码后，读者会发现：若只使用一次项，则逻辑回归模型只能达到 50%左右的正确率，而使用二次项后，它能达到 100%的正确率。正如前文所说，区分开同心圆数据正是二次项（其实主要是平方项）的用武之地。我们看一下训练完成后的权值。

```
matrix([[-0.1381303 ,  0.06586377, -4.17431184,  0.01414027,  0.01702612,
        -4.43677433]])
```

上面的数据中，前两个权值是一次项的权值，它们较小。后四个权值是二次项的权值，其中，第三和第六个权值明显较大，它们分别是两个平方项的权值。我们都知道，样本点与圆心之间的距离$x_1^2+x_2^2$能够很好地区分开内环和外环样本。显然，带二次项的逻辑回归模型学习到了这一点。

在继续探索之前，我们先把刚刚用到的两个新的节点类介绍一下。第一个是 Reshape 类，它的代码如下（matrixslow/ops/ops.py）：

```
class Reshape(Operator):
    """
    改变父节点的值（矩阵）的形状
    """

    def __init__(self, *parent, **kargs):
        Operator.__init__(self, *parent, **kargs)

        self.to_shape = kargs.get('shape')
        assert isinstance(self.to_shape, tuple) and len(self.to_shape) == 2


    def compute(self):
        self.value = self.parents[0].value.reshape(self.to_shape)

    def get_jacobi(self, parent):
        assert parent is self.parents[0]
        return np.mat(np.eye(self.dimension()))
```

构造 Reshape 类对象时必须要提供 shape 参数，它是一个 tuple，指明了要把父节点变成什么样的形状。类中的 compute 方法很简单，只要在父节点的值上调用 reshape 方法即可。Numpy 用来帮我们做矩阵的变形。get_jacobi 方法也很简单，因为变形前和变形后的矩阵按行展开是一一对应的，所以雅可比矩阵是个单位矩阵，其长和宽是父节点的元素数量（dimension 方法的返回值）。

第二个类是 Concat 类，它接受不定数量、不定形状的若干父节点，依次将它们的值按行展开并连接成一个大的向量。Concat 类的代码如下（matrixslow/ops/ops.py）：

```
class Concat(Operator):
    """
    将多个父节点的值连接成向量
    """

    def compute(self):
        assert len(self.parents) > 0

        # 将所有父节点矩阵按行展开并连接成一个向量
        self.value = np.concatenate(
            [p.value.flatten() for p in self.parents],
            axis=1
        ).T

    def get_jacobi(self, parent):
        assert parent in self.parents

        dimensions = [p.dimension() for p in self.parents]  # 各个父节点的元素数量
        pos = self.parents.index(parent)  # 当前是第几个父节点
        dimension = parent.dimension()  # 当前父节点的元素数量

        assert dimension == dimensions[pos]

        jacobi = np.mat(np.zeros((self.dimension(), dimension)))
        start_row = int(np.sum(dimensions[:pos]))
        jacobi[start_row:start_row + dimension,
               0:dimension] = np.eye(dimension)

        return jacobi
```

Concat 类中的 compute 方法遍历 parents 列表中保存的所有父节点，将它们的值展开后形成一个数组，再用 Numpy 的 concatenate 方法将该数组中（已展开）的向量连成一个大向量。

它的 get_jacobi 方法则要麻烦些。首先，将各个父节点的元素数量放在 dimensions 列表中，将当前父节点是第几个父节点记录在 pos 变量中，将当前父节点的元素数量记录在 dimension 变量中。然后，构造一个行数为连接向量的维数，列数为当前父节点元素数量的全零矩阵。当前父节点的元素是连接向量的第 start_row 行到第 start_row + dimension 行元素，所以将雅可比矩阵的第 start_row 行到第 start_row + dimension 行的子矩阵填充为一个单位矩阵。

在数学上，可以更为紧凑地表达二次逻辑回归模型。如果有n个特征，则我们需要一个n维的权值向量。n个特征会产生n^2个二次项（还是允许冗余存在），那么，用一个$n \times n$的权值矩阵就能计算出所有二次项的加权和，具体如下：

$$\boldsymbol{x}^{\mathrm{T}}\boldsymbol{W}\boldsymbol{x}+\boldsymbol{w}\cdot\boldsymbol{x}+b=(x_1 \quad x_2 \quad \cdots \quad x_n)\begin{pmatrix} w_{1,1} & w_{1,2} & \cdots & w_{1,n} \\ w_{2,1} & w_{2,2} & \cdots & w_{2,n} \\ \vdots & \vdots & \ddots & \vdots \\ w_{n,1} & w_{n,2} & \cdots & w_{n,n} \end{pmatrix}\begin{pmatrix} x_1 \\ x_2 \\ \vdots \\ x_n \end{pmatrix}+(w_1 \quad w_2 \quad \cdots \quad w_n)\begin{pmatrix} x_1 \\ x_2 \\ \vdots \\ x_n \end{pmatrix}+b$$

这个式子就是带二次项的逻辑回归模型的线性部分。其中，$\boldsymbol{W}$是$n \times n$的二次项权值矩阵，$\boldsymbol{w}$是一次项权值向量，b是偏置。现在，我们用计算图来实现这个式子（lr_quadratic_compact.py）:

```
# 一次项，二维向量（2×1 矩阵）
x1 = ms.core.Variable(dim=(2, 1), init=False, trainable=False)

# 标签
label = ms.core.Variable(dim=(1, 1), init=False, trainable=False)

# 权值向量是二维（1×2 矩阵）
w = ms.core.Variable(dim=(1, 2), init=True, trainable=True)

# 二次项权值矩阵（2×2 矩阵）
W = ms.core.Variable(dim=(2, 2), init=True, trainable=True)

# 偏置
b = ms.core.Variable(dim=(1, 1), init=True, trainable=True)

# 线性部分
output = ms.ops.Add(
        ms.ops.MatMul(w, x1),   # 一次部分

        # 二次部分
        ms.ops.MatMul(ms.ops.Reshape(x1, shape=(1, 2)), ms.ops.MatMul(W, x1)),

        # 偏置
        b)

# 预测概率
predict = ms.ops.Logistic(output)

# 损失函数
loss = ms.ops.loss.LogLoss(ms.ops.Multiply(label, output))
```

在上述代码中，我们只展示了构造计算图的部分，其余部分则与之前相同。x1 节点用来保存原始特征；w 是特征的权值向量节点（1×2矩阵）；W 是二次项的权值矩阵节点（2×2矩阵）；b 是偏置节点。将 w 节点与 x1 节点相乘，同时用 x1 节点的转置乘以 W 节点与 x1 节点的乘积，最后将它们与 b 节点相加，就得到了带二次项的逻辑回归模型的线性部分。最后，通过对这个线性部分施加 Logistic 函数得到概率输出；以 label 节点与 output 节点的乘积为父节点构造 LogLoss 函数类节点，得到对数损失。至此，计算图就搭建完成了。

它的训练过程与之前相同，带二次项的逻辑回归模型在同心圆数据上能达到 100%的正确率。我们来看一下训练完成后 w 节点和 W 节点的值：

```
w.value
Out[61]: matrix([[ 0.01733114,  0.00826329]])

W.value
Out[62]:
matrix([[-4.25246488,  0.04491693],
        [ 0.04675364, -4.37218202]])
```

我们可以看出，w 节点的值较小。很明显，W 节点的对角线元素较大，非对角线元素较小。W 节点的对角线元素正是两个平方项的权值。

通过 Concat 类这个例子，读者应该能体会出点意思了。首先分析你手头存在的问题和数据，然后产生一个有可能对解决问题有用的动机，在动机指导下构思一个办法，并且以数学的方式表达这个办法，用计算图搭建相关的计算。不用你动手，计算图会自动帮你搞定训练。最后，通过评价你的结果来看一看你的动机和办法是否有效。难怪一个接口清晰易用的计算图框架（比如 PyTorch）在学术界会这么受欢迎。在接下来的各小节中，我们将具体地看看人们都遭遇了何种问题，产生了什么样的动机以及做了什么样的尝试。

6.2 因子分解机

有些问题的特征数量巨大。比方说，有一个电影数据库，里面包含了十万部电影，还有它的用户数据，每条用户数据都包含了他/她对这十万部电影的打分（1~5），表示该用户对每部电影的评价由低（1 分）至高（5 分）。当然，很少有用户会把这十万部电影都看了。一般用户只看过其中的比如 100 部左右。那么，对于没看过的电影，就用 0 分来标记。这让你想起了豆瓣，是吧?

如果把用户分成两种观影兴趣类型：科幻和非科幻，那这就是一个十万维特征、两类别的分类问题。由专家为一批用户打上科幻（1）/非科幻（0）的标签，这批用户就构成了一个训练集。但是请注意，这批样本的特征是稀疏的，因为十万个特征中平均只有一百个是有效打分（1~5），其余都是表示用户没看过该影片的 0。稀疏数据在推荐类业务场景中非常常见，因为商品数量往往是巨大的，而一般用户购买/评价过的商品只占其中的一小部分。

我们还认为：用户对两部影片打分的乘积也具有重要的指示意义。假如《银翼杀手》（*Blade Runner*）的得分是特征x_{42}，《黑客帝国》（*Matrix*）的得分是特征x_{666}，我们相信它俩的乘积$x_{42} \cdot x_{666}$对于预测用户的类别（科幻/非科幻）也是有用的。在这个信念的指导下，我们使用带二次项的逻辑回归模型，并且期待$x_{42} \cdot x_{666}$的二次项权值$w_{42,666}$较大。

特征的稀疏性会带来一个问题。有些影片比较小众，比如《移魂都市》（*Dark city*）（得分是特征x_{1024}），若它与《黑客帝国》的联合打分较高，则会强烈地指示该用户是个科幻迷。但是由于影片数量巨大，而每个用户的观影数量又相对较少，训练集中很有可能恰好压根没有用户同时看过《黑客帝国》和《移魂都市》，那么训练集中的$x_{666} \cdot x_{1024}$就将永远是 0，权值$w_{666,1024}$永远得不到训练（偏导数为零）。

相较之下，《银翼杀手》和《黑客帝国》要热门得多，训练集中应该会有不少科幻迷同时给这两部影片打高分。于是，这两部影片的联合权值$w_{42,666}$会被训练成一个较大的值。当模型预测时，若新用户也同时看过这两部影片，则模型会为该用户计算出一个较大的线性部分，从而提高该用户成为科幻迷的概率。

但是，若新用户同时给《黑客帝国》和《移魂都市》打了高分，模型却不能利用这两部影片的联合得分提高该用户成为科幻迷的概率。这是因为训练集中这两部影片的联合项$x_{666} \cdot x_{1024}$总是 0，权值$w_{666,1024}$没有被训练得较大。这种情形在物品数量巨大而打分稀疏的情况下是很容易出现的。

训练集中也许有同时好评《银翼杀手》与《移魂都市》的用户，有同时好评《银翼杀手》与《黑客帝国》的用户，就是没有同时好评《黑客帝国》和《移魂都市》的用户。其结果就是，前两组影片的交互项权值都得到了训练，只有最后一组影片的交互项权值无法得到训练，但是最后这组影片也是有强烈指示意义的。

朴素的带二次项的逻辑回归可以理解为"看到什么就记住什么"。比如，它在正样本中看到了$x_{42} \cdot x_{666}$和$x_{42} \cdot x_{1024}$，于是就增大了它们的权值$w_{42,666}$和$w_{42,1024}$；它没有看到$x_{666} \cdot x_{1024}$，就没有赋予$w_{666,1024}$较大的值。我们说这样的模型虽然具有记忆能力，却缺少泛化能力。对于模型，特别是推荐类模型来说，记忆能力和泛化能力都是很重要的。模型不仅需要从数据中学习它看到的样本是什么样子以及属于什么类别，还要能提取样本背后的联系并进行泛化推广。

记忆和泛化能力在不同种类的机器学习模型中表现为不同的形式，难以给出一个精确的定义，但它们又是确实存在且可感知的。在带二次项的逻辑回归模型中，记忆能力体现为共同出现过的影片会被赋予恰当的权值，泛化能力不足体现为模型难以抓住它没见过的影片组合之间的联系，从而不会赋予该组合一个合适的权值。这是因为模型为每对影片的组合都配备了一个独有的权值$w_{i,j}$，这属于模型的自由度过大，发生了过拟合而导致的泛化能力不足。

为了改善这个缺陷，人们发明了因子分解机（Factorization Machine，以下简称 FM）。FM 同样具有一次项$x_1, x_2, \cdots, x_n$，同样为每一项各配备了一个权值$w_1, w_2, \cdots, w_n$。FM 也有二次项${x_1}^2$，$x_1 x_2$，$x_1 x_3$等，但它并没有为每对$x_i x_j$都配备一个权值，而是为每个特征x_i配备了一个k维向量$\boldsymbol{h}_i$，称为x_i的隐藏向量（hidden vector）。隐藏向量的维数k是一个可选择的超参数。所以，交互项$x_i x_j$的权值就不再是一个数值$w_{i,j}$了，而是x_i的隐藏向量$\boldsymbol{h}_i$与x_j的隐藏向量$\boldsymbol{h}_j$的内积$\boldsymbol{h}_i \cdot \boldsymbol{h}_j$。经过这个改动后，带二次项的逻辑回归就变成了因子分解机 FM。

这样做会有什么好处呢？还是回到我们关于电影的例子。《银翼杀手》的得分是x_{42}，对应的隐藏向量是$\boldsymbol{h}_{42}$;《黑客帝国》的得分是x_{666}，对应的隐藏向量是$\boldsymbol{h}_{666}$;《移魂都市》的得分是x_{1024}，对应的隐藏向量是$\boldsymbol{h}_{1024}$。数据集中有科幻迷同时给《银翼杀手》和《黑客帝国》打了高分，则训练会使$\boldsymbol{h}_{42}\cdot\boldsymbol{h}_{666}$变得较大。数据集中还有科幻迷同时给《银翼杀手》和《移魂都市》打了高分，则训练会使$\boldsymbol{h}_{42}\cdot\boldsymbol{h}_{1024}$变得较大。

我们都知道，两个向量的内积是它们的长度的乘积再乘上它们之间夹角的余弦。比如$\boldsymbol{h}_{42}\cdot\boldsymbol{h}_{666}$等于$|\boldsymbol{h}_{42}|\cdot|\boldsymbol{h}_{666}|\cdot\cos\theta_{42,666}$，其中，$\theta_{42,666}$是$\boldsymbol{h}_{42}$和$\boldsymbol{h}_{666}$之间的夹角。根据上一段的描述，训练会增大$|\boldsymbol{h}_{42}|\cdot|\boldsymbol{h}_{666}|\cdot\cos\theta_{42,666}$ ，也会增大$|\boldsymbol{h}_{42}|\cdot|\boldsymbol{h}_{1024}|\cdot\cos\theta_{42,1024}$。由此，抛开向量长度的变化不谈，我们可以说训练会缩小$\boldsymbol{h}_{42}$和$\boldsymbol{h}_{666}$之间的夹角$\theta_{42,666}$，也会缩小$\boldsymbol{h}_{42}$和$\boldsymbol{h}_{1024}$之间的夹角$\theta_{42,1024}$。这使得$\boldsymbol{h}_{666}$和$\boldsymbol{h}_{1024}$都被拉向了$\boldsymbol{h}_{42}$，那么，$\boldsymbol{h}_{666}$和$\boldsymbol{h}_{1024}$之间的夹角$\theta_{666,1024}$也缩小了。

之后，在对新用户进行预测时，若该用户同时给《黑客帝国》和《移魂都市》打了高分，则$x_{666}\cdot x_{1024}$项就会有一个较大的权重$\boldsymbol{h}_{666}\cdot\boldsymbol{h}_{1024}=|\boldsymbol{h}_{666}|\cdot|\boldsymbol{h}_{1024}|\cdot\cos\theta_{666,1024}$。这将会增大 FM 对该用户的线性部分，也就会增大该用户成为科幻迷的概率。

FM 利用隐藏向量为各个特征建立起了联系。那些没有在训练集中发生过直接联系的特征会因为它们都与另一个特征出现过联系而在训练集中产生间接联系，这就是 FM 之所以能够改善泛化能力的原因。它的计算式是：

$$\mathrm{FM}(\boldsymbol{x})=\mathrm{Logistic}\left(\sum_{i=1}^{n}\sum_{j=1}^{n}(\boldsymbol{h}_i\cdot\boldsymbol{h}_j)x_ix_j+\boldsymbol{w}\cdot\boldsymbol{x}+b\right)$$

其中，$\boldsymbol{x}$是n维输入向量，$\boldsymbol{w}$是n维权值向量，b是偏置。FM 用隐藏向量的内积$\boldsymbol{h}_i\cdot\boldsymbol{h}_j$取代了$w_{i,j}$作为二次项$x_ix_j$的权值。括号中就是 FM 的线性部分。最后施加 Logistic 函数得到正类概率。如果我们以n个隐藏向量作为列构造如下矩阵：

$$\boldsymbol{H}=(\boldsymbol{h}_1,\boldsymbol{h}_2,\cdots,\boldsymbol{h}_n)_{k\times n}$$

显然，$\boldsymbol{H}$是一个k行n列矩阵，它的转置$\boldsymbol{H}^{\mathrm{T}}$是一个$n$行$k$列矩阵。它俩的乘积$\boldsymbol{H}^{\mathrm{T}}\boldsymbol{H}$是一个$n\times n$矩阵：

$$\boldsymbol{H}^{\mathrm{T}}\boldsymbol{H}=\begin{pmatrix}\boldsymbol{h}_1\cdot\boldsymbol{h}_1 & \boldsymbol{h}_1\cdot\boldsymbol{h}_2 & \cdots & \boldsymbol{h}_1\cdot\boldsymbol{h}_n\\ \boldsymbol{h}_2\cdot\boldsymbol{h}_1 & \boldsymbol{h}_2\cdot\boldsymbol{h}_2 & \cdots & \boldsymbol{h}_2\cdot\boldsymbol{h}_n\\ \vdots & \vdots & \ddots & \vdots\\ \boldsymbol{h}_n\cdot\boldsymbol{h}_1 & \boldsymbol{h}_n\cdot\boldsymbol{h}_2 & \cdots & \boldsymbol{h}_n\cdot\boldsymbol{h}_n\end{pmatrix}$$

$\boldsymbol{H}^{\mathrm{T}}\boldsymbol{H}$矩阵的第$i$行、第$j$列元素$\boldsymbol{h}_i\cdot\boldsymbol{h}_j$是$w_{i,j}$的替代物，$\boldsymbol{H}^{\mathrm{T}}\boldsymbol{H}$矩阵是二次项权值矩阵$\boldsymbol{W}$的替代物，

所以 FM 的计算式可以写成:

$$\mathrm{FM}(\boldsymbol{x}) = \mathrm{Logistic}(\boldsymbol{x}^{\mathrm{T}}\boldsymbol{H}^{\mathrm{T}}\boldsymbol{H}\boldsymbol{x} + \boldsymbol{w}\cdot\boldsymbol{x} + b) \tag{6.1}$$

如果还是以$\boldsymbol{W}$为权值矩阵的话，二次部分共有n^2个参数。换成$\boldsymbol{H}^{\mathrm{T}}\boldsymbol{H}$后，二次部分就只有$k\times n$个参数了。在这个过程中，首先参数的数量大大减少了。以更数学化一些的语言说，矩阵$\boldsymbol{W}$是满秩(rank)的，即它的列向量线性独立，可以表示整个n维向量空间。而$\boldsymbol{H}^{\mathrm{T}}\boldsymbol{H}$矩阵虽然也是$n\times n$的，但它是由$k\times n$矩阵$\boldsymbol{H}$自己的转置与自己相乘而得到的，因此$\boldsymbol{H}^{\mathrm{T}}\boldsymbol{H}$矩阵的秩最大只能是$k$，它的列向量最多只能表示$k$维的向量空间。总结一下，用$\boldsymbol{W}$矩阵可以把输入向量$\boldsymbol{x}$向$n$维向量空间自由投影，而用$\boldsymbol{H}^{\mathrm{T}}\boldsymbol{H}$矩阵则只能把$\boldsymbol{x}$向$k$（$k\ll n$）维空间投影，所以我们才说模型的自由度降低了，防止了过拟合。

矩阵分解、秩与自由度

FM 的二次项权值矩阵$\boldsymbol{H}^{\mathrm{T}}\boldsymbol{H}$是一个对称矩阵，这是因为:

$$(\boldsymbol{H}^{\mathrm{T}}\boldsymbol{H})^{\mathrm{T}} = \boldsymbol{H}^{\mathrm{T}}(\boldsymbol{H}^{\mathrm{T}})^{\mathrm{T}} = \boldsymbol{H}^{\mathrm{T}}\boldsymbol{H}$$

$n\times n$的对称矩阵有n个实数特征值（可重复），对应n个彼此正交的单位特征向量。可以把对称矩阵$\boldsymbol{H}^{\mathrm{T}}\boldsymbol{H}$写成下面矩阵乘积的形式:

$$\boldsymbol{H}^{\mathrm{T}}\boldsymbol{H} = \boldsymbol{U}\boldsymbol{\Lambda}\boldsymbol{U}^{\mathrm{T}} = (\boldsymbol{v}^1 \quad \boldsymbol{v}^2 \quad \cdots \quad \boldsymbol{v}^n)\begin{pmatrix}\lambda^1 & 0 & \cdots & 0\\ 0 & \lambda^2 & \cdots & 0\\ \vdots & \vdots & \ddots & \vdots\\ 0 & 0 & \cdots & \lambda^n\end{pmatrix}\begin{pmatrix}(\boldsymbol{v}^1)^{\mathrm{T}}\\ (\boldsymbol{v}^2)^{\mathrm{T}}\\ \vdots\\ (\boldsymbol{v}^n)^{\mathrm{T}}\end{pmatrix}$$

$\lambda^1,\lambda^2,\cdots,\lambda^n$是$\boldsymbol{H}^{\mathrm{T}}\boldsymbol{H}$矩阵的$n$个特征值，$\boldsymbol{v}^1,\boldsymbol{v}^2,\cdots,\boldsymbol{v}^n$分别是它们对应的$n$个彼此正交的单位特征向量，它们构成了$n$维线性空间的一组标准正交基。

$\boldsymbol{U}$是以$\boldsymbol{v}^1,\boldsymbol{v}^2,\cdots,\boldsymbol{v}^n$为列向量的矩阵，$\boldsymbol{U}^{\mathrm{T}}$是它的转置，它的各行分别是$\boldsymbol{v}^1,\boldsymbol{v}^2,\cdots,\boldsymbol{v}^n$向量的转置。因为$\boldsymbol{v}^1,\boldsymbol{v}^2,\cdots,\boldsymbol{v}^n$向量彼此正交，而且都是单位向量，所以$\boldsymbol{U}$是一个正交矩阵:

$$\boldsymbol{U}^{\mathrm{T}}\boldsymbol{U} = \boldsymbol{U}\boldsymbol{U}^{\mathrm{T}} = \boldsymbol{I}$$

又因为$\boldsymbol{\Lambda}$是$n\times n$对角矩阵，对角线元素是$\boldsymbol{H}^{\mathrm{T}}\boldsymbol{H}$矩阵的$n$个特征值。所以有:

$$(\boldsymbol{H}^{\mathrm{T}}\boldsymbol{H})\boldsymbol{U} = \boldsymbol{U}\boldsymbol{\Lambda}\boldsymbol{U}^{\mathrm{T}}\boldsymbol{U} = \boldsymbol{U}\boldsymbol{\Lambda} = (\lambda^1\boldsymbol{v}^1 \quad \lambda^2\boldsymbol{v}^2 \quad \cdots \quad \lambda^n\boldsymbol{v}^n)$$

这说明:

$$\boldsymbol{H}^{\mathrm{T}}\boldsymbol{H}\boldsymbol{v}^i = \lambda^i\boldsymbol{v}^i \quad (i = 1,2,\cdots,n)$$

这正是特征值与特征向量的定义。$\boldsymbol{U}\boldsymbol{\Lambda}\boldsymbol{U}^{\mathrm{T}}$称作$\boldsymbol{H}^{\mathrm{T}}\boldsymbol{H}$矩阵的谱分解。因为$\boldsymbol{H}$是$k\times n$矩阵，所以$\boldsymbol{H}^{\mathrm{T}}\boldsymbol{H}$最多有$k$个非 0 特征值：$\boldsymbol{v}^1,\boldsymbol{v}^2,\cdots,\boldsymbol{v}^k$。最后，$\boldsymbol{H}^{\mathrm{T}}\boldsymbol{H}$矩阵的谱分解就可以写成:

$$\boldsymbol{H}^{\mathrm{T}}\boldsymbol{H}=\begin{pmatrix}\boldsymbol{v}^1 & \boldsymbol{v}^2 & \cdots & \boldsymbol{v}^n\end{pmatrix}\begin{pmatrix}\boldsymbol{\Lambda}_k & 0\\ 0 & 0\end{pmatrix}\begin{pmatrix}(\boldsymbol{v}^1)^{\mathrm{T}}\\ (\boldsymbol{v}^2)^{\mathrm{T}}\\ \vdots\\ (\boldsymbol{v}^n)^{\mathrm{T}}\end{pmatrix}$$

其中，$\boldsymbol{\Lambda}_k$是$k\times k$对角阵，其对角线元素是$\boldsymbol{H}^{\mathrm{T}}\boldsymbol{H}$矩阵的$k$个非 0 特征值。这时，FM 的二次项是：

$$\boldsymbol{x}^{\mathrm{T}}\boldsymbol{H}^{\mathrm{T}}\boldsymbol{H}\boldsymbol{x}=\begin{pmatrix}\boldsymbol{v}^1\cdot\boldsymbol{x} & \boldsymbol{v}^2\cdot\boldsymbol{x} & \cdots & \boldsymbol{v}^k\cdot\boldsymbol{x}\end{pmatrix}\boldsymbol{\Lambda}_k\begin{pmatrix}\boldsymbol{v}^1\cdot\boldsymbol{x}\\ \boldsymbol{v}^2\cdot\boldsymbol{x}\\ \vdots\\ \boldsymbol{v}^k\cdot\boldsymbol{x}\end{pmatrix}$$

$\boldsymbol{x}$与$\boldsymbol{v}^i$的内积$\boldsymbol{v}^i\cdot\boldsymbol{x}$是$\boldsymbol{x}$向$\boldsymbol{v}^i$代表的坐标轴上的投影。训练$\boldsymbol{H}^{\mathrm{T}}\boldsymbol{H}$矩阵就是寻找较优的$\boldsymbol{H}$，也可以看作寻找较优的$\boldsymbol{v}^1,\boldsymbol{v}^2,\cdots,\boldsymbol{v}^k$和$\lambda^1,\lambda^2,\cdots,\lambda^k$。即寻找$n$维线性空间的$k$个正交方向以及$k$个特征值，然后将$\boldsymbol{x}$向这$k$个方向投影，再用对应的特征值缩放（相乘）。

指定$\boldsymbol{H}$矩阵的行数k就是指定$\boldsymbol{H}^{\mathrm{T}}\boldsymbol{H}$矩阵最多有$k$个非 0 特征值，或者说放弃掉$n-k$个方向。$\boldsymbol{x}$不再向$n$个方向投影，而只能利用其中的$k$个方向，这就是自由度为$k$的含义（自由度砍掉了$n-k$）。若$k=n$，则$\boldsymbol{H}^{\mathrm{T}}\boldsymbol{H}$矩阵最多有$n$个非 0 特征值，模型就可以利用$\boldsymbol{x}$在$n$个方向上的投影信息，这时，FM 与带二次项的逻辑回归相同。

为 FM 选择隐藏向量维数k是一种正则化，k越大，则自由度越高，模型容易过拟合；k越小，则自由度越低，模型容易欠拟合。

现在我们用 MatrixSlow 框架来搭建 FM 模型，请看代码（fm.py）：

```
import numpy as np
from sklearn.datasets import make_circles
import matrixslow as ms

X, y = make_circles(600, noise=0.1, factor=0.2)
y = y * 2 - 1

# 特征维数
dimension = 20

# 构造噪声特征
X = np.concatenate([X, np.random.normal(0.0, 0.01, (600, dimension-2))], axis=1)

# 隐藏向量维度
k = 2

# 一次项
x1 = ms.core.Variable(dim=(dimension, 1), init=False, trainable=False)

# 标签
```

```
label = ms.core.Variable(dim=(1, 1), init=False, trainable=False)

# 一次项权值向量
w = ms.core.Variable(dim=(1, dimension), init=True, trainable=True)

# 隐藏向量矩阵
H = ms.core.Variable(dim=(k, dimension), init=True, trainable=True)
HTH = ms.ops.MatMul(ms.ops.Reshape(H, shape=(dimension, k)), H)

# 偏置
b = ms.core.Variable(dim=(1, 1), init=True, trainable=True)

# 线性部分
output = ms.ops.Add(
        ms.ops.MatMul(w, x1),   # 一次部分

        # 二次部分
        ms.ops.MatMul(ms.ops.Reshape(x1, shape=(1, dimension)),
                      ms.ops.MatMul(HTH, x1)),
                      b)

# 预测概率
predict = ms.ops.Logistic(output)

# 损失函数
loss = ms.ops.loss.LogLoss(ms.ops.Multiply(label, output))

learning_rate = 0.001
optimizer = ms.optimizer.Adam(ms.default_graph, loss, learning_rate)


batch_size = 16

for epoch in range(50):

    batch_count = 0
    for i in range(len(X)):

        x1.set_value(np.mat(X[i]).T)
        label.set_value(np.mat(y[i]))

        optimizer.one_step()

        batch_count += 1
        if batch_count >= batch_size:

            optimizer.update()
            batch_count = 0


    pred = []
    for i in range(len(X)):

        x1.set_value(np.mat(X[i]).T)
```

```
        predict.forward()
        pred.append(predict.value[0, 0])

    pred = (np.array(pred) > 0.5).astype(np.int) * 2 - 1
    accuracy = (y == pred).astype(np.int).sum() / len(X)

    print("epoch: {:d}, accuracy: {:.3f}".format(epoch + 1, accuracy))
```

FM 计算图的搭建与带二次项的逻辑回归模型计算图的搭建几乎完全相同，不同之处在于二次项权值矩阵。上述代码中，有一个变量 k，是隐藏向量的维度，我们取 k 值为 2，原因在后面说明；还有一个变量 dimension，表示特征向量的维度，我们取其为 20；H 是形状为 (k, dimension) 的变量节点，用来保存以隐藏向量为列向量的矩阵；HTH 是将 H 的转置与 H 相乘（$\boldsymbol{H}^{\mathrm{T}}\boldsymbol{H}$）后得到的节点，用来作为二次项的权值矩阵。

我们先用 make_circles 函数获取 600 个二维数据样本，分成两类并且呈同心圆分布。再构造 600 个十八维数据样本，每个特征均按 0 均值、0.01 标准差的正态分布随机采样。这十八维特征是噪声，对于分类没有帮助。将二维同心圆特征与十八维噪声特征按行连接，就得到了 600 个二十维样本，其中每个样本的前 2 个特征是同心圆特征，后 18 个特征是无用的噪声特征，请记住这一点。

相信读者应该已经很熟悉接下来训练过程的套路了。我们训练 50 个 epoch，在每个 epoch 结束后，评估当时模型在训练集上的正确率。运行此代码，待 50 个 epoch 后正确率可以达到 99.7%。这时，我们查看一下 H 节点的值：

```
H.value
Out[12]:
matrix([[ -4.49417923e-02,   1.89619163e+00,  -1.76152452e+00,
          -9.66407363e-01,  -3.60215151e-02,  -1.90980597e-02,
          -2.17946954e-01,   1.21850228e-01,   1.62348490e-01,
          -3.22822022e-01,  -5.29477157e-02,   2.72158976e-01,
           3.48628746e-02,  -9.90407063e-04,   4.01582408e-01,
           1.21187391e-01,  -4.50438989e-01,  -4.49787497e-01,
          -4.05639899e-01,  -1.00545290e-01],
        [ -1.77285742e+00,   9.30680040e-01,  -6.68496796e-02,
          -7.35771611e-01,   4.47550632e-01,   3.39949300e-01,
          -8.60375299e-03,   1.23547917e-01,   8.53149596e-02,
           8.45813103e-02,   2.93318374e-01,  -2.35888914e-01,
           3.41243783e-03,  -3.24773252e-01,   3.41292646e-01,
           4.27660455e-01,   1.31810250e-01,  -2.71217540e-02,
           9.04815248e-02,  -1.95677372e-01]])
```

我们从中可以看到，第一行是第二个元素最大，第二行是第一个元素最大。这是为什么呢？先来回顾一下 FM 的计算式(6.1)，看看其中的二次部分：

$$\boldsymbol{x}^{\mathrm{T}}\boldsymbol{H}^{\mathrm{T}}\boldsymbol{H}\boldsymbol{x} = (\boldsymbol{H}\boldsymbol{x})^{\mathrm{T}}\boldsymbol{H}\boldsymbol{x} \tag{6.2}$$

这其实是向量$\boldsymbol{Hx}$与其自己的内积。$\boldsymbol{Hx}$是一个k维向量，它相当于一个无偏置的全连接层，将n维向量$\boldsymbol{x}$嵌入到了k维向量空间。所以，因子分解机 FM 也可以看作先把输入向量嵌入到低维，再用低维嵌入向量的平方项（自己与自己的内积）作为二次项。嵌入向量的k个分量可以看作隐藏的因子。

我们通过对实体进行外部的观察和测量得到了特征。特征纷繁复杂，是一种表象，也许这种表象的背后有几个真实原因决定着样本的类别。用电影评分举例，由于我们只能观察到用户对十万部电影的打分，因此以它们作为特征。但是，决定一个人是否是科幻迷的很可能是他/她的年龄、性别和教育程度等若干因子，十万个评分只是这些隐藏因子的外在表象而已。因子分解机 FM 则试图找到那些背后的隐藏因子。

当然，一个问题的背后是否有隐藏因子，有几个隐藏因子，这些隐藏因子到底是什么，我们事先谁都不知道。我们所能做的只是一个先验性的假设。所以，隐藏因子数，即隐藏向量的维数k是一个超参数，在建模过程中需要对它不断地摸索和试验，以达到较好的效果。

回到同心圆数据，样本一共有二十维，但我们知道，真正对分类起作用的只是前两维特征。这两维特征在二维平面上分两类，并呈同心圆分布，而后面的十八维则是掺杂进去的随机噪声。对于这个问题来说，二十维特征的背后只有两个隐藏因子，所以我们将隐藏向量的维数 k 设为 2。

训练完成后，隐藏向量矩阵 H 节点的值如前面所示。第一行是第二个元素最大，第二行是第一个元素最大，其余的元素都比较小。用该矩阵乘以输入向量$\boldsymbol{x}$，就可以近似地认为是选出了$\boldsymbol{x}$的第一和第二分量，而这两个分量正好是对于分类有用的分量。由此能够看出，经过训练以后，FM 发现了两个隐藏因子，并用隐藏向量矩阵将输入向量$\boldsymbol{x}$嵌入到了这两个维度上。

关于嵌入，还有一点需要说明。在使用嵌入的场景下，输入向量往往是高维而稀疏的。例如在电影打分的例子中，十万个特征中可能只有几百个非零值。从数学上讲，嵌入是用一个扁而宽（行少列多）的矩阵去乘以输入向量。我们都知道，矩阵乘以一个向量等于用该向量的分量对矩阵的列向量进行线性组合：

$$(\boldsymbol{w}_1 \quad \boldsymbol{w}_2 \quad \cdots \quad \boldsymbol{w}_n)_{k\times n}\begin{pmatrix}x_1\\x_2\\\vdots\\x_n\end{pmatrix}=\sum_{i=1}^{n}x_i\boldsymbol{w}_i$$

其中，如果输入向量$\boldsymbol{x}$的大部分分量都为 0，那么计算矩阵乘法的时候，将会有大量的无用计算：$w_{i,j}\times 0$。综上所述，其实只要根据$\boldsymbol{x}$的非零分量的位置选取矩阵$\boldsymbol{W}$的对应列向量，再以非零分量为系数计算这些列向量的加权和即可。

特别地，如果$\boldsymbol{x}$是某种事物的 One-Hot 编码向量，即表示只取该事物的若干种可能性之一，那么$\boldsymbol{x}$就只有一个分量为 1，其余分量都为 0。从而，$\boldsymbol{W}$乘以$\boldsymbol{x}$相当于选出$\boldsymbol{W}$的一列，即$\boldsymbol{x}$的非零分量指示的那列。比如，若$\boldsymbol{x}$的第 42 个分量为 1，其余分量为 0，则$\boldsymbol{Wx}$就是$\boldsymbol{W}$的第 42 列。

有些框架专门实现了一种（也许）叫作 `embedding` 或者 `embedding_lookup` 的节点类，以查表的形式获取嵌入向量：把$\boldsymbol{W}$当作一个大的向量列表，若 $\boldsymbol{x}$的第 42 个分量为 1，则找到$\boldsymbol{W}$的第 42 列，它就是$\boldsymbol{Wx}$。只要简单的一个寻址就可以完成嵌入计算，这将节省大量乘零相加的无用计算。我们的 MatrixSlow 框架并没有实现这种查表嵌入节点，就留给读者作为一个练习吧。

6.3 Wide & Deep

在 FM 模型中，隐藏向量的运用是为了提升模型的泛化能力。经过上一节的分析，我们现在可以说，FM 模型通过将输入向量映射到嵌入向量，尝试透过纷乱的表象去抓住问题背后的隐藏因子。这一旦成功，当然就会比记忆大量的表面信息具有更好的泛化能力。

FM 模型运用嵌入向量的方式是简单地计算它与自身的内积，也就是各个分量的平方和。隐藏向量可以看作一套特征，一套由原始特征经过嵌入得到的新特征。接下来，我们可以对这套新特征再施加逻辑回归，并将这个逻辑回归的线性部分与一次项的线性部分相加，该过程请看图 6-1。

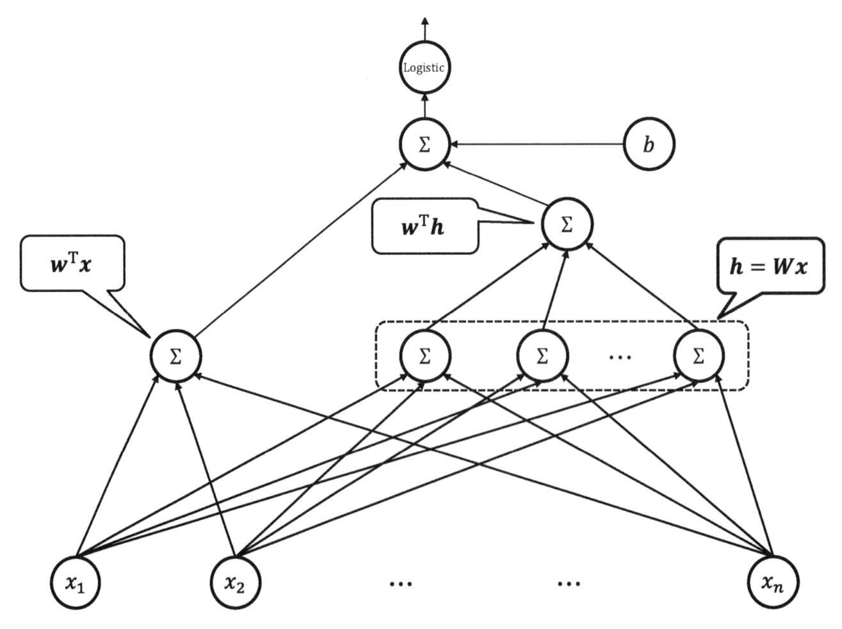

图 6-1 对 FM 模型的嵌入向量做运算的过程

图 6-1 中的粗箭头连线上都有权值，表示对输入加权。图的左侧是一个不带偏置的逻辑回归；右侧是一个不带偏置的全连接层，把特征嵌入到了低维（$\boldsymbol{h}=\boldsymbol{W}\boldsymbol{x}$），嵌入向量$\boldsymbol{h}$又连接了一个不带偏置的单神经元全连接层（其实就是不带偏置的逻辑回归）。这个模型不再像 FM 模型那样只是使用嵌入向量与自身的内积了，而是把嵌入向量当作了新的特征灵活使用。

想必读者已经看出，图 6-1 的右侧是一个多层全连接神经网络。既然如此，我们也不必囿于二层，右侧完全可以是任意层数的多层全连接神经网络。将左侧和右侧的线性部分以及偏置相加，就是我们本节所讲的 Wide & Deep 模型，如图 6-2 所示。

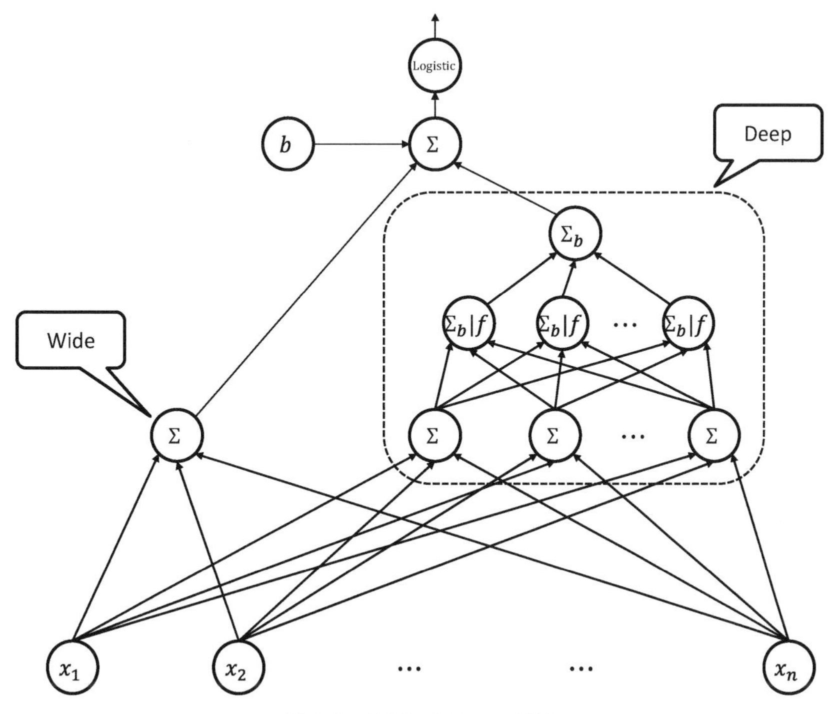

图 6-2　Wide & Deep 模型

Wide & Deep 模型有一个浅而宽的逻辑回归，是它的 Wide 部分；有一个多层全连接神经网络，是它的 Deep 部分。Σ_b表示对输入加和再加偏置，$\Sigma_b|f$就是在这个基础上还要再施加激活函数，即一个标准的神经元。

也可以不对全体特征一起做嵌入，而是将它们分成内部有关联、之间有区别的“组”。比如第一个组是用户对十万部电影的打分，第二个组是用户对一万张唱片的打分，第三个组是用户对五万部书籍的打分（还是豆瓣）。对第一组的十万个稀疏特征、第二组一万个稀疏特征和第三组的五万个稀疏特征分别做嵌入，就会得到三个嵌入向量。最后将这三个嵌入向量连接成一个向量，并送给下一个隐藏层，如图 6-3 所示。

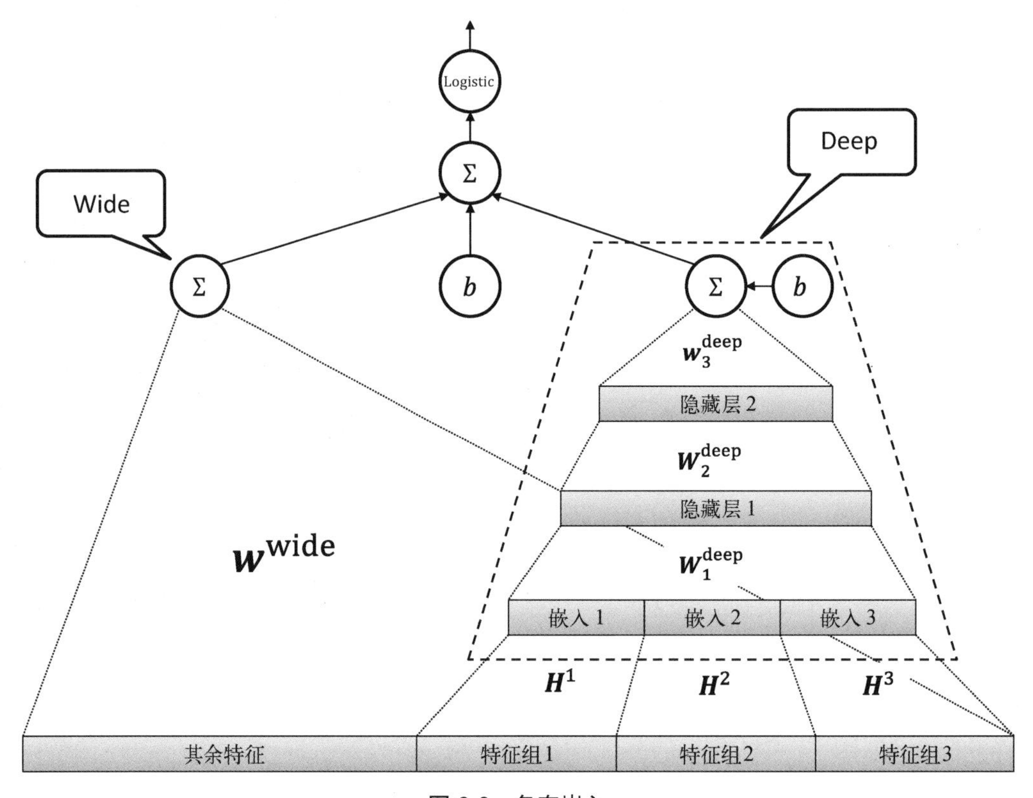

图 6-3　多套嵌入

$\boldsymbol{w}^{\text{wide}}$是模型中 Wide 部分的权值向量。图 6-3 中的 Wide 部分是以全体特征作为输入，但在面对具体问题时，可以只挑选其中的一部分作为 Wide 部分的输入，这又是属于特征工程的问题。

全体特征中的一部分被分成了三个组（比如电影/唱片/书籍打分）。这三个特征组各有一个嵌入矩阵$\boldsymbol{H}^1$，$\boldsymbol{H}^2$和$\boldsymbol{H}^3$，然后将它们嵌入到低维向量。三个嵌入向量的维度不必一致，嵌入矩阵无非就是一个矮而宽的权值矩阵。

将三个嵌入向量连成一个向量，作为输入送给一个多层全连接神经网络，即模型的 Deep 部分。$\boldsymbol{W}_1^{\text{deep}}$和$\boldsymbol{W}_2^{\text{deep}}$分别是这部分第一和第二隐藏层的权值矩阵，最后一层只有一个神经元，所以它的权值矩阵是一个权值向量$\boldsymbol{w}_3^{\text{deep}}$。

将模型的 Wide 部分、Deep 部分以及偏置 b 相加再施加 Logistic 函数，就是 Wide & Deep 模型。现在我们用 MatrixSlow 框架来搭建 Wide & Deep 模型，请看代码（wide_and_deep.py）:

```
import numpy as np
from sklearn.datasets import make_classification
import matrixslow as ms

# 特征维数
dimension = 60

# 构造二分类样本，有用特征占二十维
X, y = make_classification(600, dimension, n_informative=20)
y = y * 2 - 1


# 嵌入向量维度
k = 20

# 一次项
x1 = ms.core.Variable(dim=(dimension, 1), init=False, trainable=False)

# 标签
label = ms.core.Variable(dim=(1, 1), init=False, trainable=False)

# 一次项权值向量
w = ms.core.Variable(dim=(1, dimension), init=True, trainable=True)

# 嵌入矩阵
E = ms.core.Variable(dim=(k, dimension), init=True, trainable=True)

# 偏置
b = ms.core.Variable(dim=(1, 1), init=True, trainable=True)


# Wide 部分，一个简单的逻辑回归
wide = ms.ops.MatMul(w, x1)


# Deep 部分
embedding = ms.ops.MatMul(E, x1)  # 用嵌入矩阵与特征向量相乘，得到嵌入向量

# 第一隐藏层
hidden_1 = ms.layer.fc(embedding, k, 8, "ReLU")

# 第二隐藏层
hidden_2 = ms.layer.fc(hidden_1, 8, 4, "ReLU")

# 输出层
deep = ms.layer.fc(hidden_2, 4, 1, None)

# 输出
output = ms.ops.Add(wide, deep, b)
```

```
# 预测概率
predict = ms.ops.Logistic(output)

# 损失函数
loss = ms.ops.loss.LogLoss(ms.ops.Multiply(label, output))

learning_rate = 0.005
optimizer = ms.optimizer.Adam(ms.default_graph, loss, learning_rate)


batch_size = 16

for epoch in range(200):

    batch_count = 0
    for i in range(len(X)):

        x1.set_value(np.mat(X[i]).T)
        label.set_value(np.mat(y[i]))

        optimizer.one_step()

        batch_count += 1
        if batch_count >= batch_size:

            optimizer.update()
            batch_count = 0


    pred = []
    for i in range(len(X)):

        x1.set_value(np.mat(X[i]).T)

        predict.forward()
        pred.append(predict.value[0, 0])

    pred = (np.array(pred) > 0.5).astype(np.int) * 2 - 1
    accuracy = (y == pred).astype(np.int).sum() / len(X)

    print("epoch: {:d}, accuracy: {:.3f}".format(epoch + 1, accuracy))
```

在上述代码中，首先，我们用 Scikit-Learn 库的 `make_classification` 函数获取了 600 个属于两个类别的样本。其中，每个样本各有 60 个特征，但其中只有 20 个对于两个类别真正有差异，其他 40 个则对于两个类别没有统计差异，是无用特征。

接下来，嵌入向量的维度 `k` 设为 20；`x1` 是60×1的变量节点，用来保存输入向量；`label` 是1×1的变量节点，用来保存样本的 1/−1 类别标签；`w` 是1×60的变量节点，用来保存模型 Wide 部分的权值向量；`E` 是20×60的变量节点，用来保存嵌入矩阵，它与 `x1` 相乘后得到二十维的嵌入向量。这个简单的例子只对所有特征一起做了一套嵌入，在本章的 6.5 节中，我们将会展示将特征分组做嵌入的例子。另外，`b` 是1×1的变量节点，用来保存偏置。

将 `w` 节点与 `x1` 节点相乘，就得到了模型的 Wide 部分和 `wide` 节点，这个先放在这里。将 `E` 节点与 `x1` 节点相乘得到了样本的嵌入向量，即 `embedding` 节点。然后以 `embedding` 节点作为输入调用 `fc` 函数，构造具有八个神经元的第一隐藏层，激活函数是 ReLU。之后以第一隐藏层作为输入再次调用 `fc` 函数，构造具有四个神经元，激活函数同样为 ReLU 的第二隐藏层。最后，以第二隐藏层作为输入再一次调用 `fc` 函数，构造具有一个神经元，且无激活函数的输出层，并将结果保存在 `deep` 节点中。这就是模型的 Deep 部分。

先将前面步骤得到的 `wide` 节点、`deep` 节点以及 `b` 节点相加，得到 `output` 节点，再对该节点施加 Logistic 函数就得到了模型的概率输出。然后，将 `output` 节点与 `label` 节点相乘，并对乘积施加对数损失，就得到了损失值节点。至此，Wide & Deep 模型的计算图搭建完毕。运行此代码，可以观察模型在这个二分类问题上的表现。读者也可以调整数据维度、嵌入维度，去掉 Wide 部分或 Deep 部分，通过这些实验观察各个超参和组件对模型的影响。

Wide 部分强调记忆能力。以嵌入向量为输入的多层全连接神经网络，即 Deep 部分探索泛化能力。深浅结合，就是 Wide & Deep 模型的动机。

6.4　DeepFM

在深度学习的时代，大家都要"Deep"一下。Wide & Deep 模型就是一种深浅结合模型，并且运用了嵌入。但是 Wide & Deep 模型并没有像因子分解机 FM 那样利用嵌入的二次项（$\boldsymbol{x}^{\mathrm{T}}\boldsymbol{H}^{\mathrm{T}}\boldsymbol{H}\boldsymbol{x}$），它的 Wide 部分就是一个普通的一次项逻辑回归。

我们继续沿着本章的思路演进，最后再来介绍一种模型——DeepFM。顾名思义，它是一种 FM，但同时又引入了 Deep 因素。DeepFM 其实就是把 Wide & Deep 模型中的 Wide 部分的逻辑回归替换为了一个 FM。同时，这个 FM 的二次项权值矩阵$\boldsymbol{H}^{\mathrm{T}}\boldsymbol{H}$里的$\boldsymbol{H}$也是 Deep 部分的嵌入矩阵。换句话说，DeepFM 模型是前面做嵌入的多层全连接神经网络加上 FM 模型，同时这二者使用同一个嵌入矩阵（以隐藏向量为列向量的矩阵）。DeepFM 模型的结构如图 6-4 所示。

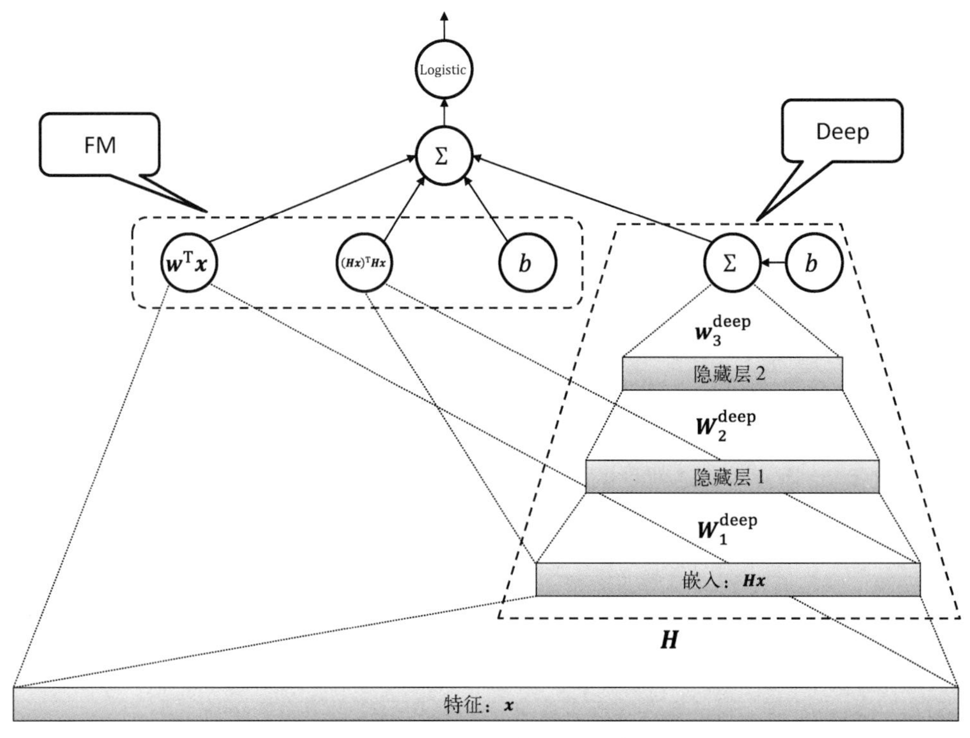

图 6-4　DeepFM 模型的结构

多么有意思，FM 以隐藏向量的内积作为权值构造二次项$x^{\mathrm{T}}H^{\mathrm{T}}Hx$，它其实是嵌入向量$Hx$与自己的内积。Wide & Deep 模型不再算嵌入向量的内积了，而是把它当作输入送给多层全连接神经网络。DeepFM 模型一看这里面没有用到因子分解啊？故又把$x^{\mathrm{T}}H^{\mathrm{T}}Hx$请回来加入了 Wide & Deep 模型的 Wide 部分，从而把 Wide 部分从逻辑回归变成了 FM。你看，沿着这条思路下来，到现在关于 DeepFM 模型，我们已经没什么可说的了。来看实现（deepfm.py）：

```
import numpy as np
from sklearn.datasets import make_classification
import matrixslow as ms

# 特征维数
dimension = 60

# 构造二分类样本，有用特征占二十维
X, y = make_classification(600, dimension, n_informative=20)
y = y * 2 - 1


# 嵌入向量维度
k = 20

# 一次项
```

```
x1 = ms.core.Variable(dim=(dimension, 1), init=False, trainable=False)

# 标签
label = ms.core.Variable(dim=(1, 1), init=False, trainable=False)

# 一次项权值向量
w = ms.core.Variable(dim=(1, dimension), init=True, trainable=True)

# 嵌入矩阵
E = ms.core.Variable(dim=(k, dimension), init=True, trainable=True)

# 偏置
b = ms.core.Variable(dim=(1, 1), init=True, trainable=True)

# 用嵌入矩阵与特征向量相乘，得到嵌入向量
embedding = ms.ops.MatMul(E, x1)


# FM 部分
fm = ms.ops.Add(ms.ops.MatMul(w, x1),   # 一次部分
                # 二次部分
                ms.ops.MatMul(ms.ops.Reshape(embedding, shape=(1, k)), embedding))


# Deep 部分，第一隐藏层
hidden_1 = ms.layer.fc(embedding, k, 8, "ReLU")

# 第二隐藏层
hidden_2 = ms.layer.fc(hidden_1, 8, 4, "ReLU")

# 输出层
deep = ms.layer.fc(hidden_2, 4, 1, None)

# 输出
output = ms.ops.Add(deep, fm, b)

# 预测概率
predict = ms.ops.Logistic(output)

# 损失函数
loss = ms.ops.loss.LogLoss(ms.ops.Multiply(label, output))

learning_rate = 0.005
optimizer = ms.optimizer.Adam(ms.default_graph, loss, learning_rate)


batch_size = 16

for epoch in range(20):

    batch_count = 0
    for i in range(len(X)):

        x1.set_value(np.mat(X[i]).T)
        label.set_value(np.mat(y[i]))
```

```
        optimizer.one_step()

        batch_count += 1
        if batch_count >= batch_size:

            optimizer.update()
            batch_count = 0


    pred = []
    for i in range(len(X)):

        x1.set_value(np.mat(X[i]).T)

        predict.forward()
        pred.append(predict.value[0, 0])

    pred = (np.array(pred) > 0.5).astype(np.int) * 2 - 1
    accuracy = (y == pred).astype(np.int).sum() / len(X)

    print("epoch: {:d}, accuracy: {:.3f}".format(epoch + 1, accuracy))
```

DeepFM 模型用一个 FM 取代了 Wide & Deep 模型的 Wide 部分。这个 FM 的一次部分是 `w` 节点与 `x1` 节点的乘积，这与 Wide & Deep 模型的 wide 节点是相同的。`E` 节点保存了嵌入矩阵，它与 `x1` 节点相乘后得到 `embedding` 节点。`embedding` 的转置与自身的乘积（内积）如下：

$$\boldsymbol{e}^{\mathrm{T}}\boldsymbol{e} = (\boldsymbol{E}\boldsymbol{x})^{\mathrm{T}}\boldsymbol{E}\boldsymbol{x} = \boldsymbol{x}^{\mathrm{T}}\boldsymbol{E}^{\mathrm{T}}\boldsymbol{E}\boldsymbol{x}$$

其中，$\boldsymbol{e}$是嵌入向量，即 `embedding` 节点的值。这是 FM 模型的二次部分，即以特征的隐藏向量的内积作为权值的全体二次项的加权和。二次部分与一次部分相加，就是 FM 部分（偏置我们等最后再加），保存在 `fm` 节点中。Deep 部分仍然是以嵌入向量作为输入的三层全连接神经网络，其输出保存在 `deep` 节点中。最后，将 `deep` 节点、`fm` 节点和偏置 `b` 节点相加，就得到了 `output` 节点。剩下的步骤就与之前完全相同了，我们不再赘述。

人们都是站在巨人的肩膀上。所有的创新都不是横空出世，而是在前人基础上的改进和演变。当你看到文献中和工业界成功地使用了 FM 模型和 Wide & Deep 模型，同时你又知道，以 FM 模型的隐藏向量内积作为权值的全体二次项之和，在数学上等价于嵌入向量与自身的内积，即式(6.2)，那么何不试试将 Wide & Deep 模型的逻辑回归替换成以嵌入矩阵的列向量作为隐藏向量的 FM 呢？这就是本节所讲模型的动机（有点绕，但是请 think about it）。

现在，虽然深度推荐领域还有许多其他五花八门的网络，但它们无非都是将诸如嵌入、全连接以及一些本书中没有涉及的组件通过排列组合、开枝散叶而衍生出的新的网络结构，最后再将这些新的网络结构放到实践中去测试、检验。总结一下，如果你产生了一个动机，改进了一种新的结构，在实践中得到了一个好指标，讲了一个好故事（story），那么这就是一个好的成果。

6.5 实例：泰坦尼克号幸存者

泰坦尼克号幸存者是一个著名的数据集。它包含 891 个样本，其中的每个样本分别是一位泰坦尼克号船上的乘客。每个样本有 12 列，第一列是 PassengerId，包含了从第 1 个至第 891 个乘客的 Id。你的数据集中要是包含了每一个样本的唯一 Id 的话，一定不要将它纳入特征中去。因为如果模型的自由度够大，它完全可以记住每一个 Id 对应的类别，从而在训练集上达到很高的正确率。但是，面对新样本时，新的 Id 是模型从未见过的，此时它将无法做出正确的预测，这便是一种严重的过拟合。

还有，第四列 Name 是乘客的姓名，第九列 Ticket 是船票的号码，第十一列 Cabin 是船舱号，这三列也不适合作为特征。另外，Survived 列是标签，它用 1/0 标识乘客是否幸存。共有 342 位乘客幸存（但是其中没有 Rose），换句话说，很不幸，有 549 位乘客罹难（其中也没有 Jack）。

那么，其余列就可以作为特征。

- Pclass：船票等级，有 1、2、3 三种取值，分别为高、中、低三等。
- Sex：性别，有 female 和 male 两种取值。
- Age：年龄，小于 1 岁是小数，否则是整数（如果年龄是估计的，则取**.5）。
- SibSp：平辈亲属人数，包括丈夫/妻子/兄弟姐妹/继兄弟姐妹等。
- Parch：上/下辈亲属人数，包括父母/儿女/继子女等。
- Fare：船费，为整数。
- Embarked：登船港口，有三种取值：S、C 和 Q，分别代表 Cherbourg、Queenstown 和 Southampton。

某些样本的某些特征存在缺失。为了解决这个问题，凡是数值型缺失值，我们用 0 填充；凡是类别型缺失值，我们用空字符串填充。然后，我们将类别型特征都转换成 One-Hot 编码。首先，尝试因子分解机 FM 模型，其代码如下（fm_titanic.py）：

```
import numpy as np
import pandas as pd
from sklearn.preprocessing import LabelEncoder, OneHotEncoder
import matrixslow as ms

# 读取数据，去掉无用列
data = pd.read_csv("data/titanic.csv").drop(["PassengerId",
                   "Name", "Ticket", "Cabin"], axis=1)

# 构造编码类
le = LabelEncoder()
ohe = OneHotEncoder(sparse=False)
```

```
# 对类别型特征做 One-Hot 编码
Pclass = ohe.fit_transform(le.fit_transform(data["Pclass"].fillna(0)).reshape(-1, 1))
Sex = ohe.fit_transform(le.fit_transform(data["Sex"].fillna("")).reshape(-1, 1))
Embarked = ohe.fit_transform(le.fit_transform(data["Embarked"].fillna("")).reshape(-1, 1))

# 组合特征列
features = np.concatenate([Pclass,
                           Sex,
                           data[["Age"]].fillna(0),
                           data[["SibSp"]].fillna(0),
                           data[["Parch"]].fillna(0),
                           data[["Fare"]].fillna(0),
                           Embarked
                           ], axis=1)

# 标签
labels = data["Survived"].values * 2 - 1

# 特征维数
dimension = features.shape[1]

# 隐藏向量维度
k = 12

# 一次项
x1 = ms.core.Variable(dim=(dimension, 1), init=False, trainable=False)

# 标签
label = ms.core.Variable(dim=(1, 1), init=False, trainable=False)

# 一次项权值向量
w = ms.core.Variable(dim=(1, dimension), init=True, trainable=True)

# 隐藏向量矩阵
H = ms.core.Variable(dim=(k, dimension), init=True, trainable=True)
HTH = ms.ops.MatMul(ms.ops.Reshape(H, shape=(dimension, k)), H)

# 偏置
b = ms.core.Variable(dim=(1, 1), init=True, trainable=True)

# 线性部分
output = ms.ops.Add(
        ms.ops.MatMul(w, x1),   # 一次部分

        # 二次部分
        ms.ops.MatMul(ms.ops.Reshape(x1, shape=(1, dimension)),
                      ms.ops.MatMul(HTH, x1)),
                      b)

# 预测概率
predict = ms.ops.Logistic(output)

# 损失函数
loss = ms.ops.loss.LogLoss(ms.ops.Multiply(label, output))
```

```
learning_rate = 0.001
optimizer = ms.optimizer.Adam(ms.default_graph, loss, learning_rate)


batch_size = 16

for epoch in range(50):

    batch_count = 0
    for i in range(len(features)):

        x1.set_value(np.mat(features[i]).T)
        label.set_value(np.mat(labels[i]))

        optimizer.one_step()

        batch_count += 1
        if batch_count >= batch_size:

            optimizer.update()
            batch_count = 0


    pred = []
    for i in range(len(features)):

        x1.set_value(np.mat(features[i]).T)

        predict.forward()
        pred.append(predict.value[0, 0])

    pred = (np.array(pred) > 0.5).astype(np.int) * 2 - 1
    accuracy = (labels == pred).astype(np.int).sum() / len(features)

    print("epoch: {:d}, accuracy: {:.3f}".format(epoch + 1, accuracy))
```

在上述代码中，我们先用 Pandas 库的.csv 文件读取函数来读取数据，并抛弃其中不作为特征的四列。然后，构造 Scikit-Learn 库的 `LabelEncoder` 类对象和 `OneHotEncoder` 类对象，用它们把类别型特征转换成 One-Hot 编码。注意：在构造 `OneHotEncoder` 类对象时，`sparse` 参数为 `False`，这样，经该对象转换出来的 One-Hot 编码就是以稠密格式存储的。

我们把 Pclass、Sex 和 Embarked 三个类别型的特征转换成 One-Hot 编码。根据前面所讲，转换前对 Pclass 的空值填充 0，对 Sex 和 Embarked 的空值填充空字符串。最后，这三个类别型特征分别产生了三列、二列和四列的 One-Hot 编码。接下来，将所有的特征按行拼接，共 13 个特征，再将幸存/罹难的 1/0 标签转换为 1/−1 标签。构造计算图的部分与 6.2 节中的样例代码相同，这里不再赘述。

下面，我们再尝试使用 Wide & Deep 模型。我们将全体特征，包括原始数值型特征和三套

One-Hot 编码作为 Wide 部分的输入。在 Deep 部分，我们先对 Pclass、Sex 和 Embarked 三套 One-Hot 编码分别做嵌入，再将这几个嵌入向量连在一起送给全连接层，如图 6-5 所示。

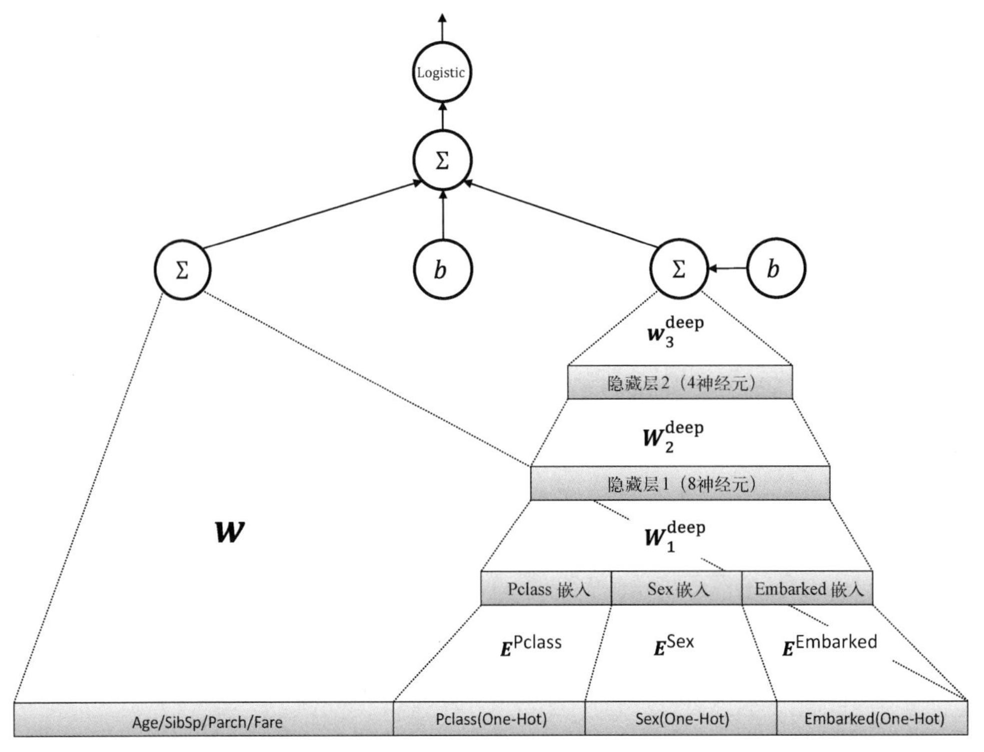

图 6-5　泰坦尼克幸存者的 Wide & Deep 模型

请看代码（wide_and_deep_titanic.py）：

```
import numpy as np
import pandas as pd
from sklearn.preprocessing import LabelEncoder, OneHotEncoder
import matrixslow as ms

# 读取数据，去掉无用列
data = pd.read_csv("data/titanic.csv").drop(["PassengerId",
                    "Name", "Ticket", "Cabin"], axis=1)

# 构造编码类
le = LabelEncoder()
ohe = OneHotEncoder(sparse=False)

# 对类别型特征做 One-Hot 编码
Pclass = ohe.fit_transform(le.fit_transform(data["Pclass"].fillna(0)).reshape(-1, 1))
Sex = ohe.fit_transform(le.fit_transform(data["Sex"].fillna("")).reshape(-1, 1))
Embarked = ohe.fit_transform(le.fit_transform(data["Embarked"].fillna("")).reshape(-1, 1))
```

```
# 组合特征列
features = np.concatenate([Pclass,
                           Sex,
                           data[["Age"]].fillna(0),
                           data[["SibSp"]].fillna(0),
                           data[["Parch"]].fillna(0),
                           data[["Fare"]].fillna(0),
                           Embarked
                           ], axis=1)

# 标签
labels = data["Survived"].values * 2 - 1

# 特征维数
dimension = features.shape[1]

# 嵌入向量维度
k = 2

# 一次项
x = ms.core.Variable(dim=(dimension, 1), init=False, trainable=False)

# 三个类别类特征的三套 One-Hot
x_Pclass = ms.core.Variable(dim=(Pclass.shape[1], 1), init=False, trainable=False)
x_Sex = ms.core.Variable(dim=(Sex.shape[1], 1), init=False, trainable=False)
x_Embarked = ms.core.Variable(dim=(Embarked.shape[1], 1), init=False, trainable=False)


# 标签
label = ms.core.Variable(dim=(1, 1), init=False, trainable=False)

# 一次项权值向量
w = ms.core.Variable(dim=(1, dimension), init=True, trainable=True)

# 类别类特征的嵌入矩阵
E_Pclass = ms.core.Variable(dim=(k, Pclass.shape[1]), init=True, trainable=True)
E_Sex = ms.core.Variable(dim=(k, Sex.shape[1]), init=True, trainable=True)
E_Embarked = ms.core.Variable(dim=(k, Embarked.shape[1]), init=True, trainable=True)

# 偏置
b = ms.core.Variable(dim=(1, 1), init=True, trainable=True)


# Wide 部分
wide = ms.ops.MatMul(w, x)


# Deep 部分，三个嵌入向量
embedding_Pclass = ms.ops.MatMul(E_Pclass, x_Pclass)
embedding_Sex = ms.ops.MatMul(E_Sex, x_Sex)
embedding_Embarked = ms.ops.MatMul(E_Embarked, x_Embarked)

# 将三个嵌入向量连接在一起
```

```
embedding = ms.ops.Concat(
        embedding_Pclass,
        embedding_Sex,
        embedding_Embarked
        )

# 第一隐藏层
hidden_1 = ms.layer.fc(embedding, 3 * k, 8, "ReLU")

# 第二隐藏层
hidden_2 = ms.layer.fc(hidden_1, 8, 4, "ReLU")

# 输出层
deep = ms.layer.fc(hidden_2, 4, 1, None)

# 输出
output = ms.ops.Add(wide, deep, b)

# 预测概率
predict = ms.ops.Logistic(output)

# 损失函数
loss = ms.ops.loss.LogLoss(ms.ops.Multiply(label, output))

learning_rate = 0.005
optimizer = ms.optimizer.Adam(ms.default_graph, loss, learning_rate)


batch_size = 16

for epoch in range(200):

    batch_count = 0
    for i in range(len(features)):

        x.set_value(np.mat(features[i]).T)

        # 从特征中选择各段 One-Hot 编码
        x_Pclass.set_value(np.mat(features[i, :3]).T)
        x_Sex.set_value(np.mat(features[i, 3:5]).T)
        x_Embarked.set_value(np.mat(features[i, 9:]).T)

        label.set_value(np.mat(labels[i]))

        optimizer.one_step()

        batch_count += 1
        if batch_count >= batch_size:

            optimizer.update()
            batch_count = 0


    pred = []
```

```
    for i in range(len(features)):

        x.set_value(np.mat(features[i]).T)
        x_Pclass.set_value(np.mat(features[i, :3]).T)
        x_Sex.set_value(np.mat(features[i, 3:5]).T)
        x_Embarked.set_value(np.mat(features[i, 9:]).T)

        predict.forward()
        pred.append(predict.value[0, 0])

    pred = (np.array(pred) > 0.5).astype(np.int) * 2 - 1
    accuracy = (labels == pred).astype(np.int).sum() / len(features)

    print("epoch: {:d}, accuracy: {:.3f}".format(epoch + 1, accuracy))
```

在上述代码中，x 节点用来保存所有特征，包括原始数值型特征和 One-Hot 编码特征；label 节点用来保存标签；w 节点用来保存 Wide 部分的权值向量。再构造三个变量节点：x_Pclass、x_Sex 和 x_Embarked。它们分别用来保存船票等级、性别和登船港口三个类别型特征的 One-Hot 编码。为这三组 One-Hot 编码构造三个嵌入矩阵节点：E_Pclass、E_Sex 和 E_Embarked。它们的行数都是嵌入维度 2，列数分别是 3、2 和 4。此外，b 节点用来保存偏置。

接下来，将 w 节点和 x 节点相乘，得到 wide 节点，这是模型的 Wide 部分。将前面的三个嵌入矩阵分别与三套 One-Hot 编码相乘，得到三个嵌入向量，再将这三个嵌入向量连接在一起，得到 embedding 节点，然后送给多层全连接神经网络，就是模型的 Deep 部分，它的最终输出是 deep 节点。将 wide 节点、deep 节点和 b 节点相加，得到 output 节点然后对它施加 Logistic 函数就得到了概率。将 output 节点和 label 节点相乘后施加对数损失，就得到了损失值节点。

训练时，把全体特征，即完整的输入向量赋值给 x 节点。截取三组 One-Hot 编码，分别赋值给 x_Pclass 节点、E_Sex 节点和 E_Embarked 节点。在这里，如果能实现一个从父节点的值中截取子矩阵的节点类，将会极大地方便我们的操作，即我们可以只用一个 x 节点保存全体特征，然后以 x 节点为父节点构造出三个截取节点，然后取出三组 One-Hot 编码。我们把这留给读者作为练习。

下面来看本章最后一个例子：DeepFM 模型。我们通过前面几节已经知道，只要将 Wide & Deep 模型的 Wide 部分替换成 FM 就得到了 DeepFM 模型。代码如下（deepfm_titanic.py）：

```
import numpy as np
import pandas as pd
from sklearn.preprocessing import LabelEncoder, OneHotEncoder
import matrixslow as ms

# 读取数据，去掉无用列
data = pd.read_csv("data/titanic.csv").drop(["PassengerId",
                   "Name", "Ticket", "Cabin"], axis=1)
```

```
# 构造编码类
le = LabelEncoder()
ohe = OneHotEncoder(sparse=False)

# 对类别型特征做 One-Hot 编码
Pclass = ohe.fit_transform(le.fit_transform(data["Pclass"].fillna(0)).reshape(-1, 1))
Sex = ohe.fit_transform(le.fit_transform(data["Sex"].fillna("")).reshape(-1, 1))
Embarked = ohe.fit_transform(le.fit_transform(data["Embarked"].fillna("")).reshape(-1, 1))

# 组合特征列
features = np.concatenate([Pclass,
                           Sex,
                           data[["Age"]].fillna(0),
                           data[["SibSp"]].fillna(0),
                           data[["Parch"]].fillna(0),
                           data[["Fare"]].fillna(0),
                           Embarked
                           ], axis=1)

# 标签
labels = data["Survived"].values * 2 - 1

# 特征维数
dimension = features.shape[1]

# 嵌入向量维度
k = 2

# 一次项
x = ms.core.Variable(dim=(dimension, 1), init=False, trainable=False)

# 三个类别类特征的三套 One-Hot
x_Pclass = ms.core.Variable(dim=(Pclass.shape[1], 1), init=False, trainable=False)
x_Sex = ms.core.Variable(dim=(Sex.shape[1], 1), init=False, trainable=False)
x_Embarked = ms.core.Variable(dim=(Embarked.shape[1], 1), init=False, trainable=False)


# 标签
label = ms.core.Variable(dim=(1, 1), init=False, trainable=False)

# 一次项权值向量
w = ms.core.Variable(dim=(1, dimension), init=True, trainable=True)

# 类别类特征的嵌入矩阵
E_Pclass = ms.core.Variable(dim=(k, Pclass.shape[1]), init=True, trainable=True)
E_Sex = ms.core.Variable(dim=(k, Sex.shape[1]), init=True, trainable=True)
E_Embarked = ms.core.Variable(dim=(k, Embarked.shape[1]), init=True, trainable=True)

# 偏置
b = ms.core.Variable(dim=(1, 1), init=True, trainable=True)


# 三个嵌入向量
embedding_Pclass = ms.ops.MatMul(E_Pclass, x_Pclass)
```

```
embedding_Sex = ms.ops.MatMul(E_Sex, x_Sex)
embedding_Embarked = ms.ops.MatMul(E_Embarked, x_Embarked)

# 将三个嵌入向量连接在一起
embedding = ms.ops.Concat(
        embedding_Pclass,
        embedding_Sex,
        embedding_Embarked
        )


# FM 部分
fm = ms.ops.Add(ms.ops.MatMul(w, x),   # 一次部分
                # 二次部分
                ms.ops.MatMul(ms.ops.Reshape(embedding, shape=(1, 3 * k)), embedding)
                )


# Deep 部分，第一隐藏层
hidden_1 = ms.layer.fc(embedding, 3 * k, 8, "ReLU")

# 第二隐藏层
hidden_2 = ms.layer.fc(hidden_1, 8, 4, "ReLU")

# 输出层
deep = ms.layer.fc(hidden_2, 4, 1, None)

# 输出
output = ms.ops.Add(fm, deep, b)

# 预测概率
predict = ms.ops.Logistic(output)

# 损失函数
loss = ms.ops.loss.LogLoss(ms.ops.Multiply(label, output))

learning_rate = 0.005
optimizer = ms.optimizer.Adam(ms.default_graph, loss, learning_rate)


batch_size = 16

for epoch in range(200):

    batch_count = 0
    for i in range(len(features)):

        x.set_value(np.mat(features[i]).T)

        # 从特征中选择各段 One-Hot 编码
        x_Pclass.set_value(np.mat(features[i, :3]).T)
        x_Sex.set_value(np.mat(features[i, 3:5]).T)
        x_Embarked.set_value(np.mat(features[i, 9:]).T)
```

```
        label.set_value(np.mat(labels[i]))

        optimizer.one_step()

        batch_count += 1
        if batch_count >= batch_size:

            optimizer.update()
            batch_count = 0


    pred = []
    for i in range(len(features)):

        x.set_value(np.mat(features[i]).T)
        x_Pclass.set_value(np.mat(features[i, :3]).T)
        x_Sex.set_value(np.mat(features[i, 3:5]).T)
        x_Embarked.set_value(np.mat(features[i, 9:]).T)

        predict.forward()
        pred.append(predict.value[0, 0])

    pred = (np.array(pred) > 0.5).astype(np.int) * 2 - 1
    accuracy = (labels == pred).astype(np.int).sum() / len(features)

    print("epoch: {:d}, accuracy: {:.3f}".format(epoch + 1, accuracy))
```

上述代码和 Wide & Deep 模型的代码唯一不同之处在于 FM 部分。它除了 `w` 节点和 `x` 节点的乘积，还加上了 `embedding` 节点与其自身的内积，这就构成了模型的 FM 部分。

6.6 小结

我们希望读者读完本章后，再看文献中各种各样的推荐类模型时，能微微一笑，然后说："这不就是……"。这说明读者已经把握了它们的本质，再面对一种新提出的模型或结构时，能够一眼就看出它从何而来，为何而来，并在哪里做出了创新。

太阳底下没有新鲜事，一切思想和事物都可以追溯到它的源头，厘清它的演变。但也不要过于小看"这不就是……"。比如生物、理论、技术或思想，万事万物都是在修修改改、拼拼凑凑中逐渐演化的。新特性和新能力，往往是在演变和排列组合的过程中涌现出来的。

本章介绍了几种非全连接神经网络。在后面的章节中，我们将单独介绍几种更为复杂的非全连接神经网络。在那里，读者还将遇到一些"这不就是……"。嗨！有啥稀奇呢？毕竟："我们可以说，在那些自以为职在指导我们和那些掌管科学新计划的绅士们当中，许多人无非是见习术士，对制造怪事的符咒神魂颠倒，以致自己完全无力收场。"（《人有人的用处》，诺伯特 · 维纳）

第 7 章 07

循环神经网络

循环神经网络（Recurrent Neural Network，RNN）是另一种深度神经网络，它处理的是序列状数据。到目前为止，我们所见到的数据样本都是向量：由若干数值型特征排列在一起，其中，每个特征代表一个现实中的事物：人的身高、年龄、对《黑客帝国》的评分等。还有一些时候，现实事物并不是数值，而是几个类别（可能性）之一，例如性别、登船港口等，这些属于类别型特征，我们通过将它们编码成 One-Hot 编码，使之成为一组 0/1 数值型特征。上面这些特征都没有空间关系，可以任意排列。即便是通过 One-Hot 编码得到的一组 0/1 数值，也可以打乱顺序甚至与其他特征混在一起。

但是在现实中，我们有时候却会面对存在顺序关系的数据，比如最近三十天的温度。这个例子中，每一条样本包含 30 个数值，分别是每一天的温度。在 30 个温度值的顺序中蕴含着重要的信息，这意味着打乱这 30 个数值的顺序，也就丢失了重要的信息。再比如自然语言处理，可以用 One-Hot 编码表示语料库中的一个词，那么一个句子就是有顺序的若干词的 One-Hot 编码向量。这时候如果打乱词的顺序，句子也就不再是原句了。

本书之前介绍的所有模型都具有一种对称性：与特征的位置无关。变换特征的位置，无非是以不同位置上的参数为权值，于模型的训练和预测无碍。当然，训练和预测时，样本的特征也须保持同样的顺序。这种对称性令模型可以不用在乎特征的相对位置，于是模型也就必然地忽略了相对位置中所蕴含的信息。RNN 就是针对这个问题而提出的。

7.1 RNN 的结构

长度为l的序列包含有序的l个向量，每个向量各有n个数值，用来描述序列中某一点的状况。从这个意义上说，序列中的一点就类似传统的输入向量。最典型的序列就是某事物随着时间的变化，在每一个时刻分别被n个特征所描述，称为时间序列。

例如，一位男/女士连续 365 天记录自己的身高、体重和体脂率。这些数据就构成了一个长度为 365，每个时刻各是一个三维向量的时间序列。除了时间，序列也可以表示其他的有序事物。为了方便说话，本章用时间序列代表所有序列，用“时刻”代表序列中的点。

RNN 能够表达时间序列中各时刻的先后依赖。它允许前一时刻影响后一时刻，进而影响后续所有时刻。在每一时刻，RNN 都处于一个内部状态$\boldsymbol{h}_t$（$t=1,\cdots,l$）:

$$\boldsymbol{h}_t=f(\boldsymbol{U}\boldsymbol{x}_t+\boldsymbol{W}\boldsymbol{h}_{t-1}+\boldsymbol{b}) \tag{7.1}$$

其中，$\boldsymbol{h}_t$是 RNN 在t时刻的状态，它一个是k维向量；$\boldsymbol{h}_{t-1}$是 RNN 在前一时刻的状态；$\boldsymbol{x}_t$是序列在t时刻的向量，是一个n维向量；$\boldsymbol{U}$是$k\times n$的权值矩阵，称为输入权值矩；$\boldsymbol{W}$是$k\times k$的权值矩阵，称为状态权值矩阵。用$\boldsymbol{U}$乘以$\boldsymbol{x}_t$，加上$\boldsymbol{W}$乘以$\boldsymbol{h}_{t-1}$，加上偏置向量$\boldsymbol{b}$，再施加激活函数f，就得到了$\boldsymbol{h}_t$。

从式(7.1)中可以看出，前一时刻的状态与本时刻的输入共同决定了本时刻的状态。序列每个时刻的信息依次进入 RNN，并一直影响后续的全部时刻。第一时刻（$t=1$）由于没有前一时刻，因此计算时不加$\boldsymbol{W}\boldsymbol{h}_{t-1}$。将 RNN 的计算按时间展开，如图 7-1 所示。

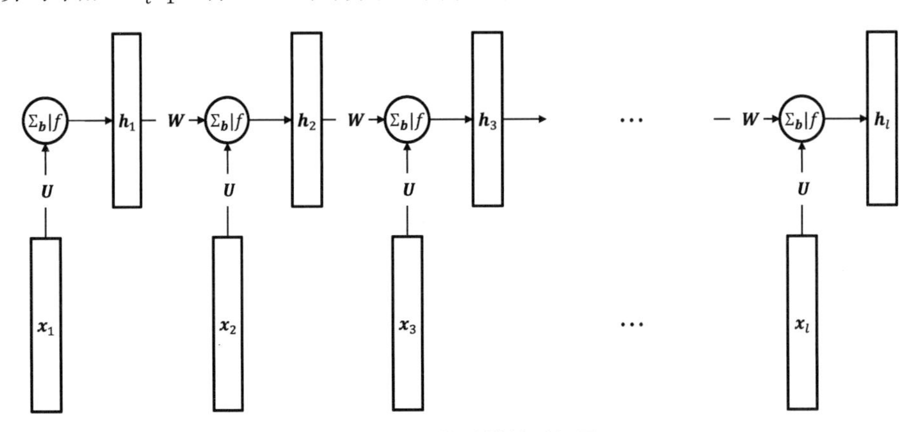

图 7-1　RNN 的计算按时间展开

$\Sigma_{\boldsymbol{b}}|f$表示对输入向量先加和，再加偏置向量$\boldsymbol{b}$，最后对每一个分量施加激活函数$f$。面对序列$\boldsymbol{x}_1,\boldsymbol{x}_2,\cdots,\boldsymbol{x}_l$，RNN 从第一个$\boldsymbol{x}_1$开始，重复执行式(7.1)，一直到最后一个$\boldsymbol{x}_l$。每一步计算都使用相同的一套输入权值矩阵$\boldsymbol{U}$、状态权值矩阵$\boldsymbol{W}$和偏置向量$\boldsymbol{b}$。

7.2　RNN 的输出

RNN 的输出是什么？针对不同类型的问题有不同的做法，比如可以把每一时刻的状态向量$\boldsymbol{h}_t$直接作为输出。这样的话，RNN 输出的就是一个与输入序列等长的序列$\boldsymbol{o}_t(=\boldsymbol{h}_t,\ t=1,2,\cdots,l)$。这种方式称为多对多，如图 7-2 所示。

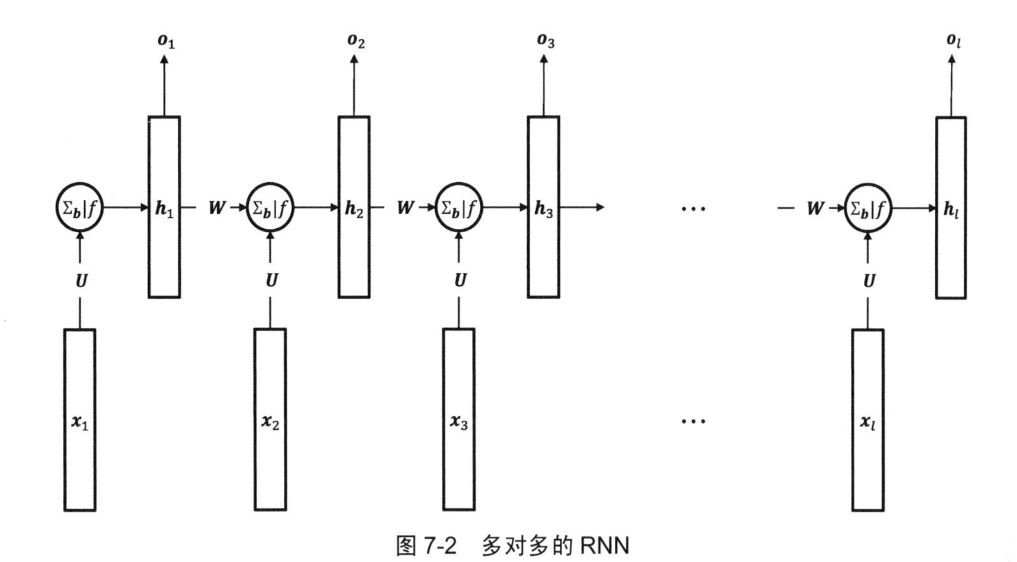

图 7-2　多对多的 RNN

例如，将一个序列翻译成另一个序列就可以采取这种多对多的方式。我们还可以对状态向量 $\boldsymbol{h}_t$乘一个输出权值矩阵$\boldsymbol{O}$，然后令 RNN 的输出为此序列：

$$\boldsymbol{o}_t = \boldsymbol{O}\boldsymbol{h}_t \quad (t = 1,2,\cdots,l)$$

如果只保留 RNN 最后一个时刻的输出，则可称这种方式为多对一，如图 7-3 所示。如果假设每一步的输入向量都是编码一种物品（One-Hot，或嵌入向量），那么多对一就是针对有序的一串物品输出一个物品，比如根据用户的商品浏览历史推荐一个新商品。

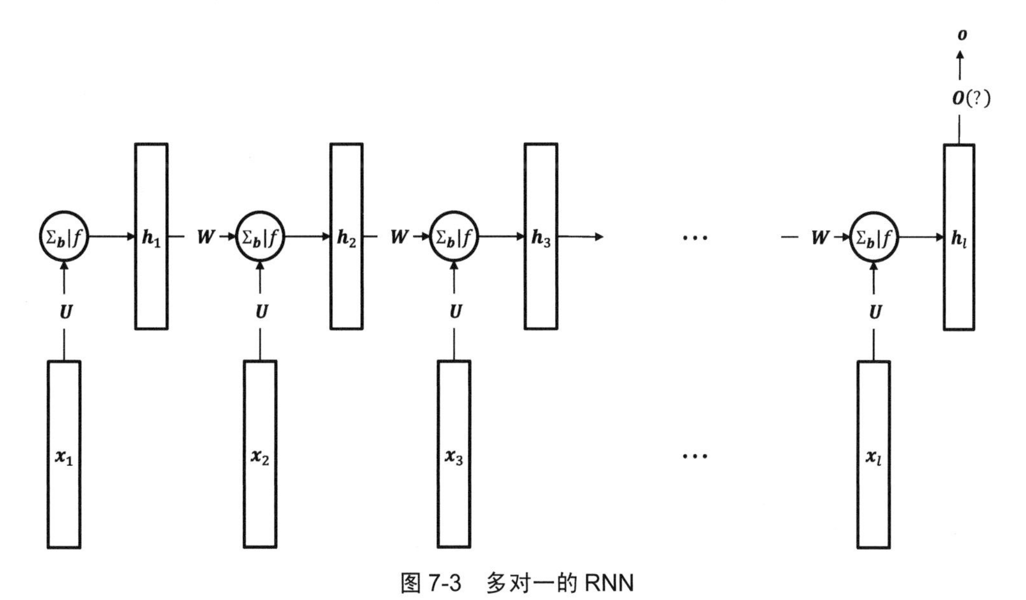

图 7-3　多对一的 RNN

如果 RNN 只有前s个时刻接受输入向量，而后$l-s$个时刻的输入为零向量，但是取后$l-s$个时刻的内部状态（或乘上矩阵$\boldsymbol{O}$）为输出，则称为 Encoder-Decoder（编码器-解码器），如图 7-4 所示。比如翻译一个句子时，往往需要把全句完整地看完才能正确翻译。而在多对多方式下，第一时刻的输入就已经产生第一个输出了。因此，对于翻译问题，Encoder-Decoder 是更适合的方式。

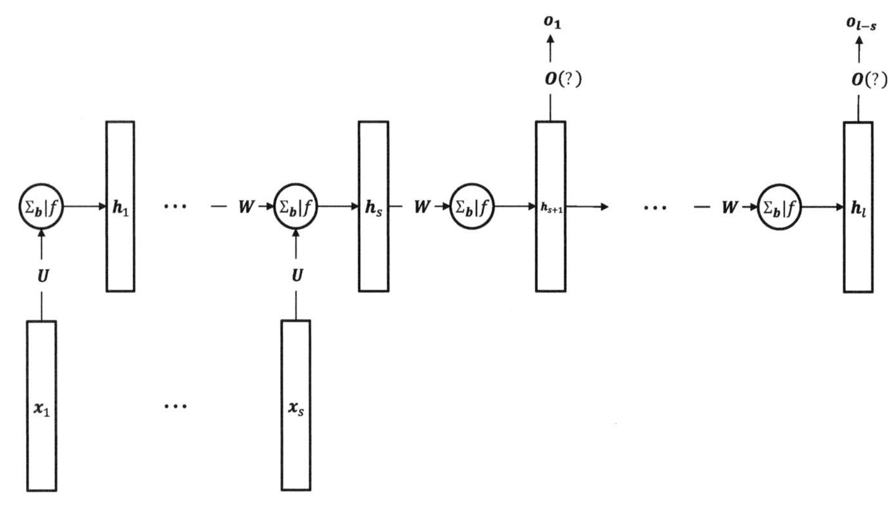

图 7-4　Encoder-Decoder 的 RNN

如果想要对序列进行分类，则可以把最后一个时刻的状态向量送给一个逻辑回归或多层全连接神经网络，从而输出多路 logits，然后施加 SoftMax 函数得到多分类概率，如图 7-5 所示。

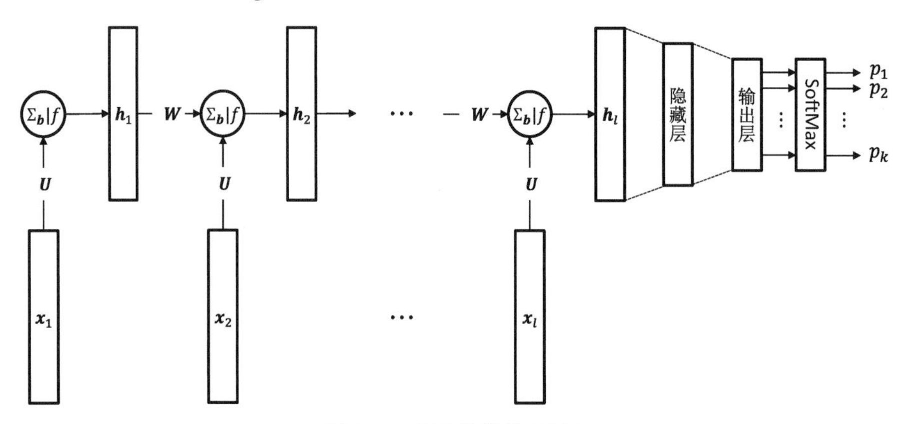

图 7-5　序列分类的 RNN

现代 RNN 还有很多更加复杂的结构，比如 LSTM 等，但我们相信在这里的简单介绍已经能够使读者把握 RNN 的神髓了。读者可以此为出发点，继续探索丰富的 RNN 变体和其广大的应用领域。接下来，我们将用例子介绍如何用 MatrixSlow 框架搭建序列分类 RNN。

7.3 实例：正弦波与方波

我们先用一个人工构造的序列分类问题来展示如何搭建 RNN，以及它的能力。先构造一个数据集，包含正弦波和方波两类序列样本。每个样本都包含若干时刻，每个时刻分别是一个向量，这些向量的每个分量在整个序列上是一个正弦波或方波，如图 7-6 所示。

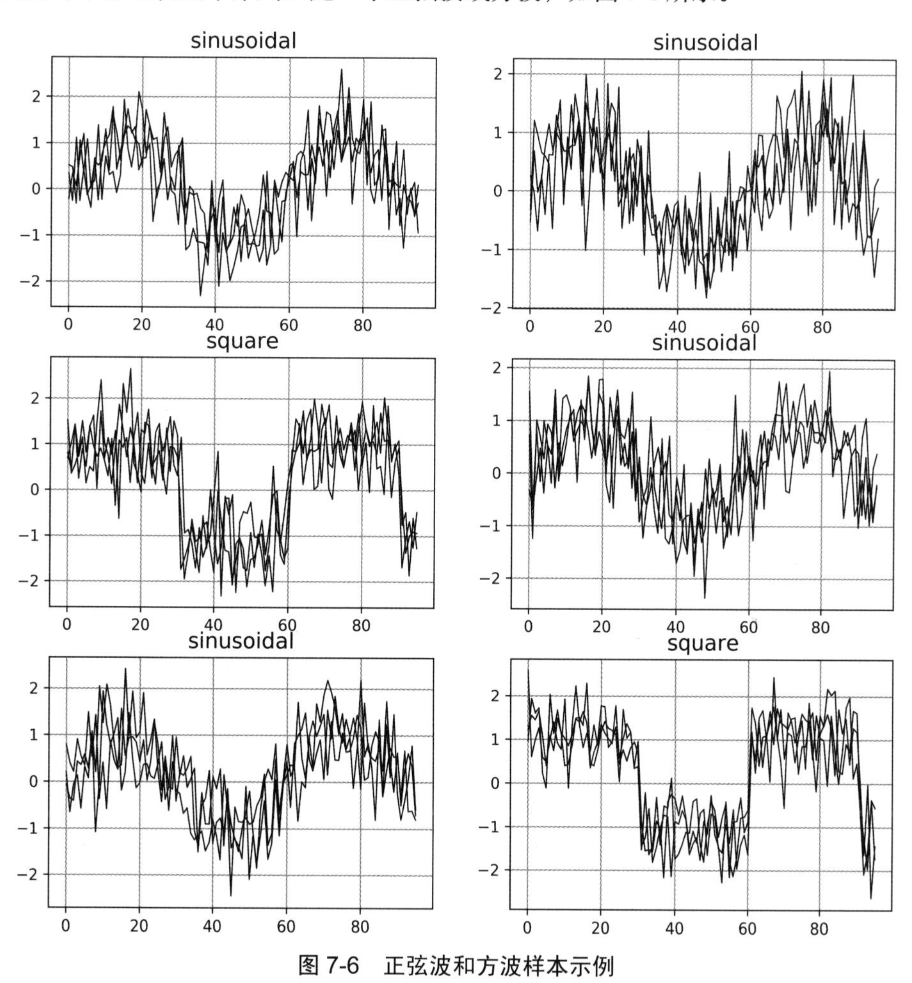

图 7-6　正弦波和方波样本示例

先写一个构造数据集的辅助函数，请见代码（rnn_sin_square.py）：

```
import numpy as np
import matrixslow as ms
from scipy import signal


# 构造正弦波和方波两类样本的函数
```

```
def get_sequence_data(dimension=10, length=10,
                      number_of_examples=1000, train_set_ratio=0.7, seed=42):
    """
    生成两类序列数据
    """
    xx = []

    # 正弦波
    xx.append(np.sin(np.arange(0, 10, 10 / length)).reshape(-1, 1))

    # 方波
    xx.append(np.array(signal.square(np.arange(0, 10, 10 / length))).reshape(-1, 1))


    data = []
    for i in range(2):
        x = xx[i]
        for j in range(number_of_examples // 2):
            sequence = x + np.random.normal(0, 0.6, (len(x), dimension))  # 加入噪声
            label = np.array([int(i == k) for k in range(2)])
            data.append(np.c_[sequence.reshape(1, -1), label.reshape(1, -1)])

    # 把各个类别的样本合在一起
    data = np.concatenate(data, axis=0)

    # 随机打乱样本顺序
    np.random.shuffle(data)

    # 计算训练样本数量
    train_set_size = int(number_of_examples * train_set_ratio)  # 训练集样本数量

    # 将训练集和测试集、特征和标签分开
    return (data[:train_set_size, :-2].reshape(-1, length, dimension),
            data[:train_set_size, -2:],
            data[train_set_size:, :-2].reshape(-1, length, dimension),
            data[train_set_size:, -2:])
```

在上述代码中，get_sequence_data 函数接受后面几个参数：dimension 是输入向量的维度，length 是序列长度，number_of_examples 是样本数量，train_set_ratio 是训练集占总样本数的比例，seed 是随机种子。

首先构造一个正弦波序列和一个方波序列，所有样本都是通过对它们加入随机噪声而得。对波形序列加入随机噪声，构造两类共 number_of_examples 个样本。这里的噪声取自 0 均值、1.0 标准差的正态分布。读者可以通过修改噪声标准差增加分类难度。

标签是二分类的 One-Hot 编码。将序列和标签连在一起，就构成了一条样本。注意，样本的波形序列被展开了，即每个时刻的向量被展开后连在了一起。将两类样本合在一起后打乱顺序，按照 train_set_ratio 参数传入的比例划分训练集和测试集。

最后，将数据分成训练序列、训练标签（样本最后两个数值）、测试序列和测试标签四组。训练和测试序列被重新变形成 length × dimension 的形状。接下来，开始构造 RNN 的计算图，见代码（rnn_sin_square.py）：

```
# 构造 RNN
seq_len = 96  # 序列长度
dimension = 16  # 输入维度
status_dimension = 12  # 状态维度

signal_train, label_train, signal_test, label_test = get_sequence_data(length=seq_len,
    dimension=dimension)

# 输入向量节点
inputs = [ms.core.Variable(dim=(dimension, 1), init=False, trainable=False) for i in
range(seq_len)]

# 输入权值矩阵
U = ms.core.Variable(dim=(status_dimension, dimension), init=True, trainable=True)

# 状态权值矩阵
W = ms.core.Variable(dim=(status_dimension, status_dimension), init=True, trainable=True)

# 偏置向量
b = ms.core.Variable(dim=(status_dimension, 1), init=True, trainable=True)

last_step = None  # 上一步的输出，第一步没有上一步，先将其置为 None
for iv in inputs:
    h = ms.ops.Add(ms.ops.MatMul(U, iv), b)

    if last_step is not None:
        h = ms.ops.Add(ms.ops.MatMul(W, last_step), h)

    h = ms.ops.ReLU(h)

    last_step = h


fc1 = ms.layer.fc(last_step, status_dimension, 40, "ReLU")  # 第一全连接层
fc2 = ms.layer.fc(fc1, 40, 10, "ReLU")  # 第二全连接层
output = ms.layer.fc(fc2, 10, 2, "None")  # 输出层

# 概率
predict = ms.ops.Logistic(output)

# 训练标签
label = ms.core.Variable((2, 1), trainable=False)

# 交叉熵损失
loss = ms.ops.CrossEntropyWithSoftMax(output, label)
```

在上述代码中，序列的长度是 seq_len，序列在每个时刻是一个 dimension 维向量，所以共需要 seq_len 个保存 dimension 维向量的变量节点，我们构造一个列表来保存这些变量节点。

如果读者自行实现了之前提到的子矩阵选取节点，那么就可以用一个矩阵保存整个序列，然后用选取节点选出各个时刻的向量。U 节点的形状是 status_dimension 行，dimension 列；status_dimension 是 RNN 状态向量的维度；W 节点的行数和列数都是 status_dimension；b 节点用来保存偏置向量。

下面构造 RNN 的每一步计算。先遍历 inputs 列表，取出其中的每一个变量节点 iv，用 U 节点乘以 iv 节点再加上 b 节点，并把结果保存在 h 节点。若变量 last_step 不为 None，说明存在前一时刻的状态。然后用 W 节点乘以 last_step 节点再加上 h 节点，其结果仍然赋给 h 节点。对 h 节点施加 ReLU 激活函数，将结果保存在 last_step。当循环完成后，就构造了一串计算链。它们共用节点 U、W 和 b。这就是式(7.1)所示的 RNN 核心计算。

last_step 是保存最后时刻的状态向量的节点，以它为输入构造两个全连接层，最后，构造输出节点和交叉熵节点。至此，RNN 的计算图搭建完毕。训练 RNN 的代码如下（rnn_sin_square.py）：

```
# 训练
learning_rate = 0.005
optimizer = ms.optimizer.Adam(ms.default_graph, loss, learning_rate)

batch_size = 16

for epoch in range(30):

    batch_count = 0
    for i, s in enumerate(signal_train):

        # 将每个样本各时刻的向量赋给相应变量
        for j, x in enumerate(inputs):
            x.set_value(np.mat(s[j]).T)

        label.set_value(np.mat(label_train[i, :]).T)

        optimizer.one_step()

        batch_count += 1
        if batch_count >= batch_size:

            print("epoch: {:d}, iteration: {:d}, loss: {:.3f}".format(epoch + 1, i + 1,
                  loss.value[0, 0]))


            optimizer.update()
            batch_count = 0


    pred = []
    for i, s in enumerate(signal_test):

        # 将每个样本各时刻的向量赋给相应变量
```

```
        for j, x in enumerate(inputs):
            x.set_value(np.mat(s[j]).T)

        predict.forward()
        pred.append(predict.value.A.ravel())

    pred = np.array(pred).argmax(axis=1)
    true = label_test.argmax(axis=1)

    accuracy = (true == pred).astype(np.int).sum() / len(signal_test)
    print("epoch: {:d}, accuracy: {:.5f}".format(epoch + 1, accuracy))
```

在训练部分值得注意的地方是：需要循环地取出列表 inputs 中保存的每一个变量节点，然后将样本各时刻的输入向量分别赋给它们。运行此代码，读者会发现我们的 RNN 能够很好地分类这两类波形。

7.4 变长序列

到目前为止，我们接触的序列样本的长度都是一致的。但是，现实中很有可能会采集到长度不一的序列样本。这种情况下，我们可以通过将样本截取到固定长度，构造出一个长度统一的序列样本集。但是，长序列也许蕴含着有用的信息，它们有可能会被截取所破坏。因此，无论是训练时还是预测时，我们都希望序列长度是可变的。

RNN 对序列的每一时刻都施加相同的操作：将输入向量乘上输入权值矩阵$\boldsymbol{U}$，加上前一时刻的状态向量与状态权值矩阵$\boldsymbol{W}$的乘积，再加上偏置向量$\boldsymbol{b}$。无论序列有多长，对其施加的计算都是相同的，权值和偏置都是同一套：$\boldsymbol{U}$、$\boldsymbol{W}$和$\boldsymbol{b}$。有地方把这称作权值共享，我们认为引入这样的术语多此一举，因为在原理上，这就是 RNN 的计算式(7.1)；在实现上，这就是同一套权值变量节点多次参与计算而已。

分类 RNN 的全连接神经网络连接在序列最后时刻的状态向量上。从而，我们想到了一个实现变长序列的办法：根据当前序列的长度，将全连接神经网络连接在当前序列的最后一个时刻的状态向量上，后面多余的环节则弃之不理。

我们把全连接神经网络的输入节点看作一个“焊接点”。如果当前序列的长度为s，则将该节点焊接在 RNN 的第s个状态节点上。训练时，随着样本序列长度的不同，焊接点会在 RNN 链上前后游走。RNN 链后面多余的环节成为了无用的“附肢”——它们不在损失和预测节点的上游路径上，前向和反向传播时都将它们忽略掉了。最后，权重$\boldsymbol{U}$、$\boldsymbol{W}$、$\boldsymbol{b}$和全连接神经网络的参数得到了训练。过程如图 7-7 所示。

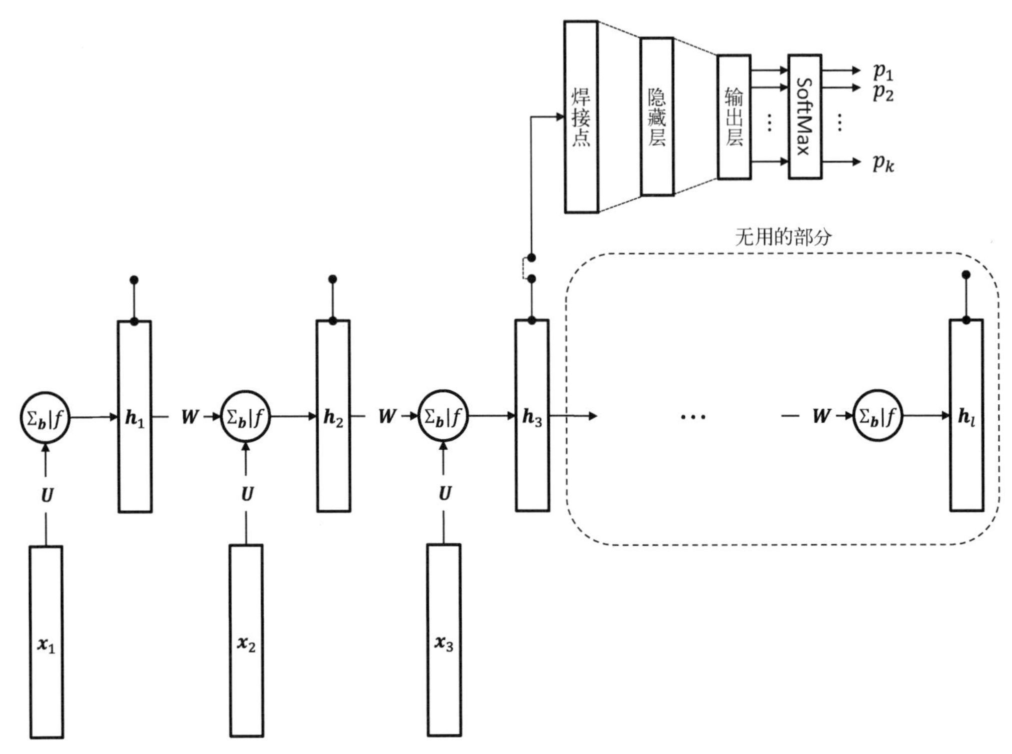

图 7-7 利用焊接点接受不同长度的序列

下面来看一下代码实现（rnn_welding.py）：

```
# 构造 RNN
seq_len = 96  # 序列长度
dimension = 16  # 输入维度
status_dimension = 12  # 状态维度

signal_train, label_train, signal_test, label_test = get_sequence_data(length=seq_len,
dimension=dimension)

# 输入向量节点
inputs = [ms.core.Variable(dim=(dimension, 1), init=False, trainable=False) for i in
range(seq_len)]

# 输入权值矩阵
U = ms.core.Variable(dim=(status_dimension, dimension), init=True, trainable=True)

# 状态权值矩阵
W = ms.core.Variable(dim=(status_dimension, status_dimension), init=True, trainable=True)

# 偏置向量
b = ms.core.Variable(dim=(status_dimension, 1), init=True, trainable=True)

# 保存各个时刻内部状态变量的数组
```

```
hiddens = []

last_step = None
for iv in inputs:
    h = ms.ops.Add(ms.ops.MatMul(U, iv), b)

    if last_step is not None:
        h = ms.ops.Add(ms.ops.MatMul(W, last_step), h)

    h = ms.ops.ReLU(h)

    last_step = h
    hiddens.append(last_step)


# 焊接点，暂时不连接父节点
welding_point = ms.ops.Welding()


# 全连接网络
fc1 = ms.layer.fc(welding_point, status_dimension, 40, "ReLU")
fc2 = ms.layer.fc(fc1, 40, 10, "ReLU")
output = ms.layer.fc(fc2, 10, 2, "None")

# 概率
predict = ms.ops.Logistic(output)

# 训练标签
label = ms.core.Variable((2, 1), trainable=False)

# 交叉熵损失
loss = ms.ops.CrossEntropyWithSoftMax(output, label)
```

上述代码与之前的普通RNN稍有不同的是，我们将所有状态向量节点保存在了列表`hiddens`中，以备后续引用；不把最后一个状态向量节点直接送给全连接神经网络，而是通过构造一个`Welding`类节点`welding_point`（焊接点），它暂时先不连接父节点（这个在后面训练部分通过调用`Welding`类节点的`weld`方法实现）。多层全连接神经网络以`welding_point`节点作为输入，后面的输出和损失部分与普通RNN没有区别。

我们接下来实现一个`Welding`类节点，它不执行任何计算，但支持将自己连接在任意节点之后。请看代码（matrixslow/ops/ops.py）：

```
class Welding(Operator):

    def compute(self):

        assert len(self.parents) == 1 and self.parents[0] is not None
        self.value = self.parents[0].value

    def get_jacobi(self, parent):

        assert parent is self.parents[0]
```

```
        return np.mat(np.eye(self.dimension()))

    def weld(self, node):
        """
        将本节点焊接到输入节点上
        """

        # 首先与之前的父节点断开

        if len(self.parents) == 1 and self.parents[0] is not None:
            self.parents[0].children.remove(self)

        self.parents.clear()

        # 与传入的输入节点焊接
        self.parents.append(node)
        node.children.append(self)
```

由上述代码可以看出，Welding 类的 compute 方法很简单：先做一些检查，然后把父节点的值赋给自己的 value 属性。类的 get_jacobi 返回单位矩阵。这说明：Welding 类节点几乎什么都不干，只要把父节点的值透明传输给下游节点即可。

另外，Welding 类还有一个 weld 方法，熟悉链表操作的读者一看就能明白这个方法的作用。首先，将本节点与当前父节点断开，即先将本节点从父节点的 children 列表中删除，再清除本节点的 parents 列表中的该父节点。接着，将本节点与参数中传进来的新节点建立连接：将新节点加入到本节点的 parents 列表，再将本节点加入到新节点的 children 列表。有了 Welding 类，我们就可以自由地把一部分计算图随意移植了。接下来，我们看一看训练部分的代码：

```
# 训练
learning_rate = 0.005
optimizer = ms.optimizer.Adam(ms.default_graph, loss, learning_rate)

batch_size = 16

for epoch in range(30):

    batch_count = 0
    for i, s in enumerate(signal_train):

        # 取一个变长序列
        start = np.random.randint(len(s) // 3)
        end = np.random.randint(len(s) // 3 + 30, len(s))
        s = s[start: end]

        # 将变长的输入序列赋给 RNN 的各输入向量节点
        for j in range(len(s)):
            inputs[j].set_value(np.mat(s[j]).T)

        # 将临时的最后一个时刻与全连接网络焊接
        welding_point.weld(hiddens[j])

        label.set_value(np.mat(label_train[i, :]).T)
```

```
        optimizer.one_step()

        batch_count += 1
        if batch_count >= batch_size:

            print("epoch: {:d}, iteration: {:d}, loss: {:.3f}".format(epoch + 1, i + 1,
                  loss.value[0, 0]))


            optimizer.update()
            batch_count = 0


    pred = []
    for i, s in enumerate(signal_test):

        start = np.random.randint(len(s) // 3)
        end = np.random.randint(len(s) // 3 + 30, len(s))
        s = s[start: end]

        for j in range(len(s)):
            inputs[j].set_value(np.mat(s[j]).T)

        welding_point.weld(hiddens[j])

        predict.forward()
        pred.append(predict.value.A.ravel())

    pred = np.array(pred).argmax(axis=1)
    true = label_test.argmax(axis=1)

    accuracy = (true == pred).astype(np.int).sum() / len(signal_test)
    print("epoch: {:d}, accuracy: {:.5f}".format(epoch + 1, accuracy))
```

在训练部分，还是构造正弦波和方波两类样本，它们都是定长的序列。训练时，每次迭代取出一个样本，先随机从其序列的前 1/3 选取一个起始位置，从该位置后的第 30 个位置到序列末尾之间再随机取一个结束位置，再将起始位置与结束位置之间的子序列取出来。这样，变长序列的长度至少是 30。

得到变长样本序列后，依次取出 inputs 列表中保存的变量节点，并将样本序列各时刻的向量分别赋给它们。超过样本长度的变量节点则置之不理。然后，根据当前样本序列的长度，取出保存在 hiddens 列表中的（当前）最后一个状态向量节点，以它为参数调用 welding_point 节点的 weld 方法。这样，后续的全连接神经网络就连接在了当前的最后一个状态向量节点上。接下来，为标签节点赋值：调用优化器的 one_step 方法，待一个 batch 完成后调用优化器的 update 方法。前向传播和反向传播都沿着当前的计算路径进行，甩开了当前 RNN 超长的那部分节点。“焊接”本质上改变了计算图的结构，这带有动态图的色彩。与静态图相比，动态图在每次前向和反向传播时都需要重新搭建计算图。

7.5 实例：3D 电磁发音仪单词识别

3D 电磁发音仪（3D Electromagnetic Articulograph，EMA）是一种测量人在说话时舌头和嘴唇所做动作的设备，它用贴在发音器官（舌头和嘴唇）上的传感器来收集空间位置信息。我们在这个例子中所用的 EMA AG500 的精确率可以达到 0.5 毫米。

本例的数据采集自多位英语母语使用者，他/她们每人各念 25 个单词。每人共使用 12 个传感器，每个传感器以 200Hz 频率记录测试点的 x、y、z 坐标，这些传感器位于前额、嘴唇、下颌及舌头。前额的 3 个传感器安装在护目镜的中间和两侧，它们的作用是排除头部的绝对运动，从而只保留嘴唇和舌头相对于头部的运动。舌头上沿中心线从舌尖到舌根依次排列着 4 个传感器：T_1、T_2、T_3和T_4。除了起校准作用的 3 个前额传感器，发音器官上共有 9 个传感器，它们的位置如图 7-8 所示。

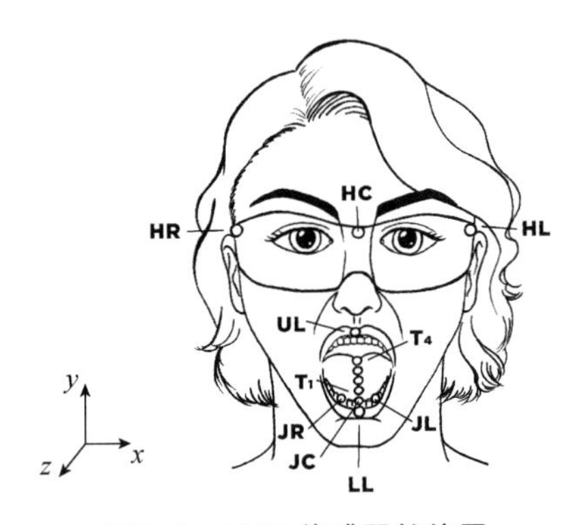

图 7-8 EMA 传感器的位置

我们的样本并没有使用全部传感器的$9 \times 3 = 27$个数值，而是只选取了其中的 9 个数值（具体哪 9 个没有说明）。另外，对念一个单词的过程共采集 144 个时刻，所以这是一个144×9的 25 类时间序列分类问题。我们来搭建一个序列长度固定的分类 RNN 来处理这个问题，请看代码（rnn_articulary_word_recog.py）：

```
import pandas as pd
import numpy as np
from sklearn.preprocessing import LabelEncoder, OneHotEncoder
from scipy.io import arff

import matrixslow as ms

path_train = "data/ArticularyWordRecognition/ArticularyWordRecognition_TRAIN.arff"
path_test = "data/ArticularyWordRecognition/ArticularyWordRecognition_TEST.arff"


# 读取 arff 格式数据
train, test = arff.loadarff(path_train), arff.loadarff(path_test)
```

```
train, test = pd.DataFrame(train[0]), pd.DataFrame(test[0])

# 整理数据格式，每个样本是 144x9 的数组，序列共 144 个时刻，每个时刻 9 个值
signal_train = np.array([np.array([list(channel) for channel in sample]).T for sample in
train["relationalAtt"]])
signal_test = np.array([np.array([list(channel) for channel in sample]).T for sample in
test["relationalAtt"]])

# 标签，One-Hot 编码
le = LabelEncoder()
ohe = OneHotEncoder(sparse=False)
label_train = ohe.fit_transform(le.fit_transform(train["classAttribute"]).reshape(-1, 1))
label_test = ohe.fit_transform(le.fit_transform(test["classAttribute"]).reshape(-1, 1))
```

上述代码中的数据为经典数据挖掘工具 Weka 的数据格式`.arff`。它支持序列这种特殊的格式，即样本的每一列（时刻）都是向量。用 Scipy 库的 `loadarff` 函数读取数据并做一些处理。训练集有 275 个样本，测试集有 300 个样本，它们都是144×9的数组。对 25 类标签做 One-Hot 编码。之后，来搭建 RNN 的计算图。

```
# 构造 RNN
seq_len = 144  # 序列长度
dimension = 9  # 输入维度
status_dimension = 20  # 状态维度

# 144 个输入向量节点
inputs = [ms.core.Variable(dim=(dimension, 1), init=False, trainable=False) for i in
range(seq_len)]

# 输入权值矩阵
U = ms.core.Variable(dim=(status_dimension, dimension), init=True, trainable=True)

# 状态权值矩阵
W = ms.core.Variable(dim=(status_dimension, status_dimension), init=True, trainable=True)

# 偏置向量
b = ms.core.Variable(dim=(status_dimension, 1), init=True, trainable=True)

last_step = None  # 上一步的输出，第一步没有上一步，先将其置为 None
for iv in inputs:
    h = ms.ops.Add(ms.ops.MatMul(U, iv), b)

    if last_step is not None:
        h = ms.ops.Add(ms.ops.MatMul(W, last_step), h)

    h = ms.ops.ReLU(h)

    last_step = h


fc1 = ms.layer.fc(h, status_dimension, 40, "ReLU")  # 第一全连接层
output = ms.layer.fc(fc1, 40, 25, "None")  # 输出层

# 概率
predict = ms.ops.Logistic(output)
```

```
# 训练标签
label = ms.core.Variable((25, 1), trainable=False)

# 交叉熵损失
loss = ms.ops.CrossEntropyWithSoftMax(output, label)
```

在上述代码中，序列长度为 seq_len；每个时刻的输入向量维度为 dimension；状态向量维度取 status_dimension。RNN 计算图的构造在前面已经出现过多次，这里也没有什么区别，我们不再赘述。其训练代码如下：

```
# 训练
learning_rate = 0.002
optimizer = ms.optimizer.Adam(ms.default_graph, loss, learning_rate)

batch_size = 32

for epoch in range(500):

    batch_count = 0
    for i, s in enumerate(signal_train):

        for j, x in enumerate(inputs):
            x.set_value(np.mat(s[j]).T)

        label.set_value(np.mat(label_train[i, :]).T)

        optimizer.one_step()

        batch_count += 1
        if batch_count >= batch_size:

            print("epoch: {:d}, iteration: {:d}, loss: {:.3f}".format(epoch + 1, i + 1,
                  loss.value[0, 0]))

            optimizer.update()
            batch_count = 0


    pred = []
    for i, s in enumerate(signal_test):

        for j, x in enumerate(inputs):
            x.set_value(np.mat(s[j]).T)

        predict.forward()
        pred.append(predict.value.A.ravel())

    pred = np.array(pred).argmax(axis=1)
    true = label_test.argmax(axis=1)

    # 测试集正确率
    accuracy = (true == pred).astype(np.int).sum() / len(signal_test)
```

```
    pred = []
    for i, s in enumerate(signal_train):

        for j, x in enumerate(inputs):
            x.set_value(np.mat(s[j]).T)

        predict.forward()
        pred.append(predict.value.A.ravel())

    pred = np.array(pred).argmax(axis=1)
    true = label_train.argmax(axis=1)

    # 训练集正确率
    train_accuracy = (true == pred).astype(np.int).sum() / len(signal_test)

print("epoch: {:d}, accuracy: {:.5f}, train accuracy: {:.5f}".format(epoch + 1, accuracy,
    train_accuracy))
```

7.6 小结

对于有些问题，各个特征在统计上可能会具有相关性，但是在空间位置上没有任何关系，即哪个放在前面，哪个放在后面并不重要，不会影响模型效果。但是，对于序列数据来说，例如时间序列，其特征是具有前后关系的，在这种关系中蕴含着数据的重要信息。即便如此，我们仍然可以罔顾特征的空间关系，而采用常规算法，不见得就不能取得一个足够好的效果。但是，一种能够把握特征空间关系的模型肯定是有价值的。

RNN 就是一种试图从特征的前后关系中提取信息的神经网络。它用一种线性变换（加激活）对序列每个时刻的信息进行计算。特别地，上一时刻的信息也会加入到对后续时刻进行的计算当中。RNN 尝试以这种方式来把握序列的前部信息对后续信息的影响。计算图将这种计算展开成了一个“串”，串上的每一个节点其实是对每一个时刻所做的计算。序列蕴含的信息积累在 RNN 的内部状态向量中。

在输出的问题上，我们可以将 RNN 的一连串状态都作为输出，也可以只取最后时刻的状态作为输出，还可以把最后的状态连接到一个多层全连接分类网络。针对不同问题可采用不同方式，但 RNN 的精髓都是相同的。“焊接点”可以帮助 RNN 处理不定长的序列，它也展现了计算图灵活强大的表达能力。

在本章中，我们用 MatrixSlow 框架搭建了一种简单的 RNN，并将其用于了正弦/方波分类问题和唇语念单词分类问题。RNN 是一个广阔的领域，例如每个时刻的计算可以更复杂。本章的内容虽然只是一个起点，但是我们已经介绍了这种神经网络的精髓并展现了它的能力。

第 8 章 08

卷积神经网络

我们在第 7 章中讲的 RNN 是处理序列数据的。在序列各个“时刻”的前后关系中蕴含着信息。序列是一维信号，图像是二维信号。数字图像则是一个二维阵列，其中的每个元素是一组灰度值。RGB 图像的每个元素包含三个值，分别是红、绿、蓝三个通道的灰度值。单通道灰度图像则只包含一个灰度值。

当然，图像的每个元素与其他元素之间是有空间位置关系的。如果将图像视为样本，将像素值视为特征，则特征之间具有二维平面上的空间关系。若打乱这种关系，图像也就不再是原图了。由此可见，空间关系中蕴含着关于图像的重要信息。

此时，我们仍然可以无视空间关系，将图像展开成一个向量并用常规的模型处理。但是，一种能够把握特征间二维空间关系的模型肯定是有价值的。卷积神经网络（Convolutional Neural Network，CNN）就是这样的一种模型。就像具有一维空间关系的样本不限于时序一样，特征间具有二维空间关系的样本也不限于图像，但是图像最典型、最常见，所以本章将一律用图像来指称这种数据。

8.1 蒙德里安与莫奈

假设你接到了这样一个图像分类任务：分开蒙德里安和莫奈的作品。先来介绍一下这两位画家：彼埃 · 蒙德里安（Piet Cornelies Mondrian，1872—1944），荷兰画家，风格派运动和非具象绘画的创始者之一；克劳德 · 莫奈（Claude Monet，1840—1926），法国画家，印象派代表人物和创始人之一。然后再来看看他们的作品，见图 8-1。哪怕是一个艺术外行（比如作者本人），相信在看了若干作品之后，也能准确地分开这两位画家。可是，若要你通过编写程序来分类这两位画家的作品，你该怎么办？读者可以自己先想一想。

图 8-1　蒙德里安（左）与莫奈（右）的作品

下面我们提一个思路，因为经过观察发现，在蒙德里安的作品中，色块之间有清晰明显的边缘，而莫奈的作品中则缺乏这样的边缘。因此如果有一种方法能够识别画面中的边缘，并将其体现在数值上：边缘较多较明显则得到一个较大的数值，边缘较少较模糊得到一个较小的数值。那么我们就只要将这两类图画在边缘上的显著区别量化为数值，并以此为依据就可以分开这两位画家的作品了。

用 PhotoShop 打开一幅蒙德里安的作品，在菜单栏依次找到"滤镜→风格化→查找边缘"。应用之后，其画作中区域之间的边缘以黑色凸显出来，而大面积的单色区域则呈白色，如图 8-2 所示。

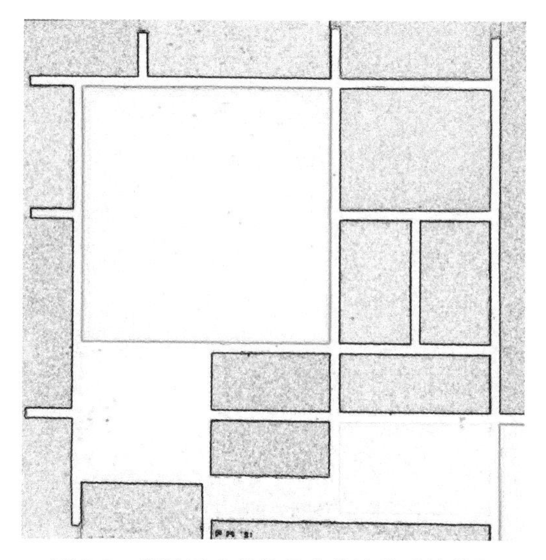

图 8-2　蒙德里安的作品查找边缘后的结果

再来试试莫奈的作品，如图 8-3 所示。我们可以看到，他作品中的边缘相对较少。

图 8-3　莫奈的作品查找边缘后的结果

在数字图像中，数值越大代表灰度值越高，越接近白色；反之，数值越小代表灰度值越低，越接近黑色。查找边缘后的图，边缘部分呈黑色，非边缘部分呈白色。多边缘图和少边缘图的灰度值在统计上是有区分度的，因此可以凭借这个区分开多边缘图和少边缘图，即区分开蒙德里安和莫奈的作品。但我们首先需要知道查找边缘做了什么。

8.2 滤波器

为了简单起见，我们先只考虑单通道图像，其宽和高分别记作w和h，则单通道图像就是一个$w \times h$矩阵。其灰度值是 0 ~ 255 的整数，我们将它除以 255，使之归一化到 0 和 1 之间。于是，一幅图像就变成了一个元素值是 0 到 1 之间的实数、形状为$w \times h$矩阵。现在，我们先构造一个小矩阵，形状为3×3，元素值如图 8-4 所示。

1	0	−1
2	0	−2
1	0	−1

图 8-4　纵向索贝尔滤波器

然后用这个小矩阵对图像做这样的计算：将小矩阵的中心位置对准图像中的某个位置，这时小矩阵的 9 个位置就分别对应上了图像中该位置及其周围的 8 个位置。如果该位置位于图像的边缘，则小矩阵的某些位置就有可能会超出图像边缘，落在图像之外，这时默认它们对着的值是 0。然后，将图像上被小矩阵“盖”住的各位置以小矩阵对应位置的值为权重做加权求和，得到一个值，该过程如图 8-5 所示。

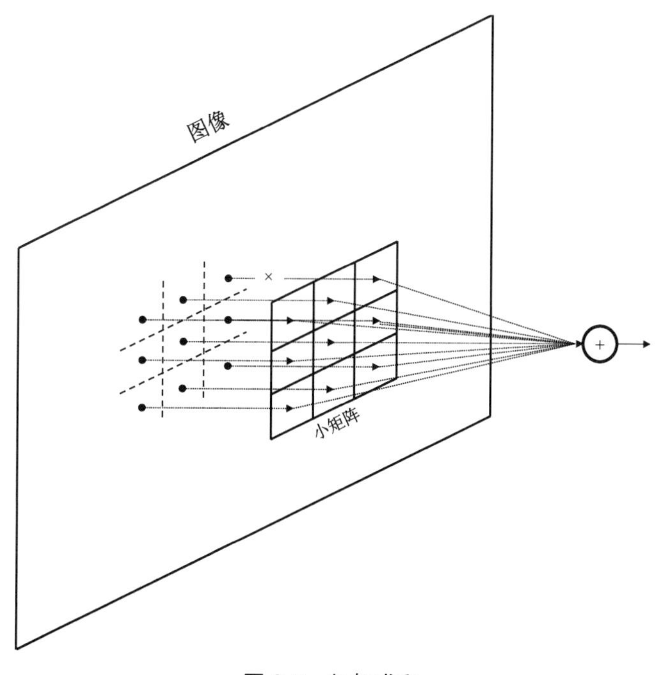

图 8-5　加权求和

接下来，我们从图像的左上角开始按行扫描，依次对图像中的每个位置执行上述计算。最终，图像有多少元素就可以计算出多少输出值。输出值排列成与原图像形状相同的矩阵，其元素值可能会超出 0 到 1 的范围，这种计算称为离散卷积（discrete convolution）或滤波（filtering）。其中，小矩阵称为滤波器（filter）。用滤波器对原图像进行滤波，会得到一幅输出图像，如图 8-6 所示。图 8-4 中的小矩阵叫作纵向索贝尔滤波器（sobel filter），除此之外，还有其他的滤波器，它们的形状和元素值不同，功能也不同。

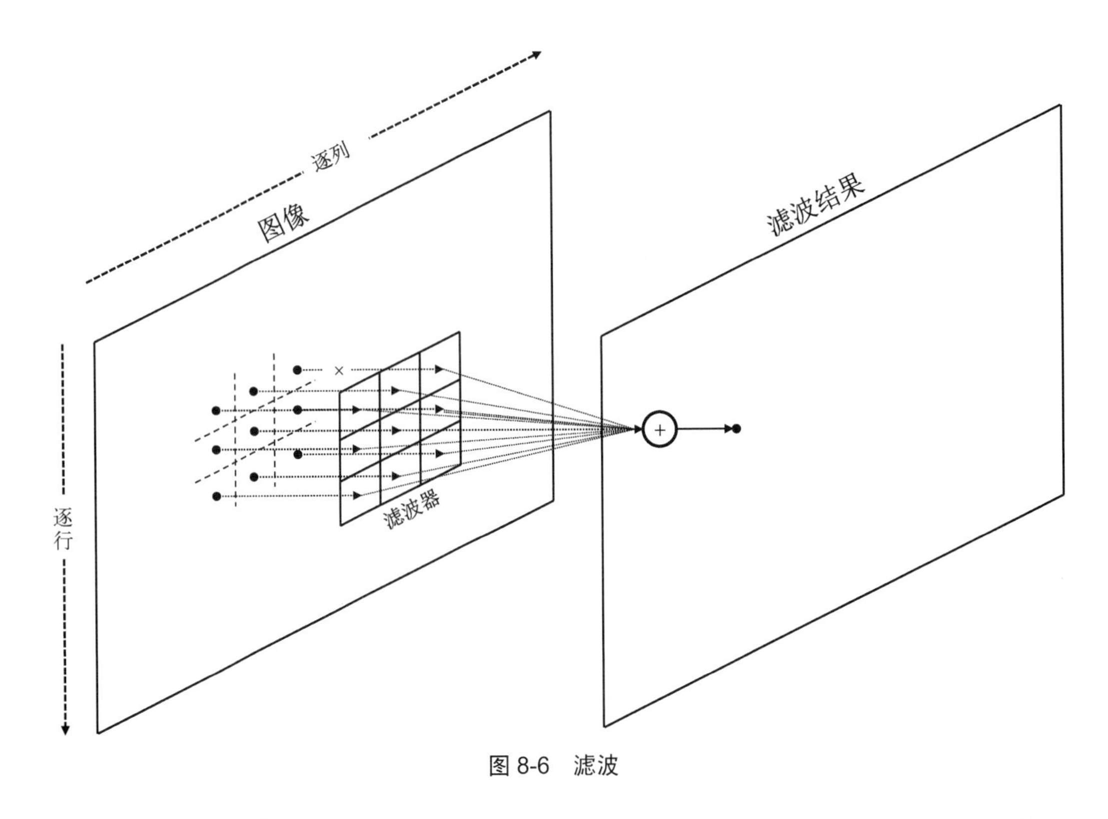

图 8-6　滤波

纵向索贝尔滤波器有什么功能？我们马上就会谈到，在那之前，先就滤波这个概念再补充几点。我们刚刚提到了，当滤波器的某些位置超出图像边界之后，默认它们对应的值为 0，这相当于用 0 填充了图像的边缘。其实还有其他的填充方式，比如用图像镜像对侧的值填充，我们在此就不详述这些方式了，它们也很容易理解。但其中有一个方式较为特殊，那就是不填充：若矩阵某位置的周围超出了图像的边缘之外，则不计算该位置。如果采用这种方法，输出图像的尺寸将会小于原图像，具体小多少取决于滤波器有多大：比如对于3×3的滤波器，输出图像会比原图像小 1 圈；但若是5×5的滤波器，输出图像会比原图像小 2 圈。

滤波计算按行扫描输入图像，并对每个位置依次计算。我们可以自由设置横向和纵向的步长：若横向步长为 2，则每两列，即每隔一列计算一次；若纵向步长为 2，则每两行，即每隔一行计算一次；若横向或纵向步长大于 1，输出图像的尺寸也会小于原图像；若横向和纵向步长均为 2，输出的宽和高均为原图像的 1/2，数据量为原图像的 1/4。

用纵向索贝尔滤波器对蒙德里安的作品做滤波，得到的结果如图 8-7 所示。可以看到，画作中非边缘的区域是大面积的灰色，纵向的边缘呈现更浅的白色或更深的黑色，对应着更大或更小的灰度值。换句话说，纵向索贝尔滤波器找到了蒙德里安作品中纵向的边缘。

图 8-7　纵向索贝尔滤波器滤波蒙德里安的作品之后的结果

我们来解释一下为什么会得到上述结果，观察图 8-4，会发现其中左列值较大：1、2、1，中列值均为 0，右列值较小：−1、−2、−1。若滤波器的中心对准的是图像中某个非边缘的位置，则该位置左侧和右侧的灰度值差异很小，左侧三个位置分别乘上 1、2、1，右侧三个位置分别乘上−1、−2、−1，两者相加之后会互相抵消，从而得到一个接近于 0 的结果，这就是图 8-7 中大片的灰色像素。

而对于图像中处于纵向边缘上的位置，其左侧和右侧的灰度值差异则较大。当两侧分别乘上互为相反数的两列权值再相加后，就会得到绝对值较大的正值或负值，所以输出图像在该位置上也会得到绝对值较大的正值或负值，这就是图 8-7 中较白或较黑的像素。纵向索贝尔滤波器就这样找到了原图像中的纵向边缘。类似地，还有横向索贝尔滤波器，如图 8-8 所示。

1	2	1
0	0	0
−1	−2	−1

图 8-8　横向索贝尔滤波器

实际上，横向索贝尔滤波器是纵向索贝尔滤波器的转置。基于同样的原理，它能查找出图像中的横向边缘。我们再拓展一下，索贝尔滤波器以较大的绝对值标识边缘。若将值取平方，则以较大的正值标识边缘。取两种索贝尔滤波器的平方和，则能查找出图像中的全部边缘。横向索贝尔滤波器查找横向边缘的结果如图 8-9 所示。

回到蒙德里安与莫奈的问题。用两种索贝尔滤波器先对两幅画作滤波，蒙德里安的画边缘清晰且多，输出图像中会有不少较大的绝对值；莫奈的画边缘模糊且少，输出中不会有太多较大的绝对值。把两种滤波器的输出图像展开并连接成一个向量，这个向量对于两位画家的作品是有区别的。以这个向量作为输入，送给逻辑回归模型或多层全连接神经网络，再经过训练也许能分开两位画家的作品。整个网络的结构如图 8-10 所示。

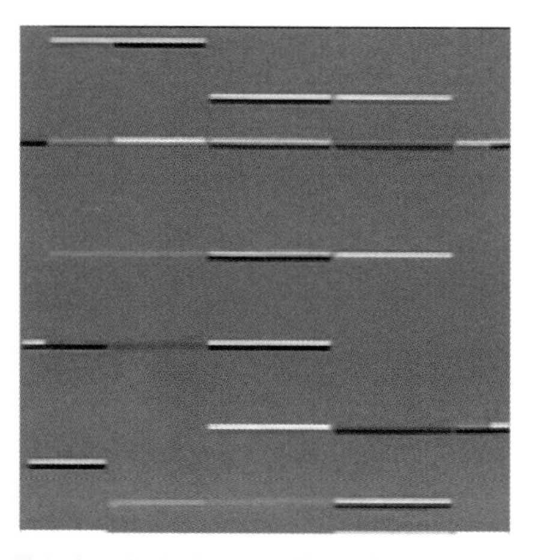

图 8-9 横向索贝尔滤波器滤波蒙德里安的作品之后的结果

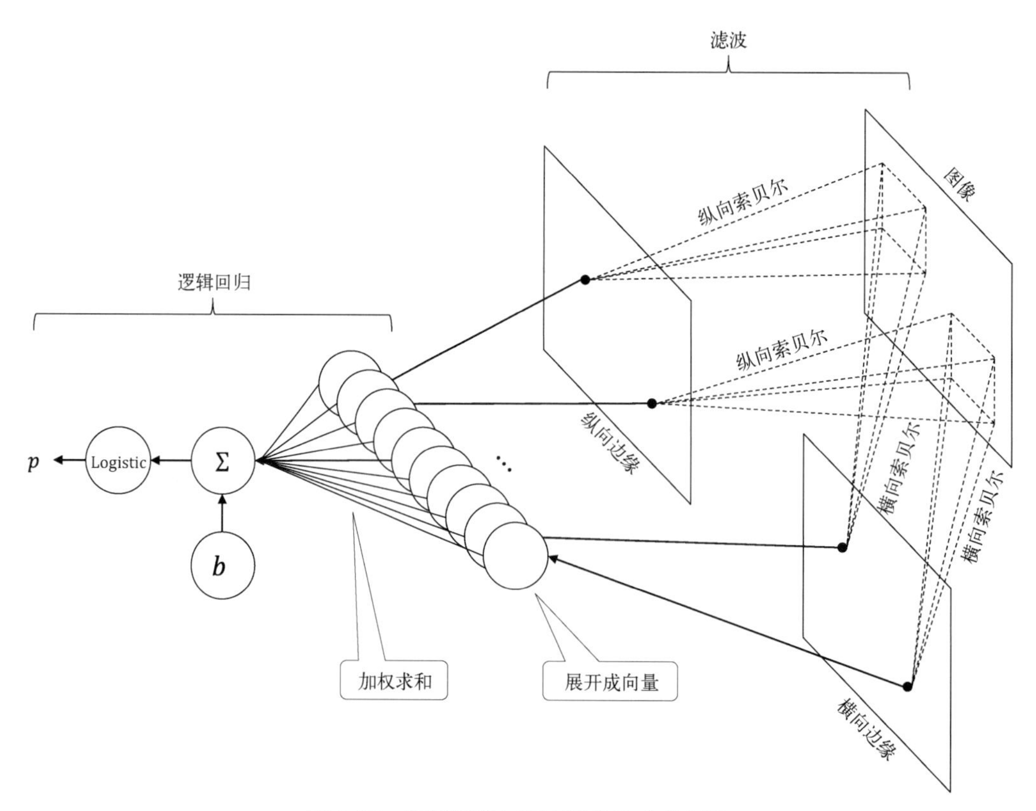

图 8-10 蒙德里安与莫奈的作品分类网络

图 8-10 中的网络就是一个简单的卷积神经网络。为什么叫卷积呢？因为滤波器执行的计算在数学上叫离散卷积。

卷　积

我们已经用形象化的方式描述了离散卷积，即滤波计算：一个小矩阵（滤波器）在图像上“游走”，逐行扫描，对图像中的每一个位置分别计算其周围位置（包括该位置本身）的加权和。其实滤波器用不着“游走”，“游走”仅仅是为了描述要对每个位置都执行相同的计算。另外，简单的代码实现也确实是用一个二重循环依次对每个位置进行计算。用数学方式来表达离散卷积就是：

$$C_{X,F}(x,y)=\sum_{s=-\infty}^{\infty}\sum_{t=-\infty}^{\infty}X(x-s,y-t)\times F(s,t) \tag{8.1}$$

其中，X和F是两个二元函数。X是图像的函数，F是滤波器的函数。$X(x,y)$是图像在点(x,y)处的值，$F(x,y)$也类似。抛开谁是图像谁是滤波器的问题，作为两个二元函数，X和F的离散卷积$C_{X,F}$是又一个二元函数，$C_{X,F}(x,y)$是它在点(x,y)处的值。$C_{X,F}(x,y)$这样计算：先遍历从负无穷到正无穷的所有整数s和t，然后将X在两个方向上距离(x,y)分别为$-s$和$-t$的值$X(x-s,y-t)$乘上F在(s,t)的值$F(s,t)$，最后全部相加。可以看出，$C_{X,F}(x,y)$是对X的所有取值的加权求和，其中的权重是F的值。

若F是一个3×3的滤波器，则它在两个方向上都只有-1、0 和 1 三个位置上有值，这个区域外的值都为 0。滤波器的中心位置是(0,0)，将它对准图像中的某个位置(x,y)，用$F(s,t)$对$X(x+s,y+t)$加权求和，这就是我们描述的滤波。

读者要问，式(8.1)中$F(s,t)$不是$X(x-s,y-t)$的权重么？这里怎么说$X(x+s,y+t)$？对于滤波来说，这并不太重要。如果要严格讲的话，我说图 8-4 压根不是纵向索贝尔滤波器，它的镜像才是纵向索贝尔滤波器，因此，如果直接用图 8-4 做滤波，就相当于是$X(x-s,y-t)$了。特别地，卷积神经网络的滤波器是训练而得的，学究式地强调翻转就更没有必要了，但是在数学上翻转是必须的。离散卷积其实是连续卷积运算的离散化，连续卷积运算是：

$$C_{X,F}(x,y)=\int_{-\infty}^{\infty}\int_{-\infty}^{\infty}X(x-s,y-t)\times F(s,t)\mathrm{d}s\mathrm{d}t$$

关于卷积运算的物理意义，我们在这里就不展开谈了，读者暂时将卷积理解成一种加权求和（积分）即可。

8.3 可训练的滤波器

前面对于蒙德里安与莫奈问题，我们采用的是“人脑建模”，其目的是阐述滤波器在这个模型中的作用。之所以选择索贝尔滤波器，是因为经过观察发现，蒙德里安与莫奈的画作在是否存在边缘的问题上差别很大。于是先选用索贝尔滤波器提取边缘，再将滤波输出展开成向量后提交给传统的分类模型，比如逻辑回归模型。在这里，索贝尔滤波器起到了从图像中提取特征的作用。但是对于其他的图像分类问题：比如猫与狗、交通工具、手写数字等，仅仅用查找边缘就够了吗?

显然不够，其实除了索贝尔，还有许多其他功能各异的滤波器。我们可以把它们全用上，然后将结果送给分类器。但是且慢，计算图的优势就是可训练。滤波无非是对图像的一种计算，那么何不将它实现为计算图节点，然后靠训练来帮我们找到一个合适的滤波器呢? 我们常听说卷积神经网络能“自动发现”特征，其实就是指将作为特征提取器的滤波器纳入训练，然后由训练自动找到合适的滤波器。

我们先来实现卷积节点，请见代码（matrixslow/ops/ops.py）:

```
class Convolve(Operator):
    """
    以第二个父节点的值为滤波器，对第一个父节点的值做二维离散卷积
    """

    def __init__(self, *parents, **kargs):
        assert len(parents) == 2
        Operator.__init__(self, *parents, **kargs)

        self.padded = None

    def compute(self):

        data = self.parents[0].value  # 图像
        kernel = self.parents[1].value  # 滤波器

        w, h = data.shape  # 图像的宽和高
        kw, kh = kernel.shape  # 滤波器尺寸
        hkw, hkh = int(kw / 2), int(kh / 2)  # 滤波器长宽的一半

        # 补齐数据边缘
        pw, ph = tuple(np.add(data.shape, np.multiply((hkw, hkh), 2)))
        self.padded = np.mat(np.zeros((pw, ph)))
        self.padded[hkw:hkw + w, hkh:hkh + h] = data

        self.value = np.mat(np.zeros((w, h)))

        # 二维离散卷积
        for i in np.arange(hkw, hkw + w):
            for j in np.arange(hkh, hkh + h):
```

```
                self.value[i - hkw, j - hkh] = np.sum(
                    np.multiply(self.padded[i - hkw:i - hkw + kw, j - hkh:j - hkh + kh], kernel))

    def get_jacobi(self, parent):

        data = self.parents[0].value  # 图像
        kernel = self.parents[1].value  # 滤波器

        w, h = data.shape  # 图像的宽和高
        kw, kh = kernel.shape  # 滤波器尺寸
        hkw, hkh = int(kw / 2), int(kh / 2)  # 滤波器长宽的一半

        # 补齐数据边缘
        pw, ph = tuple(np.add(data.shape, np.multiply((hkw, hkh), 2)))

        jacobi = []
        if parent is self.parents[0]:
            for i in np.arange(hkw, hkw + w):
                for j in np.arange(hkh, hkh + h):
                    mask = np.mat(np.zeros((pw, ph)))
                    mask[i - hkw:i - hkw + kw, j - hkh:j - hkh + kh] = kernel
                    jacobi.append(mask[hkw:hkw + w, hkh:hkh + h].A1)
        elif parent is self.parents[1]:
            for i in np.arange(hkw, hkw + w):
                for j in np.arange(hkh, hkh + h):
                    jacobi.append(
                        self.padded[i - hkw:i - hkw + kw, j - hkh:j - hkh + kh].A1)
        else:
            raise Exception("You're not my father")

        return np.mat(jacobi)
```

在上述代码中，Convolve 类接受两个父节点，第一个是图像，第二个是滤波器。它的 compute 方法中先是一些烦琐的关于尺寸的计算，这个看代码很容易明白，我们在此不赘述；然后是用 0 值填充了图像边缘，虽然前文说有很多种边缘填充的方式，但在这里只实现 0 值填充。接下来是离散卷积运算：先将 value 属性构造为一个与图像同尺寸的全零矩阵，再用一个二重循环对图像进行扫描，对它的每个位置，都以滤波器为权值将该位置周围的值加权求和，最后把结果写到 value 矩阵的对应位置上。

类的 get_jacobi 方法用来计算对图像或滤波器的雅可比矩阵。因为卷积本质上都是乘法和加法，所以只要选出某个值曾经和谁相乘，然后将那些乘数加起来就是结果对于该值的偏导数。get_jacobi 方法就是在实现这些查找工作，用文字描述该过程实在烦琐，请读者运用作为程序员的本领，通过详读代码来理解它到底在干什么吧。

运用该节点类时，将图像放在一个变量节点中，将滤波器放在另一个变量节点中，然后以它们为父节点构造 Convolve 类节点。在该节点上调用 forward 方法，节点的 value 属性就是滤波结果。我们来看一个例子，请见代码（sobel.py）：

```
import matrixslow as ms
import numpy as np
import matplotlib.pyplot as plt
import matplotlib

# 读取图像，归一化
pic = matplotlib.image.imread('data/mondrian.jpg') / 255

# 图像尺寸
w, h = pic.shape

# 纵向索贝尔滤波器
sobel_v = ms.core.Variable(dim=(3, 3), init=False, trainable=False)
sobel_v.set_value(np.mat([[1, 0, -1], [2, 0, -2], [1, 0, -1]]))

# 横向索贝尔滤波器
sobel_h = ms.core.Variable(dim=(3, 3), init=False, trainable=False)
sobel_h.set_value(sobel_v.value.T)

# 输入图像
img = ms.core.Variable(dim=(w, h), init=False, trainable=False)
img.set_value(np.mat(pic))

# 索贝尔滤波器输出
sobel_v_output = ms.ops.Convolve(img, sobel_v)
sobel_h_output = ms.ops.Convolve(img, sobel_h)

# 两个索贝尔滤波器的输出平方和
square_output = ms.ops.Add(
            ms.ops.Multiply(sobel_v_output, sobel_v_output),
            ms.ops.Multiply(sobel_h_output, sobel_h_output)
        )

# 前向传播
square_output.forward()

# 输出图像
fig = plt.figure(figsize=(6, 6))
ax = fig.add_subplot(221)
ax.axis("off")
ax.imshow(img.value, cmap="gray")

ax = fig.add_subplot(222)
ax.axis("off")
ax.imshow(square_output.value, cmap="gray")

ax = fig.add_subplot(223)
ax.axis("off")
ax.imshow(sobel_v_output.value, cmap="gray")

ax = fig.add_subplot(224)
ax.axis("off")
ax.imshow(sobel_h_output.value, cmap="gray")
```

在上述代码中，我们首先读取了蒙德里安的一幅画，将它的宽和高分别保存在 w 和 h 中；构造了一个3 × 3的变量节点 sobel_v，不初始化且不参加训练（这倒无所谓，因为我们根本没训练过程），并将图 8-4 中的纵向索贝尔滤波器赋给它；同样地，还构造了一个节点 sobel_h，再将 sobel_v 的值取出来转置后（即图 8-8 中的横向索贝尔滤波器）赋给它。

之后，构造了一个形状为(w, h)的变量节点 img，仍然是不初始化也不参加训练，我们将蒙德里安的画作赋给它。分别以 img 和 sobel_v 与 img 和 sobel_h 为父节点构造 Convolve 类节点 sobel_v_output 与 sobel_h_output，这两个节点分别是对蒙德里安的画作施加纵向和横向索贝尔滤波器的结果。

接下来，对 sobel_v_output 和 sobel_h_output 的值取平方再相加。其中，取平方用的是逐元素乘法节点 Multiply。节点 square_output 是两种滤波的平方和，它以较大的正值（偏白色）标识画作中的横向和纵向边缘，调用 square_output 节点的 forward 方法后，计算图中所有节点的值就都得到了计算。将原图、平方和、纵向索贝尔滤波和横向索贝尔滤波的结果都显示出来，如图 8-11 所示。由该图可见，原图中两侧灰度值差异较大的边缘被明显地勾画了出来，有些边缘不明显是因为其两侧的灰度值差异较小。

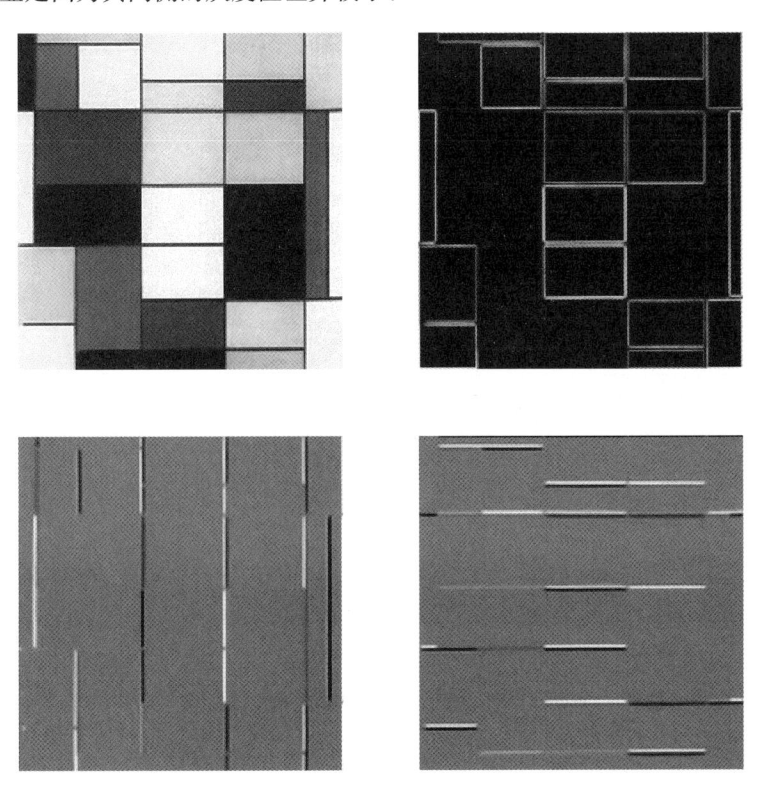

图 8-11 原图（左上）、索贝尔滤波器及其平方和（右上）、纵向（左下）与横向（右下）

滤波器属于计算图中的一个变量节点，变量节点都可以被训练，因此滤波器也可以被训练。我们接下来尝试训练一个纵向索贝尔滤波器，我们以被训练滤波器的输出与真正索贝尔滤波器的输出的均方误差作为训练的损失，若均方误差越小则表示两个输出越接近。以均方误差为损失能否把随机初始化的滤波器训练成纵向索贝尔滤波器呢？我们马上来试一试。首先，搭建计算图，如图 8-12 所示。

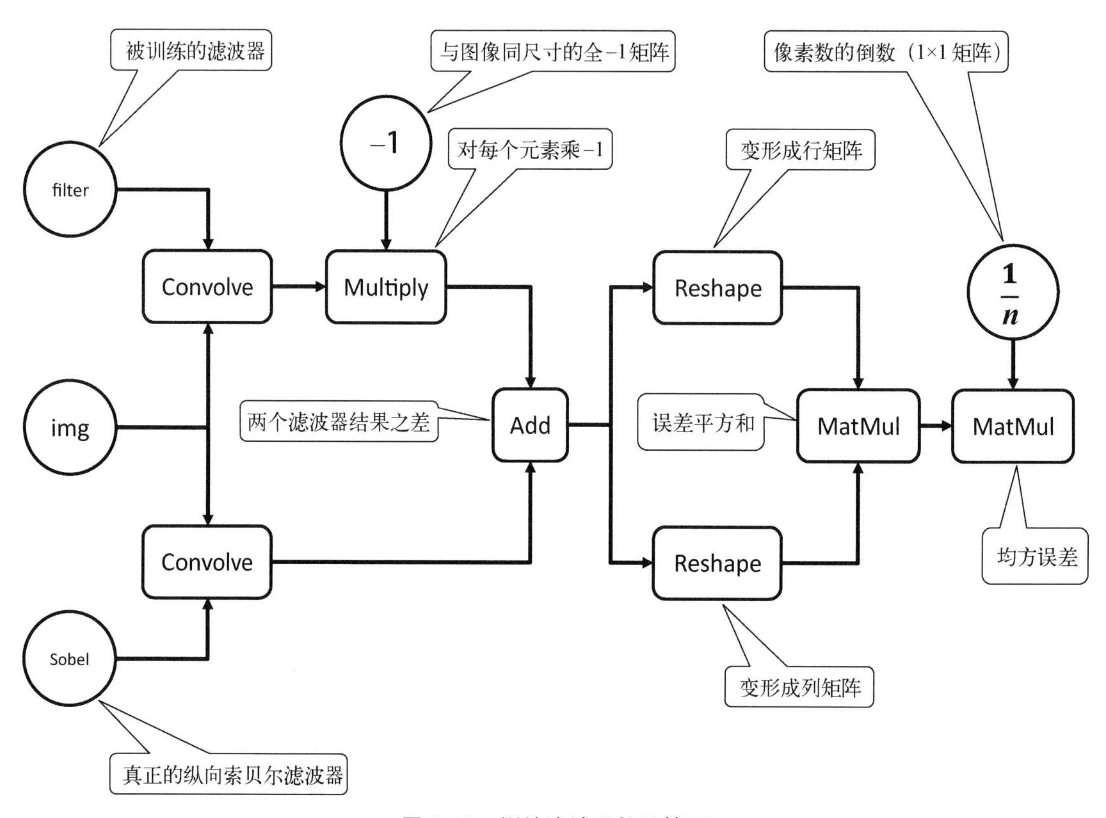

图 8-12 训练滤波器的计算图

这个例子同样也能展现计算图的灵活性，请看代码（sobel_train.py）：

```
import matrixslow as ms
import numpy as np
import matplotlib.pyplot as plt
import matplotlib

# 读取图像，归一化
pic = matplotlib.image.imread('data/lena.jpg') / 255

# 图像尺寸
w, h = pic.shape
```

```
# 索贝尔滤波器
sobel = ms.core.Variable(dim=(3, 3), init=False, trainable=False)
sobel.set_value(np.mat([[1, 0, -1], [2, 0, -2], [1, 0, -1]]))

# 输入图像
img = ms.core.Variable(dim=(w, h), init=False, trainable=False)
img.set_value(np.mat(pic))

# 索贝尔滤波器输出
sobel_output = ms.ops.Convolve(img, sobel)

# 输出图像
sobel_output.forward()
plt.imshow(sobel_output.value, cmap="gray")

# 可训练滤波器
filter_train = ms.core.Variable(dim=(3, 3), init=True, trainable=True)
filter_output = ms.ops.Convolve(img, filter_train)

# 常数矩阵：-1
minus = ms.core.Variable(dim=(w, h), init=False, trainable=False)
minus.set_value(np.mat(-np.ones((w, h))))

# 常数（矩阵）：图像总像素数的倒数
n = ms.core.Variable((1, 1), init=False, trainable=False)
n.set_value(np.mat(1.0 / (w * h)))

# 损失值，均方误差
error = ms.ops.Add(sobel_output, ms.ops.Multiply(filter_output, minus))
square_error = ms.ops.MatMul(
                                ms.ops.Reshape(error, shape=(1, w * h)),
                                ms.ops.Reshape(error, shape=(w * h, 1))
                            )

mse = ms.ops.MatMul(square_error, n)

# 优化器
optimizer = ms.optimizer.Adam(ms.core.default_graph, mse, 0.01)

# 训练
for i in range(1000):

    optimizer.one_step()
    optimizer.update()
    mse.forward()
    print("iteration:{:d},loss:{:.6f}".format(i, mse.value[0, 0]))


# 被训练完成的滤波器
filter_train.forward()
print(filter_train.value)

# 用被训练的滤波器滤波图像
filter_output.forward()
plt.imshow(filter_output.value, cmap="gray")
```

在上述代码中，我们首先读取图像并归一化。然后构造一个变量节点 sobel，不需要初始化也不参加训练。它被赋以图 8-4 中的纵向索贝尔滤波器。img 是形状为(w, h)的变量节点，用来保存蒙德里安的画作。以 img 节点和 sobel 节点为父节点构造 Convolve 类节点 sobel_output，它就是对蒙德里安的作品施加纵向索贝尔滤波器的结果。

filter_train 是一个3×3的变量节点，用来保存被训练的滤波器，需要初始化且参加训练。以 img 节点和 filter_train 节点为父节点构造 Convolve 类节点 filter_output，就是经被训练的滤波器滤波的蒙德里安的作品。

接下来有一些小技巧。minus 节点是一个变量节点，不需要初始化且不参加训练，它被赋值为与原图像同形状、所有元素都为-1的矩阵，这是因为 MatrixSlow 框架只有矩阵加法节点，需要这个-1常量矩阵帮助做减法。n 是1×1的变量节点，不需要初始化且不参加训练，它被赋值为原图的像素数的倒数，求均方误差时要用到它。

将 filter_output 节点与 minus 节点相乘，再加到 sobel_output 节点上得到 error 节点，就是纵向索贝尔滤波器与被训练滤波器的输出之差。之后，先将 error 节点展开为行向量，再乘上由它展开成的列向量，结果就是误差向量与其自身的内积（1×1矩阵），即误差平方和，然后将它保存在 square_error 节点，将该节点与 n 节点相乘得到的 mse 节点，即为均方误差（mean square error）。

以 mse 节点为目标节点构造优化器，学习率为 0.01。训练 500 个迭代，每个迭代都调用优化器的 one_step 方法执行前向和反向传播；调用 update 方法更新被训练滤波器的值。打印出迭代数和当前损失值，就可以看到损失值的下降。训练结束后，我们看一下 filter_train 节点的值：

```
filter_train.value
Out[8]:
matrix([[ 9.99975707e-01, -2.42931223e-05, -1.00002429e+00],
        [ 1.99997571e+00, -2.42931639e-05, -2.00002429e+00],
        [ 9.99975707e-01, -2.42931208e-05, -1.00002429e+00]])
```

很明显，被训练的滤波器已经很接近纵向索贝尔滤波器了（注意科学记数法的幂）。滤波器可以训练，因为在计算图中它只是一个变量节点而已。令图 8-10 中的滤波器不再是事先设置好的纵向和横向索贝尔滤波器，而是两个或者更多可训练的滤波器，将它们的输出图像展开并连接在一起，然后送给逻辑回归或多层全连接神经网络，就是卷积神经网络。卷积神经网络的本质就是对图像使用多个滤波器，这些滤波器根据损失受到训练，从而起到从图像中提取特征的作用。后续的网络则负责依据这些特征做分类或其他任务。

索贝尔滤波器或其他滤波器是人为设计的滤波器，因此人们知道它们具有什么功能，提取图像的什么特征，人们运用它们提取特征并为后续的模型服务。而卷积神经网络则是根据问题本身来训练滤波器。有些时候，人们能够理解这些被训练出来的滤波器的功能（其中有的就是索贝尔），但是在大多数时候人们并不能理解它们的作用和功能，但它们对当前的问题就是（也许）有用。这就是连接主义人工智能的神秘之处。

8.4 卷积层

在前面所讲的例子中，输入图像是一幅单通道图像，使用的滤波器是一个小矩阵。在这种情况下，如果输入图像是一个三通道的 RGB 图像，则需要 3 个同样尺寸的滤波器以对应 3 个通道。其输出图像则是将这 3 个滤波器对 3 个通道同一位置的输出加在一起，这 3 个滤波器合在一起称为卷积核（kernel）。不同于普通的滤波，CNN 还会再加一个偏置并施加激活函数，这是在向神经元靠拢。CNN 的一个卷积核的计算如图 8-13 所示。

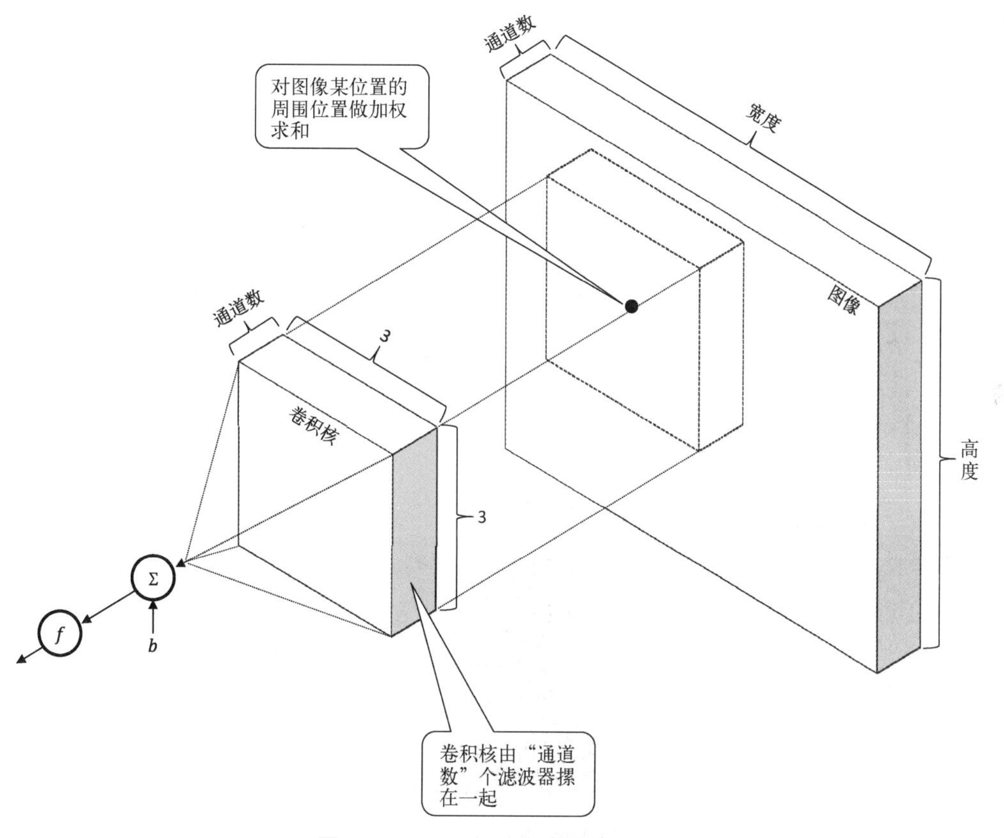

图 8-13　CNN 的一个卷积核的运算

一个 CNN 的卷积核包含多个二维滤波器，图像有多少个通道，相应就有多少个滤波器，所以卷积核可以视作三个维度的阵列。大部分框架以三维度的张量存储卷积核。而 MatrixSlow 框架为了概念上简单，只支持两个维度的矩阵。所以对它来说，一个卷积核就包含了多个矩阵（滤波器）。

对于图像中的某个位置，我们这样处理：先是多个滤波器分别在多个通道上对它及其周围位置加权求和，然后再将这些滤波器的结果相加，最后加上偏置后施加激活函数。如果我们对图像中的所有位置都做这样的计算，就会得到一幅与图像同尺寸的输出，我们称之为一幅特征图（feature map）。这就是 CNN 的卷积运算。

CNN 的卷积层可以包含多个卷积核，每个卷积核各输出一幅特征图。若卷积层有k个卷积核，则输出k幅特征图，将这些特征图“摞”在一起，可以看作一幅k通道图像。CNN 的卷积层如图 8-14 所示。

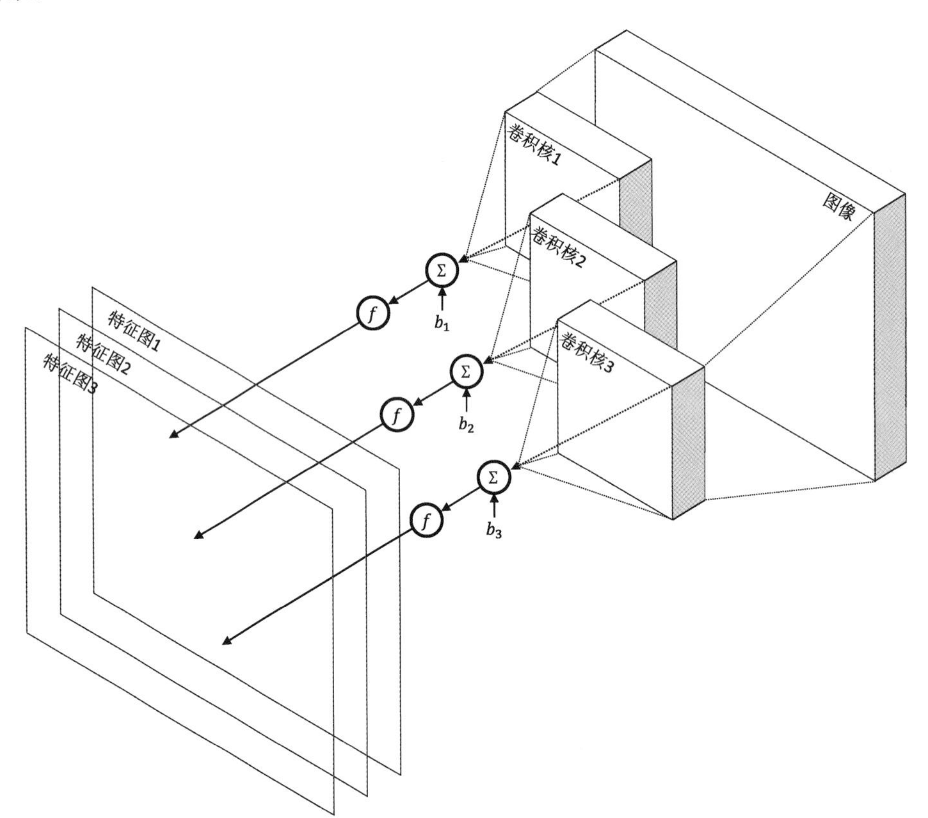

图 8-14　CNN 的卷积层（以 3 个卷积核为例）

我们现在来实现一个构造卷积层的辅助函数，其核心是 `Convolve` 类节点。该函数用多个 `Convolve` 类节点组成一个卷积核，然后通过对图像执行卷积运算生成一幅特征图，多个卷积核则能够计算出多幅特征图。具体请看代码（matrixslow/layer/layer.py）：

```
def conv(feature_maps, input_shape, kernels, kernel_shape, activation):
    """
    :param feature_maps: 数组，包含多个输入特征图，它们应该是值为同形状的矩阵的节点
    :param input_shape: tuple ，包含输入特征图的形状（宽和高）
    :param kernels: 整数，卷积层的卷积核数量
    :param kernel_shape: tuple ，包含卷积核的形状（宽和高）
    :param activation: 激活函数类型
    :return: 数组，包含多个输出特征图，它们是值为同形状的矩阵的节点
    """
    # 与输入同形状的全 1 矩阵
    ones = Variable(input_shape, init=False, trainable=False)
    ones.set_value(np.mat(np.ones(input_shape)))

    outputs = []
    for i in range(kernels):

        channels = []
        for fm in feature_maps:
            kernel = Variable(kernel_shape, init=True, trainable=True)
            conv = Convolve(fm, kernel)
            channels.append(conv)

        channles = Add(*channels)
        bias = ScalarMultiply(Variable((1, 1), init=True, trainable=True), ones)
        affine = Add(channles, bias)

        if activation == "ReLU":
            outputs.append(ReLU(affine))
        elif activation == "Logistic":
            outputs.append(Logistic(affine))
        else:
            outputs.append(affine)

    assert len(outputs) == kernels
    return outputs
```

在上述代码中，conv 函数接受如下几个参数。

- feature_maps：列表，包含多个形状相同的节点，每个节点分别保存图像的一个通道。
- input_shape：二元组，保存图像的宽和高。
- kernels：整数，卷积核数量，即卷积层的特征图数量，或输出图像的通道数。
- kernel_shape：二元组，保存卷积核的宽和高。
- activation：激活函数的类型。

ones 是一个形状为 input_shape 的变量节点，不初始化且不训练，将其赋值为全 1 矩阵。它的用处稍后说明。

构造一个 outputs 列表，准备保存特征图。接下来需要几个卷积核就执行几遍循环（外层循环），每次循环先构造一个 channels 列表用来保存对每个通道的滤波结果；再遍历 feature_maps

列表（内层循环）：先依次取出每一个通道，然后构造形状为 kernel_shape 的变量节点，该节点需要初始化并参与训练，这是滤波器节点，最后以通道和滤波器为父节点构造 Convolve 类节点，并保存在 channels 列表中。

遍历（内层循环）结束后，将 channles 列表中的节点（对每个通道的滤波结果）加在一起，并用一个形状为1×1的，需初始化且参与训练的变量节点与 ones 节点相乘，得到偏置，再将这两个值相加，最后根据 activation 施加相应的激活函数得到一幅特征图，保存进 outputs 列表。

外层循环结束后，outputs 列表中就保存了多幅特征图，这就是卷积层的输出，它可以作为输入送给另一个卷积层或池化层。

8.5 池化层

之前我们谈到过嵌入，即将高维数据嵌入到低维空间并尝试抓住它们的内在联系。关于这个，逻辑回归最狠，直接嵌入到一维；全连接层通过权值矩阵将高维输入嵌入到低维输出；多层全连接神经网络有多个全连接层，其中每层又将前一层的输出再次嵌入，从而逐层将高维嵌入到低维。这是一种逐步提高抽象程度的方法。

同样，在 CNN 中也有这种做法。在这里，一个卷积层的输出就是一组特征图，也是一幅多通道图像。我们可以再用一个卷积层对其做卷积，类似于多层全连接，这就是多卷积层。但是（起码在补零填充的情况下），卷积层的输出与输入图像形状相同（宽和高相同），图像尺寸没有变化（通道数会变化）。因此，多卷积层并没有降低数据维数。

那么 CNN 如何实现数据降维呢？用池化层（pooling）。池化说白了就是一种数据采样，但是它照顾到了图像在宽和高上的空间位置关系。就像滤波器一样，池化用一个固定大小的滑动窗口来扫描图像，并用窗口中的值计算出一个输出。比如：最大值池化选择窗口中的最大值作为输出，平均值池化计算出窗口中所有值的平均值作为输出。

若是逐像素扫描，则对图像的每个像素都会计算出一个值，那么输出图像和输入图像的尺寸还是一样的，何来的降维呢？还记得我们介绍滤波器的时候曾提到过步长，若步长为 2，则每隔一行/列计算一个输出，输出图像的尺寸是输入图像尺寸的一半。池化也允许设置步长，不过它的步长一般大于 1，否则就起不到降维的作用了。池化层如图 8-15 所示。

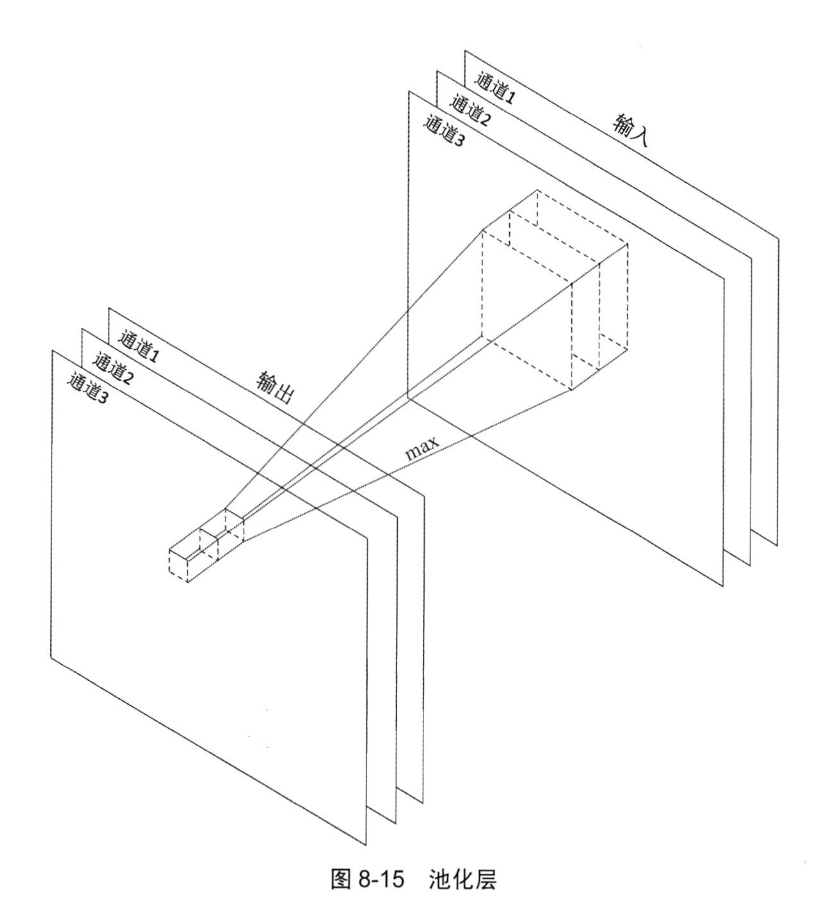

图 8-15　池化层

应用最广的池化是最大值池化。我们实现了最大值池化节点，请看代码（matrixslow/ops/ops.py）：

```
class MaxPooling(Operator):
    """
    最大值池化
    """

    def __init__(self, *parent, **kargs):
        Operator.__init__(self, *parent, **kargs)


        self.stride = kargs.get('stride')
        assert isinstance(self.stride, tuple) and len(self.stride) == 2


        self.size = kargs.get('size')
        assert isinstance(self.size, tuple) and len(self.size) == 2

        self.flag = None
```

```
    def compute(self):
        data = self.parents[0].value  # 输入特征图
        w, h = data.shape  # 输入特征图的宽和高
        dim = w * h
        sw, sh = self.stride
        kw, kh = self.size  # 池化核尺寸
        hkw, hkh = int(kw / 2), int(kh / 2)  # 池化核长宽的一半

        result = []
        flag = []

        for i in np.arange(0, w, sw):
            row = []
            for j in np.arange(0, h, sh):
                # 取池化窗口中的最大值
                top, bottom = max(0, i - hkw), min(w, i + hkw + 1)
                left, right = max(0, j - hkh), min(h, j + hkh + 1)
                window = data[top:bottom, left:right]
                row.append(
                    np.max(window)
                )

                # 记录最大值在原特征图中的位置
                pos = np.argmax(window)
                w_width = right - left
                offset_w, offset_h = top + pos // w_width, left + pos % w_width
                offset = offset_w * w + offset_h
                tmp = np.zeros(dim)
                tmp[offset] = 1
                flag.append(tmp)

            result.append(row)

        self.flag = np.mat(flag)
        self.value = np.mat(result)

    def get_jacobi(self, parent):

        assert parent is self.parents[0] and self.jacobi is not None
        return self.flag
```

在上述代码中，构造 MaxPooling 类节点时，必须提供 size 参数和 stride 参数。其中，size 是一个二元组，用来指定池化窗口的宽和高；stride 也是一个二元组，用来指定列和行的步长。compute 方法实现的是扫描图像：根据步长跨过一些列和行，对每个参与计算的位置确定窗口位置后，在窗口中选择最大值，并记录在 row 列表中。

同时，还要记录被选中的最大值在图像中的位置：构造一个维数为像素数的全零向量 tmp，被选中的值在图像中（按行优先）排在第几个位置，就把 tmp 中的相应位置的分量置为 1，这个

tmp 就是雅可比矩阵的一行，然后把 tmp 保存进 flag 列表中。两重循环结束后，value 属性保存了池化输出，flag 属性保存了池化输出对图像的雅可比矩阵。get_jacobi 方法只要将 flag 属性返回即可。

池化层对图像的每个通道分别计算，若图像的通道数为k，则池化层的输出也是k通道。若行和列的步长均为 2，则输出的宽和高都是输入的一半。比如，若输入图像的形状是$w \times h \times k$（k是通道数），则输出图像的形状是$\frac{w}{2} \times \frac{h}{2} \times k$。

我们写一个辅助函数，用 MaxPooling 类节点来构造池化层，请看代码（matrixslow/layer/layer.py）：

```
def pooling(feature_maps, kernel_shape, stride):
    """
    :param feature_maps: 数组，包含多个输入特征图，它们应该是值为同形状的矩阵的节点
    :param kernel_shape: tuple ，池化核（窗口）的形状（宽和高）
    :param stride: tuple ，包含横向和纵向步幅
    :return: 数组，包含多个输出特征图，它们是值为同形状的矩阵的节点
    """
    outputs = []
    for fm in feature_maps:
        outputs.append(MaxPooling(fm, size=kernel_shape, stride=stride))

    return outputs
```

在上述代码中，pooling 函数接受如下几个参数。

- feature_maps：列表，包含多个形状相同的节点，每个节点分别保存图像的一个通道。
- kernel_shape：二元组，指定池化窗口的宽和高。
- stride：二元组，指定列和行的步长。

Pooling 方法很简单：遍历所有的输入特征图，分别以每个特征图作为父节点构造 MaxPooling 类节点，并保存在列表 outputs 中，最后返回 outputs 列表，其中每个节点是一幅输出特征图。

8.6 CNN 的结构

CNN 的结构并不是唯一的。典型的 CNN 结构一般会在输入端交替使用几个卷积层和池化层，利用卷积核数量和池化步长来压缩图像尺寸并增加通道数量，最后打破数据的空间关系，将其展开成向量并送给全连接层。经过两三个全连接层以后连接输出层，输出层的输出是 logit，在施加 SoftMax 函数后得到多分类概率。现代 CNN 结构有卷积核尺寸变小（一般是3×3），层数加多（变深）的趋势。典型的 CNN 结构如图 8-16 所示。

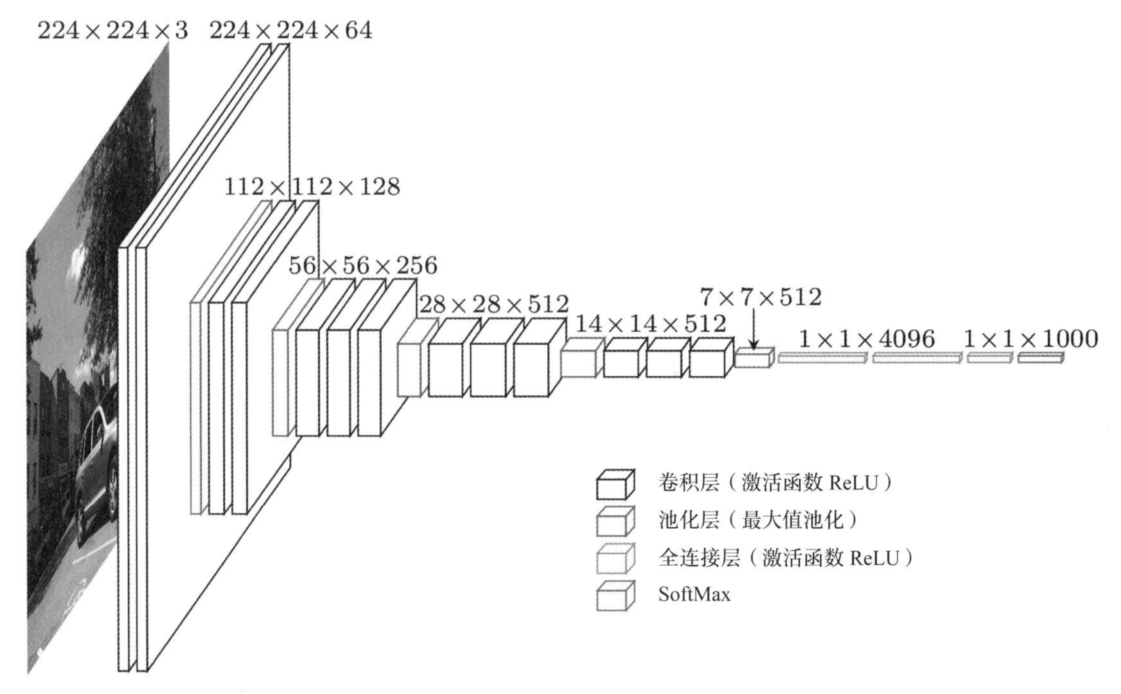

图 8-16　典型的 CNN 结构（VGG16）

8.7　实例：手写数字识别

我们前面已经尝试过用多层全连接神经网络去分类 MNIST 手写数字，现在展示如何用 CNN 来处理这个问题。我们先搭建一个简单的 CNN，它包括两组卷积层和池化层：第一个卷积层有 3 个卷积核（尺寸均是5×5），在它之后连接着一个最大值池化层，其池化窗口尺寸是3×3，列和行步长都是 2；后面连接了第二个卷积层（有 3 个卷积核，尺寸均是3×3），它之后再连接着一个最大值池化层，其池化窗口尺寸仍是3×3，列和行步长仍是 2。

到此，图像宽和高的尺寸被压缩为输入图像的 1/4，即7×7。又因为有 3 个通道，所以共有$7\times 7\times 3=147$个值，展开后一个是一百四十七维向量。我们先让它连接一个包含 120 个神经元的全连接层，再连接一个包含 10 个神经元的全连接层（输出层），最后再对这 10 个输出施加 SoftMax 函数，就构成了整个 CNN 的结构。结果如图 8-17 所示。

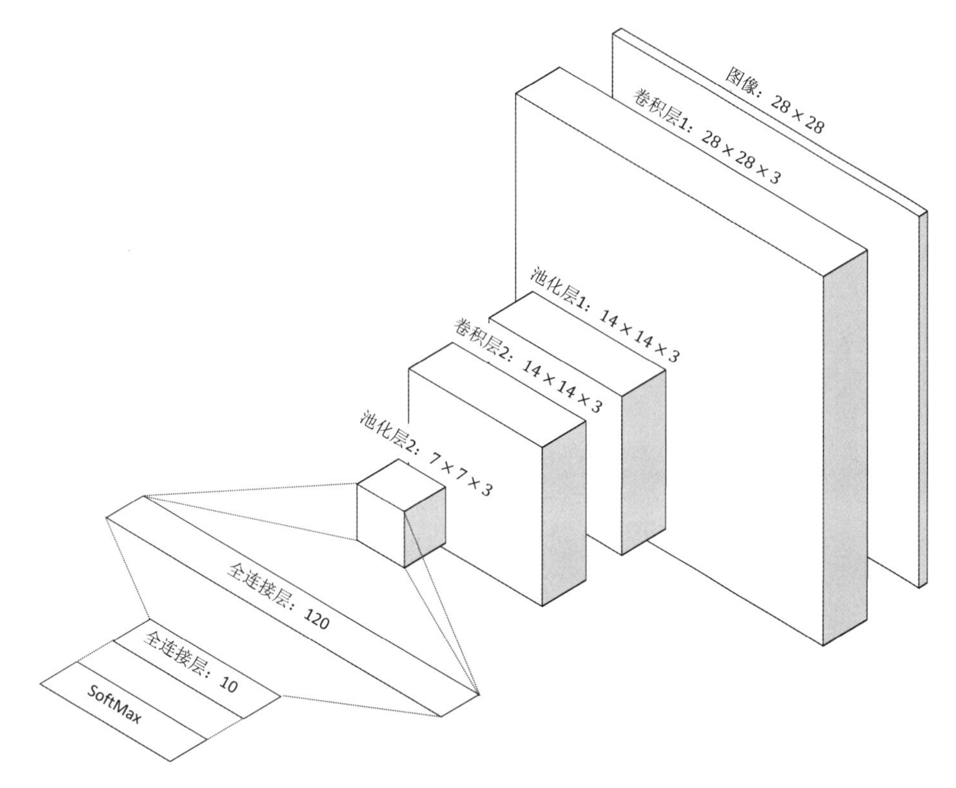

图 8-17　分类 MNIST 手写数字的 CNN 结构

构造并训练这个 CNN 结构的代码如下所示（cnn_mnist.py）：

```
import numpy as np
from sklearn.datasets import fetch_openml
from sklearn.preprocessing import OneHotEncoder
import matrixslow as ms

# 加载 MNIST 数据集，取一部分样本并归一化
X, y = fetch_openml('mnist_784', version=1, return_X_y=True)
X, y = X[:1000] / 255, y.astype(np.int)[:1000]

# 将整数形式的标签转换成 One-Hot 编码
oh = OneHotEncoder(sparse=False)
one_hot_label = oh.fit_transform(y.reshape(-1, 1))

# 输入图像尺寸
img_shape = (28, 28)

# 输入图像
x = ms.core.Variable(img_shape, init=False, trainable=False)
```

```
# One-Hot 标签
one_hot = ms.core.Variable(dim=(10, 1), init=False, trainable=False)

# 第一卷积层
conv1 = ms.layer.conv([x], img_shape, 3, (5, 5), "ReLU")

# 第一池化层
pooling1 = ms.layer.pooling(conv1, (3, 3), (2, 2))

# 第二卷积层
conv2 = ms.layer.conv(pooling1, (14, 14), 3, (3, 3), "ReLU")

# 第二池化层
pooling2 = ms.layer.pooling(conv2, (3, 3), (2, 2))

# 全连接层
fc1 = ms.layer.fc(ms.ops.Concat(*pooling2), 147, 120, "ReLU")

# 输出层
output = ms.layer.fc(fc1, 120, 10, "None")

# 分类概率
predict = ms.ops.SoftMax(output)

# 交叉熵损失
loss = ms.ops.loss.CrossEntropyWithSoftMax(output, one_hot)

# 学习率
learning_rate = 0.005

# 优化器
optimizer = ms.optimizer.Adam(ms.default_graph, loss, learning_rate)

# 批大小
batch_size = 32

# 训练
for epoch in range(30):

    batch_count = 0

    for i in range(len(X)):

        feature = np.mat(X[i]).reshape(img_shape)
        label = np.mat(one_hot_label[i]).T

        x.set_value(feature)
        one_hot.set_value(label)


        optimizer.one_step()


        batch_count += 1
```

```
        if batch_count >= batch_size:

            print("epoch: {:d}, iteration: {:d}, loss: {:.3f}".format(epoch + 1, i + 1,
                  loss.value[0, 0]))

            optimizer.update()
            batch_count = 0


    pred = []
    for i in range(len(X)):

        feature = np.mat(X[i]).reshape(img_shape)
        x.set_value(feature)

        predict.forward()
        pred.append(predict.value.A.ravel())

    pred = np.array(pred).argmax(axis=1)
    accuracy = (y == pred).astype(np.int).sum() / len(X)

    print("epoch: {:d}, accuracy: {:.3f}".format(epoch + 1, accuracy))
```

在上述代码中，我们先用 Scikit-Learn 库的 fetch_openml 函数获取 MNIST 手写数字数据集，由于样本量比较大，因此我们只取前 1000 个样本。通过将它们的灰度值除以 255，使之归一化为 0 和 1 之间的实数。然后对数字形式的标签进行编码，得到 One-Hot 编码标签。

变量节点 x 用来保存输入图像，因为输入图像为28×28的单通道图片，所以节点的形状为28×28；one_hot 节点用来保存样本的 One-Hot 标签。

接下来，调用 conv 函数构造第一个卷积层，其第一个参数是保存输入图像各通道的列表，因为输入图像是单通道的，所以列表中只有一个 x。该卷积层的输入图像尺寸是28×28，要 3 个卷积核，输出有 3 个特征图（3 通道），卷积核尺寸是5×5。

然后用 pooling 函数构造一个池化层。其输入节点列表就是第一卷积层的输出 conv1 列表。池化窗口尺寸取3×3，列和行步长取 2。池化层输出图像的尺寸是输入图像的一半，即14×14。之后，再次调用 conv 函数构造第二卷积层，其输入图像的尺寸是14×14，还是 3 个卷积核，卷积核尺寸取3×3。第二卷积层构造完毕后，再次调用 pooling 函数构造第二池化层，其各参数与第一池化层保持相同，该层将图像的尺寸再压缩一半，使成为7×7。

第二池化层输出数据的形状是$7 \times 7 \times 3$。其输出是一个列表，其中的元素是用来保存特征图的节点。以该列表为参数构造 Concat 类节点，它会将所有的特征图节点展开并连接到一起，形成一个一百四十七维的向量。再调用 fc 函数构造一个全连接层，其神经元个数是 120。然后再次调用 fc 函数构造一个输出层，其神经元个数是 10，结果保存在 output 节点。最终，output

节点的值就是十分类问题的 logit。我们以 `output` 节点为父节点构造 `SoftMax` 函数类节点，从而得到十分类概率；以 `output` 节点和 `one_hot` 节点为父节点构造 `CrossEntropyWithSoftMax` 类节点，从而得到交叉熵损失。

后面是训练部分：构造一个优化器类，学习率取 0.05；批大小设置为 32；训练 30 个 epoch，每个 epoch 遍历训练样本，将样本变形成28×28，赋给 `x` 节点；将样本的 One-Hot 标签赋给 `one_hot` 节点；调用优化器的 `one_step` 方法执行前向和反向传播；当一批样本量满后打印当前损失值，并调用优化器类的 `update` 方法更新参数；每个 epoch 结束后，计算当前 CNN 在训练集上的正确率。

8.8 小结

我们总是渴望抓住事物的本质，但何为本质却很难讲清。还原论不能告诉我们全部的真相。整体大于部分之和，基本构成单元组合在一起就会涌现出新特性和新行为，而我们的定义却往往只能反映事物的一面。所以，世界上也许并不存在本质这个东西，只存在现象以及它们之间的联系。

CNN 是什么？它当然是一种神经网络，一种非全连接神经网络。特征图中的一个位置就是一个神经元，但它并不连接全部的输入，而只连接滤波器窗口中的那部分输入。这些连接共用一套权值，即滤波器。有人称这为“权值共享”，其实大可不必，因为所谓“共享”的权值无非就是滤波器中的元素。还有人说卷积层是“自动特征提取器”，如果说滤波器是在提取图像特征的话，那么可训练的滤波器确实是在自动地提取特征。所以，我们从可训练滤波器的角度去表述 CNN 的结构和意义，（希望）能够简洁而全面地概括 CNN 的本质。

总之，我们希望读者不要纠结于各种纷繁复杂的术语和五花八门的新奇结构，而是尽可能透过表象看到本质。读者请看本书封面上的箴言：“V. I. T. R. I. O. L.”，这是拉丁文“Visita Interiora Terræ Rectificando Invenies Occultum Lapidem”的缩写，它的含义是：“造访地下深处，通过精馏，你将发现隐秘的哲人石。”也可以更应景地理解成：“把 CNN 弄深，通过 ReLU 函数激活，你将成功地分类图像。”

第三部分

工程篇

第 9 章 09

训练与评估

在前面的章节中，我们已经无数次（夸张地说）看到过，如何使用 MatrixSlow 框架搭建机器学习模型的计算图并对之进行训练，归纳如下。

(1) 搭建模型的计算图，定义模型的输入和输出。
(2) 根据问题类型，选择不同的损失函数。
(3) 选择合适的优化算法（优化器）。
(4) 循环地把训练样本（特征和标签）输入到计算图，使用优化器执行前向传播和反向传播，迭代地优化模型参数，使模型拟合训练数据。
(5) 在迭代过程中或者训练结束后，评估模型的表现。

这个过程可以看作基于梯度下降法来训练模型的标准流程，是无数算法工程师熟记于心的建模标准流程。虽然这个过程并没有多么复杂，但对于一个合格的机器学习框架来说，它的职责就是接手所有烦琐的、重复性的工作，让算法工程师把精力更多地集中在更重要的地方，比如思考问题场景，选择合适特征，优化模型效果等。在本章中，我们将尝试把这个烦琐的、重复性的过程抽象成一个新的概念：训练器（trainer）。训练器为 MatrixSlow 框架提供了一个简单、通用的工具，用来封装模型训练和评估的标准流程，以进一步提升框架的易用性。

在之前举的例子中，我们一直都是使用正确率（accuracy）作为评价模型的指标。事实上，除了正确率，还有一系列其他的评价指标，它们从不同的角度评价模型的优劣。本章将会讨论并实现另外几种常见的模型评价指标。

9.1 训练和 Trainer 训练器

把模型训练中与前面标准流程有关的部分单独抽出来，并隐藏其中的一些细节后，从代码角度看，训练流程是这样的：

```
...
# 定义模型的输入节点
feature = ...

# 定义模型的标签节点
label = ...

# 搭建计算图，定义模型的输出节点
outputs = ...

# 定义损失函数
loss = ...

# 选择优化器
optimizer = ...

# 训练执行多个 epoch
for epoch in range(epoches):

    # 批计数器清零
    batch_count = 0

    # 遍历训练集中的样本
    for i in range(len(train_set)):

        # 将样本的特征赋值给输入节点
        feature = ...
        feature.set_value(feature)

        # 将样本的标签赋值给标签节点
        label = ...
        label.set_value(label)

        # 优化器执行一次前向传播和一次反向传播
        optimizer.one_step()

        # 批计数器加 1
        batch_count += 1

        # 当积累到一个批大小的时候，执行一次参数更新
        if batch_count >= batch_size:
            optimizer.update()
            batch_count = 0

    # 在每个 epoch 结尾，执行前向传播对测试样本集进行预测
    for i in range(len(test_set)):
        feature = ...
        feature.set_value(feature)
        outputs.forward()

    # 根据模型的输出（概率），生成预测类别
    pred = ...

    # 参考样本的真实标签，计算评价指标并打印
    accuracy = ...
    print("epoch: {:d}, accuracy: {:.3f}".format(epoch + 1, accuracy))
```

由上述代码可以看出，概括地讲，训练流程必须具备下面这样几个元素。首先，需要一个训练数据集（train_set），用来训练模型；其次，需要一个计算图和这个计算图的输入节点列表（feature，可能有多个）以及标签节点（label）；再次，需要定义损失函数（loss）以及优化这个损失函数的优化器（optimizer）；最后还有超参数，如训练执行的迭代轮数（epoches）、批大小（batch_size）等。如果要评估模型的表现，还需要指定一个测试集（test_set）和具体的模型评估指标。训练器正是把这些元素组织、管理起来的一个工具。接下来我们实现一个训练器基类 Trainer，请看代码（matrixslow/trainer/trainer.py）：

```
class Trainer(object):
    '''
    训练器
    '''

    def __init__(self, input_x, input_y,
                 loss_op, optimizer,
                 epoches, batch_size=8,
                 eval_on_train=False, metrics_ops=None, *args, **kargs):

        # 计算图的输入节点，可以有多个，类型是 list
        self.inputs = input_x

        # 计算图的标签节点
        self.input_y = input_y

        # 损失函数
        self.loss_op = loss_op

        # 优化器
        self.optimizer = optimizer

        # 训练执行的迭代轮数
        self.epoches = epoches
        self.epoch = 0

        # 批大小
        self.batch_size = batch_size

        # 是否在训练迭代中进行评估
        self.eval_on_train = eval_on_train

        # 评估指标列表
        self.metrics_ops = metrics_ops
```

首先实现训练器的构造函数 init。它规定了训练器必须接收的信息：输入节点、标签节点、损失函数和优化器，以及一系列超参数。由于在很多模型的实现中要求计算图有超过一个的输入节点，所以训练器的构造函数允许传入多个输入节点。接下来是模型训练和评估的主流程：

```
def train_and_eval(self, train_x, train_y, test_x=None, test_y=None):
    '''
    开始训练（评估）流程
    '''
    # 初始化权值变量
    self._variable_weights_init()

    # 传入数据，开始主循环
    self.main_loop(train_x, train_y, test_x, test_y)

def main_loop(self, train_x, train_y, test_x, test_y):
    '''
    训练（评估）的主循环
    '''

    # 第一层循环，迭代 epoches 轮
    for self.epoch in range(self.epoches):

        # 模型训练
        self.train(train_x, train_y)

        # 如果需要，对模型进行评估
        if self.eval_on_train and test_x is not None and test_y is not None:
            self.eval(test_x, test_y)

def train(self, train_x, train_y):
    '''
    使用训练集训练模型
    '''

    # 遍历训练数据集
    for i in range(len(list(train_x.values())[0])):

        # 使用一个样本，执行一次前向传播和反向传播
        self.one_step(self._get_input_values(train_x, i), train_y[i])

        # 如果次数超过批大小，执行一次更新
        if (i+1) % self.batch_size == 0:
            self._optimizer_update()

def eval(self, test_x, test_y):
    '''
    使用测试集评估模型
    '''
    pass

def _get_input_values(self, x, index):
    '''
    x 是 dict 类型的数据集，需要取出第 index 个样本
    '''

    input_values = dict()
    for input_node_name in x.keys():
        input_values[input_node_name] = x[input_node_name][index]
```

```
        return input_values

    def one_step(self, data_x, data_y, is_eval=False):
        '''
        执行一次前向传播和一次反向传播（可能）
        '''

        for i in range(len(self.inputs)):

            # 根据输入节点的名称，从输入数据dict中找到对应数据
            input_value = data_x.get(self.inputs[i].name)
            self.inputs[i].set_value(np.mat(input_value).T)

        # 标签赋值给标签节点
        self.input_y.set_value(np.mat(data_y).T)

        # 只有在训练阶段才执行优化器
        if not is_eval:
            self.optimizer.one_step()

    @abc.abstractmethod
    def _variable_weights_init(self):
        '''
        权值变量初始化，具体的初始化操作由子类完成
        '''
        raise NotImplementedError()

    @abc.abstractmethod
    def _optimizer_update(self):
        '''
        调用优化器执行参数更新
        '''
        raise NotImplementedError()
```

上面的训练器的训练流程与本章之前讲的所有训练流程并没有太大的区别。我们来具体分析一下这个流程，外层循环总共执行 epoches 轮，每轮将全部训练样本都使用一次。内部再嵌套一个循环：先把每一个样本的特征和标签分别赋值给计算图的输入节点和标签节点；再调用优化器的方法，对计算图执行前向传播计算出损失值，执行反向传播计算出雅可比矩阵（梯度）；当训练样本累计到一个批大小时，根据某种优化算法（梯度下降法的变体）使用一批平均梯度去更新模型参数。每个 epoch 结束时，根据需要执行模型评估。

这里有三个细节需要交代。首先，开始训练前，要调用_variable_weights_init 方法初始化计算图中的变量节点。在一般情况下，使用随机值初始化变量节点即可。但在分布式训练时，需要保证各服务器上的计算图具有一致的初始状态，即各变量节点的初始值是相同的，因此，这里把_variable_weights_init 声明为了抽象方法，其具体实现在第 11 章会详细介绍。如果读者不太理解，暂时不必在意。

基于同样的原因，在参数更新时要调用_optimizer_update 方法。这个方法在分布式训练时也会有些区别，亦声明为抽象方法，交给具体的训练器来实现。这是第二个细节。

最后一个细节，由于允许计算图有多个输入节点，为了能正确地匹配输入节点和其对应的样本数据，在训练和评估时，数据需通过一个字典（dict）传入。这个字典的 key 是输入节点的名称，value 是其对应的样本数据。MatrixSlow 框架的 Node 基类可以在构造函数中指定节点名称，如果未指定，框架会自动生成一个全局唯一的节点名。

我们接下来继承 Trainer 基类实现一个名为 SimpleTrainer 的简单训练器。该训练器的参数初始化方法_variable_weights_init 不做任何特殊操作，完全依赖于各个节点自身的随机初始化；参数更新方法_optimizer_update 也不做任何特殊处理，直接调用优化器类的 update 方法即可。正如其名，SimpleTrainer 的实现也很简单，请见代码（matrixslow/trainer/simple_trainer.py）:

```
class SimpleTrainer(Trainer):

    def __init__(self, *args, **kargs):
        Trainer.__init__(self, *args, **kargs)

    def _variable_weights_init(self):
        '''
        不做统一的初始化操作，使用节点自身的初始化方法
        '''
        pass

    def _optimizer_update(self):
        self.optimizer.update()
```

现在，我们就可以使用训练器简化之前的训练流程了，不再需要重复写一些无聊且易错的代码了。与之前类似，我们先使用 MatrixSlow 框架提供的各种计算图节点和工具类，构造模型的输入、输出、标签、损失函数和优化器等，然后把它们全都交给训练器，并调用训练器的 train_and_eval 方法即可，这就启动了模型训练的流程（稍后介绍模型评估）。让我们欣赏一下这段简洁优雅、赏心悦目的代码吧:

```
...
# 定义模型的输入节点
feature = ...

# 定义模型的标签节点
label = ...

# 搭建计算图，定义模型的输出节点
outputs = ...

# 定义模型的损失函数
loss = ...
```

```
# 选择某个优化器
optimizer = ...

# 使用简单训练器，注意输入节点是 list
trainer = SimpleTrainer(
    [feature], label, loss, optimizer, epoches=10, batch_size=32)

# 开始训练流程，注意输入是 dict
trainer.train_and_eval({feature.name: X}, one_hot_label)
```

9.2 评估和 Metrics 节点

在 9.1 节中，我们隐藏了模型评估方法（eval）的细节，现在我们来介绍这部分的具体实现：

```
def eval(self, test_x, test_y):
    '''
    使用测试集评估模型
    '''

    for metrics_op in self.metrics_ops:
        metrics_op.reset_value()

    # 遍历测试数据集
    for i in range(len(list(test_x.values())[0])):

        # 执行计算图前向传播，计算评价指标
        self.one_step(self._get_input_values(
            test_x, i), test_y[i], is_eval=True)

        for metrics_op in self.metrics_ops:
            metrics_op.forward()

    # 打印评价指标
    metrics_str = 'Epoch [{}] evaluation metrics '.format(self.epoch + 1)
    for metrics_op in self.metrics_ops:
        metrics_str += metrics_op.value_str()

    print(metrics_str)
```

在上面的评估流程中，训练器循环地把测试样本的特征和标签分别赋值给它们对应的计算图节点，然后执行各个 metrics_op 节点的 forward 方法。metrics_op 节点与我们熟知的 MatMul、SoftMax、LogLoss 等节点是类似的，它们是一类模型评估节点，也可以被连接到计算图中。

在一般情况下，模型评估节点有两个父节点，分别是模型输出（预测类别的概率）和样本标签（真实类别）。在模型评估阶段，调用评估节点的 forward 方法，计算图会递归地执行其上游节点的 forward 方法完成前向传播。模型评估节点可以使用不同的计算方法得到自身的值，也就是相应的评价指标。

为了得到多个评估指标，可在训练器中指定多个评估节点，将它们作为一个 list 传入训练器。这里仍然遵循面向对象的思想，我们定义一个专门用于模型评估的基类 Metrics（它继承自 Node 基类），然后把一些通用的方法实现在该类中，请看代码（matrixslow/ops/metrics.py）：

```
class Metrics(Node):
    '''
    评估指标节点抽象基类
    '''
    def __init__(self, *parents, **kargs):

        # 默认情况下，metrics 节点不需要保存
        kargs['need_save'] = kargs.get('need_save', False)
        Node.__init__(self, *parents, **kargs)

        # 初始化节点
        self.init()

    def reset(self):
        self.reset_value()
        self.init()

    @abc.abstractmethod
    def init(self):
        # 初始化节点由具体子类实现
        pass

    def get_jacobi(self):
        # 对于评估指标节点，计算雅可比矩阵无意义
        raise NotImplementedError()

    @staticmethod
    def prob_to_label(prob, thresholds=0.5):
        if prob.shape[0] > 1:
            # 如果是多分类，预测类别为概率最大的类别
            labels = np.argmax(prob, axis=0)
        else:
            # 否则以 thresholds 为概率阈值判断类别
            labels = np.where(prob < thresholds, 0, 1)

        return labels
```

由于评估节点既不参与反向传播也不需要更新参数，因此不实现 get_jacobi 方法。更进一步，甚至不允许计算图调用它的 get_jacobi 方法。如果不小心调用了，则明确抛出异常。

此外，分类模型的输出一般是 logits 或者施加 SoftMax 函数后得到的概率。对于二分类问题来说，模型输出的概率是一个 0 到 1 之间的实数值。这时，我们会使用一个阈值（thresholds）来判断模型预测的类别是负类（当概率小于 thresholds 时）还是正类（当概率大于等于 thresholds 时）。

对于多分类问题（包括二分类）来说，模型输出的 logits 向量或概率向量的维数等于其类别数。我们选择输出向量中最大值的索引（从 0 开始）作为模型预测的类别。该逻辑实现在基类 `Metrics` 的 `prob_to_label` 静态方法里，方便其子类的直接调用。接下来，我们将详细讨论几种常见的模型评价指标，介绍其原理以及在 MatrixSlow 框架中的实现。

9.3 混淆矩阵

在一般情况下，模型评估节点的父节点是模型输出节点（可以是 logits，也可以是概率）和样本标签节点（用 1/−1 标识的二分类或 One-Hot 编码的多分类），它们分别代表了模型的预测结果和样本的真实类别。通过用阈值分隔（二分类问题）或取最大概率的索引（多分类问题），模型会对样本的类别有一个判断结果。

对于二分类问题来说，取某个阈值并判断样本类别后，所有测试样本的结果无非落入四种可能性，即混淆矩阵（confusion matrix），如表 9-1 所示。

表 9-1 混淆矩阵

	预测负类	预测正类
真实负类	TN	FP
真实正类	FN	TP

其中：

- TN（True Negative）：真实为负类，且模型预测也为负类的样本数（预测正确）。
- FP（False Positive）：真实为负类，但模型预测为正类的样本数（预测错误）。
- FN（False Negative）：真实为正类，但模型预测为负类的样本数（预测错误）。
- TP（True Positive）：真实为正类，且模型预测也为正类的样本数（预测正确）。

混淆矩阵非常重要，接下来的几种评价指标都是从它的四个数值中计算而得。

9.4 正确率

正确率（accuracy），这是在之前的章节中一直使用的评价指标，其计算公式为：

$$\text{accuracy}=\frac{\text{TN}+\text{TP}}{\text{TN}+\text{FP}+\text{FN}+\text{TP}}$$

由公式可以看出，正确率是混淆矩阵的对角线元素之和除以全体元素之和。它是模型预测正确的样本数与样本总数之比。正确率是最简单、最直观的评价指标，在之前的章节中就已经实现过。

现在，我们把它实现为计算图中的一个评估节点类（matrixslow/ops/metrics.py）：

```
class Accuracy(Metrics):
    '''
    正确率节点
    '''
    def __init__(self, *parents, **kargs):
        Metrics.__init__(self, *parents, **kargs)

    def init(self):
        self.correct_num = 0
        self.total_num = 0

    def compute(self):
        '''
        计算 accuracy: (TP + TN) / TOTAL
        这里假设第一个父节点是预测值（概率），第二个父节点是标签
        '''
        pred = Metrics.prob_to_label(self.parents[0].value)
        gt = self.parents[1].value

        # 预测正确的样本数量
        self.correct_num += np.sum(pred == gt)

        # 总样本数量
        self.total_num += len(pred)
        self.value = 0
        if self.total_num != 0:
            self.value = float(self.correct_num) / self.total_num
```

在上述代码中，我们通过继承 Metrics 基类实现 Accuracy 类。init 函数中维护两个成员变量 correct_num 和 total_num，分别记录预测正确的样本数和总样本数。与其他节点类相同，Accuracy 类也覆盖基类的 compute 方法，即可利用计算图的前向传播机制来完成本节点值的计算。其第一个父节点是模型的预测节点，对于二分类问题，该父节点的值是概率，对于多分类问题，该父节点的值是 logits 或概率向量；第二个父节点是样本标签节点，值是 1/−1 标签（二分类问题）或 One-Hot 标签（多分类问题）。

在 compute 方法中，首先调用 Metrics 基类的 prob_to_label 方法把 logits 或概率映射成类别，然后根据预测出的类别是否等于标签显示的真实类别，累积计算出预测正确的样本数量（TN + TP）和总样本数量（TN + FP + FN + TP），这两者的比值即模型的正确率。

正确率衡量的是模型预测的正确程度，但在某些情况下它并非一个合适的评价指标。假如测试集中正类样本和负类样本的数量比为 99∶1，那么如果模型将所有的样本都预测为正类，则正确率能达到 99%，但是该模型显然不是一个好模型。这就需要引入其他的评价指标。

9.5 查准率

查准率又称准确率（precision），其计算公式为：

$$\text{precision}_{\text{p}} = \frac{\text{TP}}{\text{TP} + \text{FP}}$$

其中角标p表示这是正类的查准率，负类的查准率可以类似定义。$\text{precision}_{\text{p}}$是混淆矩阵右下角的元素除以第二列元素之和，是模型正确预测为正类的样本数与全部预测为正类的样本数（其中包括被错误地预测为正类的样本数）之比。$\text{precision}_{\text{p}}$评价的是模型预测正类样本的准确程度，其值越高则模型的预测越可靠（matrixslow/ops/metrics.py）：

```
class Precision(Metrics):
    '''
    查准率节点
    '''
    def __init__(self, *parents, **kargs):
        Metrics.__init__(self, *parents, **kargs)

    def init(self):
        self.true_pos_num = 0
        self.pred_pos_num = 0

    def compute(self):
        '''
        计算 precision: TP / (TP + FP)
        '''
        pred = Metrics.prob_to_label(self.parents[0].value)
        gt = self.parents[1].value

        # 预测为 1 的样本数量
        self.pred_pos_num += np.sum(pred == 1)

        # 预测为 1 且预测正确的样本数量
        self.true_pos_num += np.sum(pred == gt and pred == 1)

        self.value = 0
        if self.pred_pos_num != 0:
            self.value = float(self.true_pos_num) / self.pred_pos_num
```

类似地，我们通过继承 `Metrics` 基类实现 `Precision` 类。函数维护两个成员变量，其中，`true_pos_num` 是TP，`pred_pos_num` 是TP + FP。通过不断地比较预测类别和真实类别，累计更新这两个成员变量。最终，二者相除即可得到查准率。

9.6 查全率

查全率又称召回率（recall），其计算公式为：

$$\text{recall}_p = \frac{\text{TP}}{\text{TP} + \text{FN}}$$

正类的查全率recall_p是混淆矩阵中右下角的元素TP除以第二行元素之和TP + FN。它是模型正确预测为正类的样本数与全部正类样本数之比。类似地，也可以定义负类的查全率。recall_p评价模型对正类的召回情况：recall_p越高，说明模型越能把正类样本识别出来。来看一下查全率节点的实现，这里就不详细介绍了，相信读者能自行理解（matrixslow/ops/metrics.py）：

```
class Recall(Metrics):
    '''
    查全率节点
    '''
    def __init__(self, *parents, **kargs):
        Metrics.__init__(self, *parents, **kargs)

    def init(self):
        self.gt_pos_num = 0
        self.true_pos_num = 0

    def compute(self):
        '''
        计算 recall: TP / (TP + FN)
        '''
        pred = Metrics.prob_to_label(self.parents[0].value)
        gt = self.parents[1].value

        # 标签为 1 的样本数量
        self.gt_pos_num += np.sum(gt == 1)

        # 标签为 1 且预测正确的样本数量
        self.true_pos_num += np.sum(pred == gt and pred == 1)

        self.value = 0
        if self.gt_pos_num != 0:
            self.value = float(self.true_pos_num) / self.gt_pos_num
```

recall_p又称 TPR（True Positive Rate，真阳率），与之对应的还有 FPR（False Positive Rate，假阳率）。FPR 是所有负类样本中被错误地预测为正类的比例，其值越高，说明模型预测为正类的样本中就混入了越多的负类样本。FPR 的计算公式为：

$$\text{FPR} = \frac{\text{FP}}{\text{FP} + \text{TN}}$$

上述的几个指标都计算自混淆矩阵。它们基于模型的预测类别，而预测类别取决于概率阈值的选择（`prob_to_label` 方法的默认阈值是 0.5）：如果阈值设得较低，低门槛导致更多的样本被预测为正类，recall_p会升高，但同时也会把更多的负类样本错判为正类，从而抬高 FPR，并降低precision_p；反之，若阈值设得较高，则recall_p和 FPR 会降低，但precision_p会升高。因此，选择阈值实际上是对以上两种相反倾向的权衡，最终阈值需要依据具体问题的需求和两类错误的代价而确定。

9.7 ROC 曲线和 AUC

FPR 和 TPR 这对指标随着阈值的变化同升同降，阈值低则两者都高，阈值高则两者都低。然而，高 TPR 是我们更愿意看到的，因为这表示模型能尽可能多地识别正类样本。高 FPR 则表示模型容易错误地将负类样本识别为正类样本，这是我们希望避免的。综上所述，我们希望在提高 TPR 的同时不要大幅度地提高 FPR。FPR 和 TPR 随着阈值变化而发生的变化可以用 ROC 曲线（Receiver Operating Characteristic curve）刻画。

ROC 曲线的横坐标是 FPR，纵坐标是 TPR。当选择某个特定的阈值时，模型会对所有测试样本产生类别判断。将模型的预测类别与真实类别对比，可计算出一对 FPR 和 TPR，这是 FPR-TPR 坐标系中的一个点。若选择多个不同的阈值（比如从 0.01 到 0.99 之间的 99 个阈值，或者更多），则可以在 FPR-TPR 坐标系上点出许多个点。这些点形成了一条曲线，即 ROC 曲线，如图 9-1 所示。

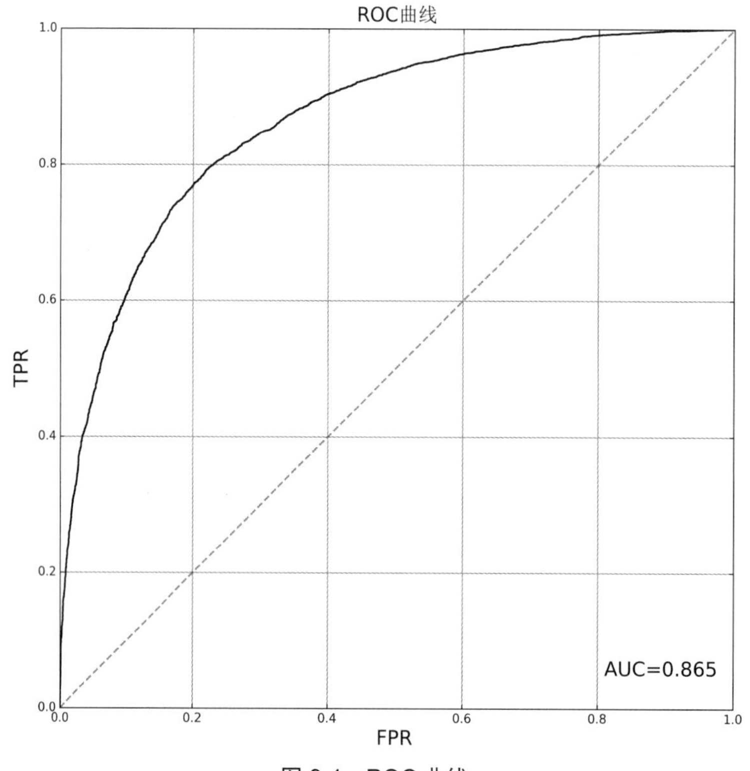

图 9-1 ROC 曲线

由图 9-1 可以看出，ROC 曲线上拱的程度越大，越能说明可以在较低的 FPR 处就达到较高的 TPR，这正是我们希望看到的。ROC 曲线的形状给了我们一个可以不依赖具体阈值而直观地评价模型表现的方法。

ROC 的计算过程略为复杂，需要对每个样本均使用多个阈值计算出多个预测类别，并通过与样本标签比较得到分类正确与否，最后在全体样本上计算出多对 TPR 和 FPR。选取的阈值越多，点越多，ROC 曲线就越平滑。当然，这意味着计算量也就越大。ROC 计算会得到三个列表，分别是阈值列表以及在每个阈值下的 TPR 和 FPR 列表。这三个列表的长度应该是一致的。请看代码（matrixslow/ops/metrics.py）：

```
class ROC(Metrics):
    '''
    ROC 曲线
    '''
    def __init__(self, *parents, **kargs):
        Metrics.__init__(self, *parents, **kargs)

    def init(self):
        self.count = 100
        self.gt_pos_num = 0
        self.gt_neg_num = 0
        self.true_pos_num = np.array([0] * self.count)
        self.false_pos_num = np.array([0] * self.count)
        self.tpr = np.array([0] * self.count)
        self.fpr = np.array([0] * self.count)

    def compute(self):

        prob = self.parents[0].value
        gt = self.parents[1].value
        self.gt_pos_num += np.sum(gt == 1)
        self.gt_neg_num += np.sum(gt == -1)

        # 最小值为 0.01，最大值为 0.99，步长为 0.01，生成 99 个阈值
        thresholds = list(np.arange(0.01, 1.00, 0.01))

        # 分别使用多个阈值产生类别预测，与标签比较
        for index in range(0, len(thresholds)):
            pred = Metrics.prob_to_label(prob, thresholds[index])
            self.true_pos_num[index] += np.sum(pred == gt and pred == 1)
            self.false_pos_num[index] += np.sum(pred != gt and pred == 1)

        # 分别计算 TPR 和 FPR
        if self.gt_pos_num != 0 and self.gt_neg_num != 0:
            self.tpr = self.true_pos_num / self.gt_pos_num
            self.fpr = self.false_pos_num / self.gt_neg_num
```

ROC 曲线的上拱程度越大，表示模型的表现越好。因此可以用 ROC 曲线下方区域的面积（Area Under Curve，AUC）来衡量模型的质量。高 AUC 意味着 ROC 曲线的上拱程度更高，模型的表现更优。AUC 不依赖于阈值，是一个可以全面衡量模型表现的数值指标。图 9-1 中那条 ROC

曲线的 AUC 是 0.865，这是一个还不错的 AUC 值（当然还要根据具体问题来判断）。另外，若 AUC 值接近于 0.5，则表示模型的表现很差。

在实现上，可以简单地把 ROC 曲线下方的区域看成多个细高的长方形，其中每个长方形的面积分别是 TPR 值乘以相应 FPR 的间隔，然后把这些长方形的面积累加起来就是 AUC 的近似值。熟悉微积分的读者会知道这是在计算曲线下的黎曼和。注意：FPR 间隔取得越细（长方形越细），则面积计算越准确，越近似于 AUC 值。

除上述方法，还有一种从统计角度出发计算 AUC 的更快速的方法：如果测试集中有m个正样本和n个负样本，则可以生成$m \times n$个样本对，统计这$m \times n$个样本对中模型判断结果为正类的概率大于为负类的概率的个数，然后除以$m \times n$，即得到 AUC 的值（我们不做证明）。这种方法的 AUC 计算公式为：

$$\text{AUC} = \text{Prob}(P_p > P_n)$$

该式中，$\text{Prob}(P_p > P_n)$是用频率估计的 $P_p > P_n$的概率。AUC 类的实现如下（matrixslow/ops/metrics.py）：

```
class ROC_AUC(Metrics):
    '''
    ROC AUC
    '''

    def __init__(self, *parents, **kargs):
        Metrics.__init__(self, *parents, **kargs)

    def init(self):
        self.gt_pos_preds = []
        self.gt_neg_preds = []

    def compute(self):
        prob = self.parents[0].value
        gt = self.parents[1].value

        # 为简单起见，假设只有一个元素
        if gt[0, 0] == 1:
            self.gt_pos_preds.append(prob)
        else:
            self.gt_neg_preds.append(prob)
        self.total = len(self.gt_pos_preds) * len(self.gt_neg_preds)

    def value_str(self):
        count = 0

        # 遍历 m x n 个样本对，计算正类概率大于负类概率的数量
        for gt_pos_pred in self.gt_pos_preds:
            for gt_neg_pred in self.gt_neg_preds:
                if gt_pos_pred > gt_neg_pred:
                    count += 1
```

```
        # 使用这个数量除以 m x n
        self.value = float(count) / self.total
        return "{}: {:.4f} ".format(self.__class__.__name__, self.value)
```

那么现在，我们就可以方便地使用这些评估节点评价模型的表现了。此时，训练和评估的代码变得更加简洁优雅，MatrixSlow 框架也变得更加简单易用。

```
...
accuracy = ms.ops.metrics.Accuracy(output, label)
precision = ms.ops.metrics.Precision(output, label)
recall = ms.ops.metrics.Recall(output, label)

# 使用简单训练器，指定三种评价指标
trainer = SimpleTrainer(
    [feature], label, loss, optimizer, epoches=10, batch_size=32,
        eval_on_train=True, metrics_ops=[accuracy, precision, recall])

# 开始训练流程，注意输入是 dict 格式
trainer.train_and_eval({feature.name: X}, one_hot_label)
```

9.8　小结

在本章中，我们把模型训练和评估的流程抽象成了训练器，并给出了实现。训练器本身并没有多少理论知识，我们更多地是从软件工程的角度来提供一个更加方便和易用的工具，同时也为后续的分布式训练打好一个架构基础。训练器的思想不是我们创造的，在大多数机器学习和深度学习的框架中都有类似的概念。

同时，本章还介绍了几种常见的模型评价指标的原理和实现。我们把评价指标抽象成计算图中的一类节点，利用计算图的前向传播机制即可简单地完成对它们的计算。注意，指标类节点与之前的计算节点不同，之前的计算节点都是对一个样本进行前向传播，它们的值只是这个样本的中间结果或最终结果。但是模型评价永远不是用一个样本来做的，它们需要模型在整个测试集上的计算结果，所以读者可以看到，指标类节点会将一个样本的预测正确与否的信息累积在其内部成员变量中。我们在任何时刻都可以取出指标节点的值，那是模型在当前已见到的测试样本上得到的评价指标。

评价指标用来评估模型的表现，但各个指标都只能反映模型的一个侧面，无法全面评价模型。因此，在实践中需要依据问题场景、不同类型错误的代价以及建模者的意图选择不同指标，从不同角度综合评价模型的优劣。

本章介绍和实现的几个评价指标主要应用于二分类问题，多分类问题一般只使用正确率。回归以及其他类型的机器学习问题还有一系列各自的评价方法，由于篇幅所限，本章没有涉及，感兴趣的读者可以通过扩展 MatrixSlow 框架来实现它们。

第 10 章

10

模型保存、预测和服务

训练，是以样本和标签为依据通过不断调整参数最终产生模型的过程。模型，是对训练样本及其真实类别的拟合。我们用模型对未来遇到的新样本所做的预测，称作模型预测或推理。相较于训练，使用训练产生的模型对新样本做预测才是建模活动的最终目的。对于计算图模型来说，预测就是把样本赋给输入节点后，在结果节点（一般是类别概率）上执行前向传播的过程。

在应用场景中，预测有两种模式。一种是离线批量预测，即把大量样本依次输入给模型，批量获得预测类别。这个过程类似于大数据离线作业，只是其中的数据处理是使用模型根据样本特征预测样本类别。这种模式适合非实时地获取大量样本预测结果的离线任务。另一种模式是在线实时服务，即把模型部署为网络服务，通过调用接口只对少量的样本进行预测。这种模式适用于需要低延迟快速获取样本类别的场景。模型训练一般在专门的离线服务器（或集群）上进行，而预测则需要把模型部署到线上服务器甚至专门的设备中。人们对用于训练或预测的设备在性能指标上往往有不同的要求。

无论使用哪种预测模式，都需要先把训练好的模型保存下来。所谓模型，包括其计算方式和参数。就本书来讲，模型的计算方式就是计算图的结构，包括节点类型和节点间的互连方式；参数就是变量节点的值。在训练阶段，计算图存在于服务器的内存中，变量节点的值处于不停地更新中，模型保存就是把计算图的结构和参数从内存中导出并存为磁盘文件的过程。部署预测则是先从磁盘中读取模型文件，然后加载到预测服务器的内存中，重构计算图并填充其中变量节点的值，使之最终用来对新样本做预测的过程。

在本章中，我们将介绍 MatrixSlow 框架是如何实现模型的保存、加载和预测的。同时，我们还实现了一个通用的模型推理服务引擎，它支持快速地把 MatrixSlow 框架训练得到的模型部署成一个网络服务，以供外部调用。

10.1 模型保存

MatrixSlow 框架以计算图的方式来表达模型。从模型保存的角度来看，计算图由两部分组成。首先，计算图描述了它包含哪些节点以及节点间的互连关系。具体到代码实现时：通过 Graph 类中的 Node 类列表记录计算图有哪些节点，通过 Node 类维护的父节点和子节点列表记录节点间的连接关系。

另一部分则是各节点的类型和值。节点类型决定节点所进行的计算类型，MatrixSlow 框架实现了若干不同的节点子类，比如矩阵乘法节点 MatMul、ReLU 函数节点 ReLU 等。变量节点 Variable 的值是模型的参数，即训练的结果。

模型保存需要把计算图的结构、节点的类型以及变量节点的值从内存写到磁盘文件中。并且，必须保证模型加载时，能从磁盘文件中正确读出这些东西并原样恢复到内存。为了实现这一点，我们有两种方案可供选择。一种是：可利用内存序列化的技术把内存中的数据以二进制格式 Dump（转存）成文件。这种做法简单直接，其缺点是二进制格式的模型文件不具有可读性，会给模型的修改和管理带来不便。

另外一种是把模型保存分成两个阶段。首先，把计算图的所有节点的信息保存成 XML 或 JSON 格式，便于人阅读、编辑和可视化。其次，参数，即变量节点的值无非是矩阵，没有阅读、编辑的需求，因此仍使用内存序列化的方式将其保存到另一个二进制文件中。这个方案一共会产生两个文件：一个 XML 或 JSON 文件用来描述计算图的结构，一个二进制文件用来保存所有变量节点的值。相比方案一，方案二在原理和工程层面更优。MatrixSlow 框架采取方案二。

我们把模型保存的功能抽象为了一个新的类：Saver。以 JSON 作为描述计算图的格式。在 JSON 中，使用列表 graph 描述所有的节点，其中每个节点的信息包括节点类型 node_type、唯一名称 name、值（矩阵）的形状 dim，以及一些自定义参数 kargs。

另外，节点间的互连关系用父节点列表 parents 和子节点列表 children 保存。在列表中，各个节点用其唯一名称作为索引。下面的代码是一个例子，表达的计算是 Variable:0 和 Variable:2 这两个变量节点的矩阵乘法，它们的矩阵积是 MatMul 类节点 MatMul:4：

```
"graph": [
    {
        "node_type": "Variable",
        "name": "Variable:0",
        "parents": [],
        "children": ["MatMul:4"],
        "dim": [3, 1],
        "kargs": {}
    },
```

```
    {
        "node_type": "Variable",
        "name": "Variable:2",
        "parents": [],
        "children": ["MatMul:4"],
        "dim": [1, 3],
        "kargs": {}
    },
    {
        "node_type": "MatMul",
        "name": "MatMul:4",
        "parents": ["Variable:2", "Variable:0"],
        "children": [],
        "kargs": {}
    }
]
```

Saver 类的工作之一就是把内存中的计算图描述为上述所示的 JSON 格式，并保存到磁盘文件中。保存了结构信息后，还需要把所有 Variable 类节点的值保存下来，这些值是模型的参数，即训练的“成果”。注意，这些节点里不包括作为模型输入的变量节点，它们在模型预测时由赋值而得。

由于变量节点的值是矩阵，其元素是浮点数值类型，不适合存为文本形式，因此我们使用 Numpy 提供的矩阵序列化方法将它们保存到另一个文件中。这里需要注意一点，计算图中有许多个变量节点，因此需要维护节点名称与其序列化值之间的对应关系。模型保存的代码如下（matrixslow/trainer/saver.py）：

```
def _save_model_and_weights(self, graph, meta, service, model_file_name,
                            weights_file_name):
    model_json = {
        'meta': meta,
        'service': service
    }
    graph_json = []
    weights_dict = dict()

    # 把节点元信息保存为 dict/json 格式
    for node in graph.nodes:
        if not node.need_save:
            continue
        node_json = {
            'node_type': node.__class__.__name__,
            'name': node.name,
            'parents': [parent.name for parent in node.parents],
            'children': [child.name for child in node.children],
            'kargs': node.kargs
        }

        # 保存节点的 dim 信息
        if node.value is not None:
```

```
            if isinstance(node.value, np.matrix):
                node_json['dim'] = node.value.shape
        graph_json.append(node_json)

        # 如果节点是 Variable 类型，保存其值
        # 其他类型的节点不需要保存
        if isinstance(node, Variable):
            weights_dict[node.name] = node.value

    model_json['graph'] = graph_json

    # 使用 json 格式保存计算图信息
    self.save_model_json(model_json, model_file_name)

    # 使用 npz 格式保存节点值（Variable 节点）
    self.save_weight_npz(weights_dict, weights_file_name)

def save(self, graph=None, meta=None, service_signature=None,
         model_file_name='model.json',
         weights_file_name='weights.npz'):
    '''
    把计算图保存到文件中
    '''

    if graph is None:
        graph = default_graph

    # 元信息，主要记录模型的保存时间和节点值文件名
    meta = {} if meta is None else meta

    # 服务接口描述
    service = {} if service_signature is None else service_signature

    # 开始保存操作
    self._save_model_and_weights(
        graph, meta, service, model_file_name, weights_file_name)
```

只需调用 Saver 类的 save 方法即可把模型保存到磁盘文件中。默认情况下最后会产生两个文件：my_model.json 文件，记录着节点信息和节点间的关系；my_weights.npz 文件，它是 Variable 节点值序列化后的二进制文件。详情请看下面这小段样例代码：

```
# 搭建计算图
...
# 启动模型训练
trainer.train_and_eval({x.name: train_set[:, :-1]}, train_set[:, -1])

# 定义 Saver 实例，指定保存位置
saver = ms.trainer.Saver('./export')

# 保存模型结构到 my_model.json，保存模型参数到 my_weights.npz
saver.save(model_file_name='my_model.json',
           weights_file_name='my_weights.npz')
```

10.2 模型加载和预测

把磁盘中的模型文件复制到另外的服务器中，然后把计算图的所有信息读取出来，加载回内存并重新构建计算图，即可用于模型预测了。模型的加载与保存正好相反，首先，读取 my_model.json 文件记录的节点信息，然后根据 node_type 字段记录的类型，利用 Python 的反射机制来实例化相应类型的节点，再利用 parents 和 children 列表中记录的信息递归构建所有的节点并还原节点之间的连接关系。

接着，把 Variable 类节点的值还原为训练完成时的状态：先根据节点名称从 my_weights.npz 文件中读取节点值，反序列化后再赋值给节点。以上这些就是模型加载的过程，其实现在 Saver 类的 load 方法中，详见代码（matrixslow/trainer/saver.py）。

预测时，先找到输入/输出节点，把待预测的样本赋给输入节点，然后调用输出节点的 forward 方法。计算图通过执行前向传播，计算出输出节点的值，这就得到了模型的预测结果：

```
...
# 使用 Saver 类，从目录./test 中加载模型
saver = ms.trainer.Saver('./test')
saver.load(model_file_name='my_model.json', weights_file_name='my_weights.npz')

# 根据构建计算图时定义的节点名称，找到输入/输出节点
# 如果构建计算图时未定义，节点名称自动生成，需要从模型文件中人为识别出来
x = ms.get_node_from_graph('img_input')
pred = ms.get_node_from_graph('softmax_output')

for index in range(len(test_data)):

    # 把预测样本赋值给输入节点
    x.set_value(np.mat(test_data[index]).T)

    # 执行前向传播，计算输出节点的值，即模型的预测概率
    pred.forward()
    gt = test_label[index]
    print('model predict {} and ground truth: {}'.format(np.argmax(pred), gt))
```

10.3 模型服务

模型的预测任务有时是离线的（off-line）：把所有待预测的样本依次送给模型，预测结果依次写入文件，全体样本预测完成后，离线预测作业便完成了。这是一种批处理作业，其优势是数据吞吐量大，资源利用率高。另一种较常用的模式是把模型部署为一个网络服务，实时地接收网络请求，对请求中传过来的样本做预测，最后把结果返回给调用方，这种模式称为在线（on-line）预测。

在线预测是模型推理服务化的一种模式，其适用性更广，扩展性更强，更适用于对实时性要求较高的线上场景，比如实时推荐、人脸比对和语音识别等。把模型预测服务化并不是一件很困难的事情。只要在前面例子的基础上，选择一种网络服务的框架，定义好接口和参数即可。相信有网络开发经验的读者都可以自行实现。

基于计算图的深度学习框架都有一个特点，就是可以利用计算图表达多种模型。这使得无论是对于简单的逻辑回归、多层全连接神经网络，还是复杂的 RNN 或 CNN 来说，训练、评估和预测的方法都是通用的。在之前的章节中，我们一直在做的就是对训练和评估进行通用的抽象和实现。同理，这种通用性对于预测和服务也成立。

我们尝试为 MatrixSlow 框架实现一个通用的模型推理服务引擎（MatrixSlow-Serving），利用这个引擎可以快速地把训练好的模型部署成一个预测服务。该引擎支持各种模型和输入数据，包括链接、图像以及语音。实现这样一个通用的引擎需要解决以下三个问题。

(1) 如何获取输入节点、输出节点的名称以及从哪个节点获取预测结果，引擎必须知道如何把数据送给模型并取得输出结果。
(2) 如何定义一个通用的网络接口，来接受不同类型和维度的输入数据并返回预测结果。
(3) 如何实现一个网络服务和逻辑处理的框架，对外提供实时的网络接口。

接下来我们尝试解决它们，模型的输入/输出节点是在构建计算图时定义的；节点本身包含了输入数据的维度；保存模型时可显式地指定模型的输入/输出节点，并把这个信息也存储到模型文件中。事实上，10.1 节就已经实现了这个逻辑，来回顾一下：

```
def _save_model_and_weights(self, graph, meta, service, model_file_name,
                            weights_file_name):
    model_json = {
        'meta': meta,
        'service': service
    }
    ...

def save(self, graph=None, meta=None, service_signature=None,
         model_file_name='model.json',
         weights_file_name='weights.npz'):
    ...
    service = {} if service_signature is None else service_signature

    # 开始保存操作
    self._save_model_and_weights(
        graph, meta, service, model_file_name, weights_file_name)
```

在上述代码中，save 方法支持传入一个服务签名 service_signature，它定义了输入/输出节点的名称，可保存到 JSON 文件中。我们在 Exporter 类（matrixslow_serving/exporter/exporter.py）

中实现了 signature 方法，根据输入/输出节点名称生成服务签名。修改 10.1 节的模型保存代码即可完成服务签名的保存，从而解决第一个问题：

```
# 搭建计算图
...
# 启动模型训练
trainer.train_and_eval({x.name: train_set[:, :-1]}, train_set[:, -1])

# 定义服务签名，指定计算图的输入节点和输出节点
exporter = Exporter()
sig = exporter.signature('img_input', 'softmax_output')

# 定义 Saver 实例，指定保存位置
saver = ms.trainer.Saver('./export')

# 传入服务签名，保存服务签名和模型结构到 my_model.json，保存参数到 my_weights.npz
saver.save(model_file_name='my_model.json',
          weights_file_name='my_weights.npz', service_signature=sig)
```

当前比较流行的网络服务一般有两种方式，即 RPC 和 Restful。这两种方式的原理和区别并非本书的重点，所以在此不多介绍。本书为了简单有效地解决第二个问题和第三个问题，选择了 RPC 模式，并利用了成熟的 RPC 框架 gRPC。

gRPC 和 protobuf

gRPC 是 Google 开源的 RPC 框架，它是一个语言和平台中立的远程过程调用系统。与许多 RPC 系统类似，gRPC 基于以下理念：定义一个服务，指定其可以被远程调用的方法（包含参数和返回类型）；在服务端实现接口并运行一个 gRPC 服务器以处理客户端调用；客户端拥有一个存根，并定义与服务端一样的方法。这样，客户端可以像调用本地对象一样直接调用另一台机器上的服务端应用。

gRPC 默认使用 protobuf，这也是 Google 开源的一套成熟的结构数据序列化方案（当然，也可以使用其他数据格式，如 JSON）。正如下面例子将看到的，可以用 proto file 创建 gRPC 服务，用 protobuf 消息类型定义方法参数和返回类型。

举个例子，在 helloworld.proto 文件里用 protobuf 定义一个 Greeter 服务。该服务有一个方法 SayHello，它允许服务端从远程客户端接收包含用户名的 HelloRequest 消息，然后在 HelloReply 里发送回一个 Greeter。

文件：helloworld.proto

```
syntax = "proto3";
package helloworld;
// “问候”服务的定义
service Greeter {
// 发送“问候”
```

```
    rpc SayHello (HelloRequest) returns (HelloReply) {}
}
// 请求信息包含用户名
message HelloRequest { string name = 1; }

// 响应信息包含“问候语”
message HelloReply { string message = 1; }
```

一旦定义好服务，就可以使用 protobuf 编译器 protoc 来生成服务所需的客户端和服务端代码了，且支持多种常用编程语言。生成的代码中同时包括客户端的存根和服务端要实现的抽象接口。

接下来我们用 gRPC 和 protobuf 的语法定义一个 MatrixSlow-Serving 推理服务的接口 `Predict`。该接口接收输入 `PredictReq`，输出 `PredictResp`，这二者的本质都是矩阵结构体。由于 protobuf 本身并不支持矩阵这种类型，所以可使用一个变长浮点数组加上矩阵的形状来表示它们，代码如下（matrixslow_serving/serving/proto/serving.proto）：

```
syntax = "proto3";

package matrixslow.serving;

service MatrixSlowServing {
    rpc Predict(PredictReq) returns (PredictResp) {}
}

message Matrix {
    repeated float value = 1;
    repeated int32 dim = 2;
}

message PredictReq {
    repeated Matrix data = 1;
}

message PredictResp {
    repeated Matrix data = 1;
}
```

无论是何种模型，均可使用上述这种接口和参数定义，可使在线预测服务的接口变得通用。下面使用 protobuf 提供的编译器 `protoc`，以上述文件作为输入即可自动生成服务端和客户端代码：

```
python -m grpc_tools.protoc --python_out=. --grpc_python_out=. -I. *.proto
```

gRPC 和 protobuf 自动生成的代码会完成接口定义、输入/输出参数处理、端口监听和服务运行等一系列通用能力。而服务本身的处理逻辑，也就是如何把接收到的数据送给计算图，如何执行计算以及如何获取预测结果仍然需要我们自己来实现。

我们通过继承自动生成的服务器类 `serving_pb2_grpc.MatrixSlowServingServicer`，在 `Predict` 方法中实现模型预测逻辑，这个逻辑与前面的离线预测几乎完全相同。其额外的工作是把 protobuf 格式的输入数据构造成 Numpy 的 Matrix 对象，然后送给计算图。同理，也要把模型的输出构造成 protobuf 格式，再通过网络返回给调用方。请看代码（matrixslow_serving/serving/serving.py）：

```
class MatrixSlowServingService(serving_pb2_grpc.MatrixSlowServingServicer):
    '''
    推理服务，主要流程：
    1. 根据模型文件中定义的接口签名，从计算图中获取输入节点和输出节点
    2. 接受网络请求并解析出模型输入
    3. 调用计算图进行计算
    4. 获取输出节点的值并返回给接口调用者
    '''
    def __init__(self, root_dir, model_file_name, weights_file_name):
        self.root_dir = root_dir
        self.model_file_name = model_file_name
        self.weights_file_name = weights_file_name

        saver = ms.trainer.Saver(self.root_dir)

        # 从文件中加载并还原计算图和参数，同时获取服务接口签名
        _, service = saver.load(model_file_name=self.model_file_name,
                                weights_file_name=self.weights_file_name)

        inputs = service.get('inputs', None)
        outputs = service.get('outputs', None)

        # 根据服务签名中记录的名称，从计算图中查找输入节点和输出节点
        self.input_node = ms.get_node_from_graph(inputs['name'])
        self.input_dim = self.input_node.dim
        self.output_node = ms.get_node_from_graph(outputs['name'])


    def Predict(self, predict_req, context):

        # 从 protobuf 数据反序列化成 Numpy Matrix
        inference_req = MatrixSlowServingService.deserialize(predict_req)

        # 调用计算图，前向传播计算模型预测结果
        inference_resp = self._inference(inference_req)

        # 将预测结果序列化成 protobuf 格式，通过网络返回
        predict_resp = MatrixSlowServingService.serialize(inference_resp)

        return predict_resp


    def _inference(self, inference_req):

        inference_resp_mat_list = []

        for mat in inference_req:
            # 将数据输入模型并执行前向传播
            self.input_node.set_value(mat.T)
            self.output_node.forward()
```

```
            # 把输出节点的值作为结果返回
            inference_resp_mat_list.append(self.output_node.value)

        return inference_resp_mat_list

    @staticmethod
    def deserialize(predict_req):
        ...
    @staticmethod
    def serialize(inference_resp):
        ...
```

在此基础上再实现一个 MatrixSlowServer 类，对复杂的初始化操作做易用性的封装：

```
class MatrixSlowServer(object):

    def __init__(self, host, root_dir, model_file_name, weights_file_name, max_workers=10):

        self.host = host
        self.max_workers = max_workers

        # 实例化 gRPC server 类
        self.server = grpc.server(
            ThreadPoolExecutor(max_workers=self.max_workers))

        serving_pb2_grpc.add_MatrixSlowServingServicer_to_server(
            MatrixSlowServingService(root_dir, model_file_name, weights_file_name),
            self.server)

        # 传入监听 IP 和端口
        self.server.add_insecure_port(self.host)


    def serve(self):

        # 启动 RPC 服务
        self.server.start()
        print('MatrixSlow server running on {}'.format(self.host))

        # 永久阻塞，等待请求调用
        try:
            while True:
                time.sleep(60 * 60 * 24)
        except KeyboardInterrupt:
            self.server.stop(0)
```

现在，让我们来看看使用模型文件启动一个预测服务是多么简单！只需一行代码（如果再封装一下，可能只需要一个命令）即可：

```
mss.serving.MatrixSlowServer(
    host='127.0.0.1:5000', root_dir='./epoches10',
    model_file_name='my_model.json', weights_file_name='my_weights.npz').serve()
```

理论上，只要是用 MatrixSlow 框架搭建和训练的模型，通过指定模型文件的位置，几乎什么都不需要做就能完成模型的服务化部署，根本无须关心模型是什么种类，接收什么样的数据，如何进行推理等细节。有了 MatrixSlow-Serving 推理服务引擎，即便是没有服务端开发经验的算法工程师，也能轻松构建自己的推理服务，这大大提升了模型从训练到上线的效率，缩短了模型更新迭代的周期。

10.4 客户端

将模型部署成服务后，我们来实现一个客户端。在上一小节中，gRPC 自动生成的代码中已经包含了客户端调用桩 MatrixSlowServingStub。相较于服务端，客户端的实现更简单，调用远程函数和调用本地函数并无二致，通过 MatrixSlowServingStub 桩即可完成：

```
class MatrixSlowServingClient(object):

    def __init__(self, host):

        # 使用推理服务的 IP 和端口，实例化 gRPC 的调用桩
        self.stub = serving_pb2_grpc.MatrixSlowServingStub(
            grpc.insecure_channel(host))

        print('[GRPC] Connected to MatrixSlow serving: {}'.format(host))

    def Predict(self, mat_data_list):

        req = serving_pb2.PredictReq()

        for mat in mat_data_list:
            proto_mat = req.data.add()
            proto_mat.value.extend(np.array(mat).flatten())
            proto_mat.dim.extend(list(mat.shape))

        # 通过桩调用远程服务的 Predict 接口
        resp = self.stub.Predict(req)
        return resp


if __name__ == '__main__':

    # 使用推理服务的 IP 和端口，实例化调用客户端
    host = '127.0.0.1:5000'
    client = MatrixSlowServingClient(host)

    # 遍历测试数据集，调用服务进行预测并打印结果
    for index in range(len(test_data)):
        img = test_data[index]
        label = test_label[index]
        resp = client.Predict([img])
        resp_mat_list = []
```

```
    for proto_mat in resp.data:
        dim = tuple(proto_mat.dim)
        mat = np.mat(proto_mat.value, dtype=np.float32)
        mat = np.reshape(mat, dim)
        resp_mat_list.append(mat)

    pred = np.argmax(resp_mat_list[0])
    gt = label
    print('model predict {} and ground truth: {}'.format(
        np.argmax(pred.value), gt))
```

10.5　小结

什么是模型？本书开头即发此问。彼时假定读者对于机器学习或模型全然无知，我们先是从本质、原理和行为的角度介绍了模型这个概念。之后，我们又通过众多的例子帮助读者加深理解。书行至此，现在我们可以形而下地再次回答此问：什么是模型？

读者曾经或即将经常听到："这是哪个模型？""把最新的模型给我！"他们所指的模型为何物？给他什么模型？模型，无非是以某种方式执行计算，该计算中包含的常量，即参数，是经训练而得的。固定了计算方式和参数，即可对未来的样本做出类别概率或者数值的预测。模型作为一个实体，就是计算方式和其参数的数值。

对于基于计算图的模型来说，各个节点的类型和节点间的互连方式即是它的计算方式；变量节点（不包括接受输入的变量节点）的值，即是其参数的数值。将这两者持久化地落为硬盘文件，就是模型，因此给别人一个模型，就是给别人一个（套）持久化的模型文件。部署/使用一个模型，就是从持久化的模型文件中恢复模型的计算方式和其参数值，然后以某种方式（离线批量或在线实时），对新来的样本进行预测。

在本章中，我们以 Saver 类为样例介绍了如何把训练完成的模型保存成磁盘文件。同样，还可以使用 Saver 类读取模型文件中保存的信息，重新构建计算图并恢复模型参数，然后对样本执行前向传播，即可完成预测。

也可把模型部署成预测服务。我们基于 gRPC 和 protobuf 技术，为 MatrixSlow 框架实现了一个通用的模型推理服务引擎 MatrixSlow-Serving。有了这个引擎，工程师几乎不需要写任何代码，也不需要关心模型的细节，即可完成从训练到部署的"端到端"过程。这种做法极大提高了应用机器学习技术的速度和效率。

MatrixSlow-Serving 仅从原理角度介绍了模型的服务化，距离真正的工业级推理引擎还有巨大的差距，比如多输入多输出、更快的推理速度、更大的并发性能、更强的鲁棒性、更灵活的版本管理、热更新和分布式机制等。对此感兴趣的读者可自行研究、学习。

第 11 章

分布式训练

近年来，深度学习的高速发展受到三个因素的推动。首先，成熟的大数据基础设施解决了海量数据存储、访问和处理的难题；其次，高性能（分布式）算力，特别是 GPU 的发展极大加速了模型训练；最后，基于计算图的深度学习框架降低了模型搭建和训练的难度。其中前两点是另外两个大的主题，本书的主题则是深度学习框架的原理和实现，而分布式训练与框架密不可分。本章将对这个主题（分布式训练）做一个初步的介绍。

分布式训练的基本思想是把在单机上无法（高效）完成的训练任务放在由大量的廉价服务器组成的集群上完成，这与 MapReduce、Spark 等分布式计算框架的思想如出一辙。分布式训练一般由各种机器学习框架作为支持，并根据模型训练任务的特点有针对性地引入新的方法和架构。本章将会讲解分布式训练的一些基本理论、方法和技术。然后，扩展 MatrixSlow 框架，并引入两种常见的分布式训练方法。最后，我们会在实际环境中评估 MatrixSlow 框架分布式训练的性能。

11.1 分布式训练的原理

分布式训练的本质是分布式计算。通俗地讲，分布式计算是利用多台机器组成的集群，把原本巨大、复杂的问题拆成多个小而简单的问题并行解决，在这些小问题都解决后，把它们的结果合并成最终的结果。分布式训练的基本原理也是如此，区别仅在于分布式训练的目标是通过多台服务器协作完成模型训练。为了全面解释分布式训练的原理和技术，我们将从以下五个角度阐述。

- 并行模式。对于训练任务来说，“大问题”之“大”表现在两个方面。一是模型大，大到无法放到一台机器的内存中，比如对高维输入向量的嵌入，其嵌入（权值）矩阵就是一个极宽的矩阵，可能高达几十万、几百万列，而且还是稠密的。这就需要把模型拆成多个部分，并分布到不同机器上训练。二是训练数据大，工业界的训练数据维度极高，样本极多。这就需要把数据拆成多个小的数据片，并分布到不同机器上。前者称为模型并行，后者称为数据并行，如图 11-1 所示。

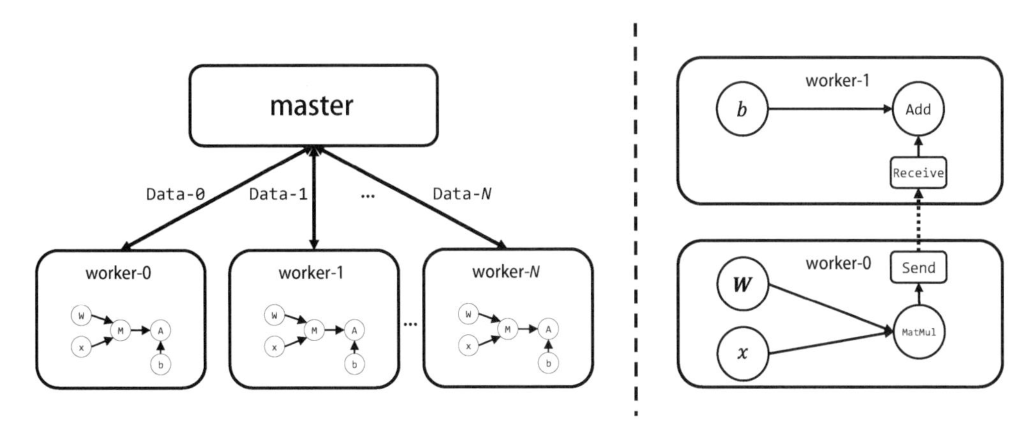

图 11-1　数据并行和模型并行

两者中，数据并行更简单，应用更普遍。假如有一个包含N台服务器的训练集群，其中每台服务器都充当着 worker 的角色。数据并行模式会把原来的大数据拆成N份，然后将每份发给一台 worker。也就是说每台 worker 仅使用总数据的$1/N$来训练模型。在训练过程中，多台 worker 各自单独地计算梯度，只在更新参数前才通过某种机制完成整个集群的梯度同步。在理想情况下，数据并行能达到近似线性的加速效果。

模型并行则相对复杂。对于基于计算图的框架而言，可以通过对计算图的分析，把原计算图拆成多个最小依赖子图，然后分别放置到不同 worker 上。为了实现前向和反向传播，要在多个子图之间插入通信节点（Send 和 Receive），以实现最小依赖子图之间的通信。由于模型并行对计算图的结构有感知，在技术实现上也比较复杂，训练过程更不可控，开发调试更加困难，因此其应用还不是非常普遍。

- **架构模式**。模型并行或数据并行解决了“大”的问题。除此之外，分布式训练还需要解决“正确性”问题，即如何保证分布式训练的结果与单机训练的结果是一致的（在模型训练随机性允许的范围内）。以数据并行为例，当集群中的每个 worker 只能看到总数据的$1/N$时，需要一种机制在多个机器之间同步信息（梯度）。

比如，之前我们说过，MBGD 的一次更新使用的是损失函数在一批（batch size 个）样本上的平均梯度，或（等价于）batch size 个梯度的平均。如果这批样本被分到N台 worker 上，则每台 worker 计算的是batch size/N个样本的平均梯度。这时，这N台 worker 需要互相通信，与同伴分享自己的平均梯度。这样，每台 worker 就都可以计算 batch size 个样本的平均梯度了。

从原理上来说，有基于参数服务器（Parameter Server，PS）和基于规约（Reduce）的两种模式，或称之为中心化和去中心化的两种架构模式。基于参数服务器的架构如图 11-2 所示。

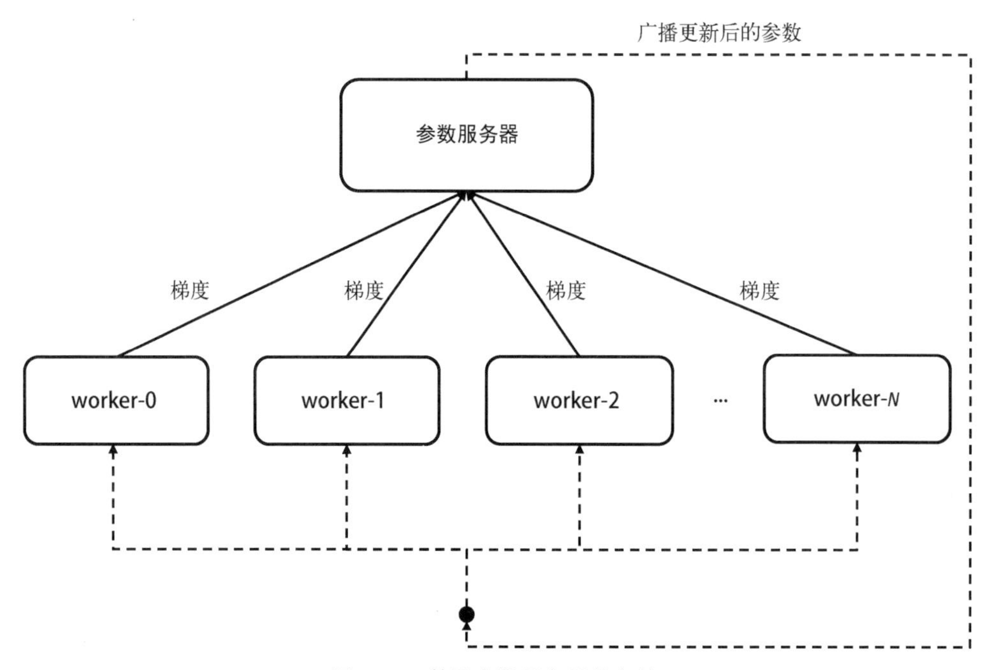

图 11-2 基于参数服务器的架构

基于参数服务器的架构容易理解，它具有星状的拓扑结构，有一个或一组服务器用来存储模型的参数。在这种架构下，众多 worker 服务器负责读取数据，执行前向和反向传播并计算出梯度。通过网络通信，这些 worker 把自己得到的梯度上传（push）到参数服务器。参数服务器收集所有 worker 的梯度并进行计算（通常是求平均）之后，各 worker 再从它那里下拉（pull）模型参数。

这种架构的主要问题是需要多个 worker 同时与参数服务器通信，所以参数服务器本身有可能成为性能瓶颈。又因为随着 worker 数量的增加，参数服务器的通信量也会线性增加，性能瓶颈会愈加显著，训练加速比可能会停滞在某个点位上。

基于规约的架构是一种去中心化的架构。典型的一种规约架构是 Ring AllReduce。区别于参数服务器的星状拓扑结构，Ring AllReduce 的多个 worker 通过网络组成了一个环。在这种架构下，每个 worker 依次把自己计算出的梯度同步给下一个 worker，这样的话，经过至多$2\times(N-1)$轮同步，就可以完成所有 worker 的梯度更新，如图 11-3 所示。

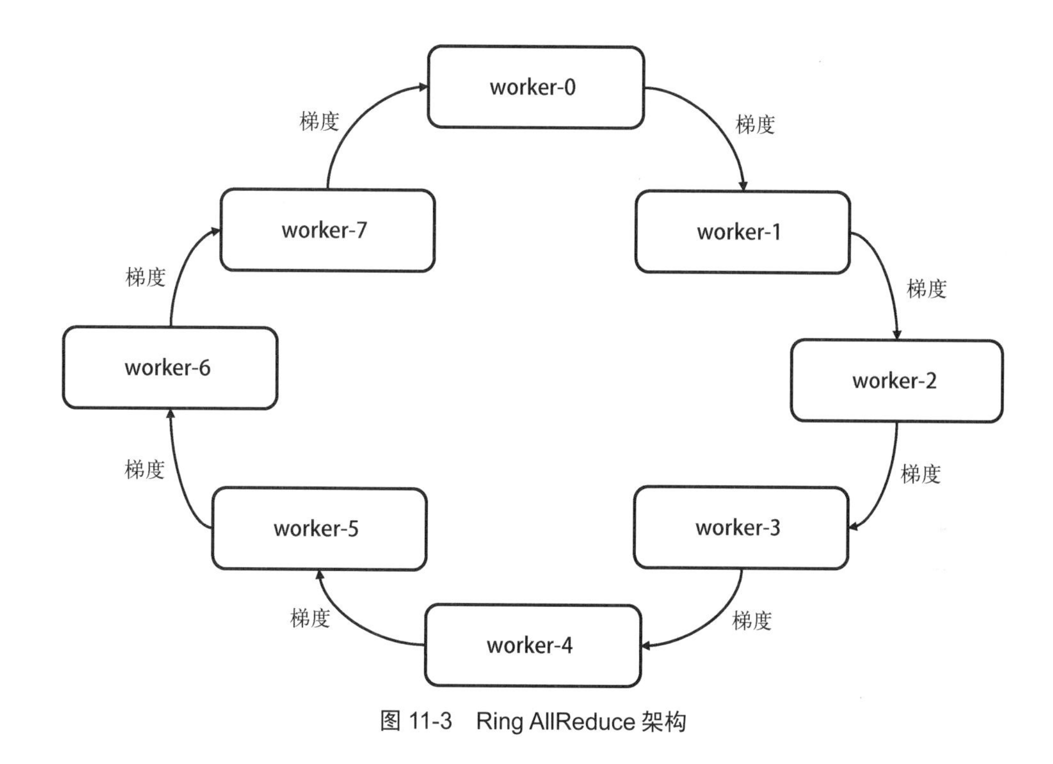

图 11-3　Ring AllReduce 架构

在这种架构下，所有 worker 节点的地位是平等的。这就能充分地利用每一台服务器的带宽，不存在某个节点的负载瓶颈。且随着 worker 数量的增加，单台服务器的通信量并不会随之增加（后文详细说明）。此外，训练加速比几乎可以跟机器数量呈线性关系。目前，越来越多的分布式训练采用了 Ring AllReduce 架构。

- 同步范式。在基于参数服务器的架构下，多个 worker 间的梯度同步需要通过一个中心节点参数服务器完成，这不可避免地会涉及多台 worker 间的合作。从这个角度看，worker 的模型更新一般有同步（sync）、异步（async）和混合三种模式。

  同步模式指的是，当所有 worker 都完成一次梯度计算和参数更新后，才开始下一轮的迭代。这种模式会出现木桶效应，即集群中的某些 worker 可能比其他 worker 慢，导致快 worker 不得不等待慢 worker，使得整个集群的速度上限受限于最慢的机器。同步模式如图 11-4 所示。

  异步模式则刚好相反，它的每个 worker 只关心自己的进度，完成梯度计算后就尝试更新。至于能否能跟其他的多少个 worker“互通有无”则完全随机，看运气。这种机制虽然避免了木桶效应，但是也引入了每个 worker 的参数的随机性。其过程非常不可控，有可能出现无法收敛的问题。异步模式如图 11-5 所示。

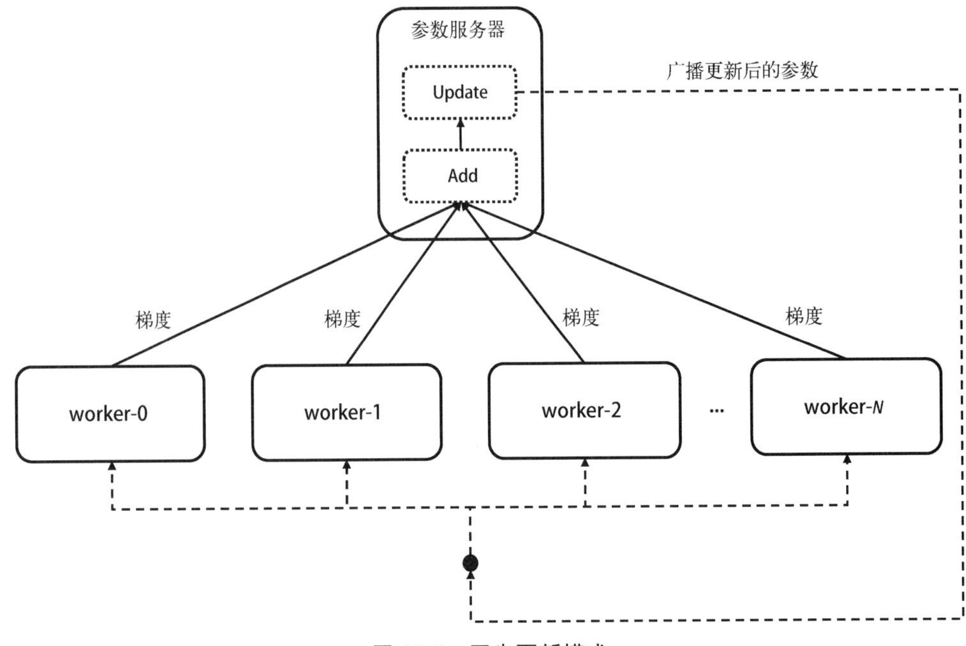

图 11-4 同步更新模式

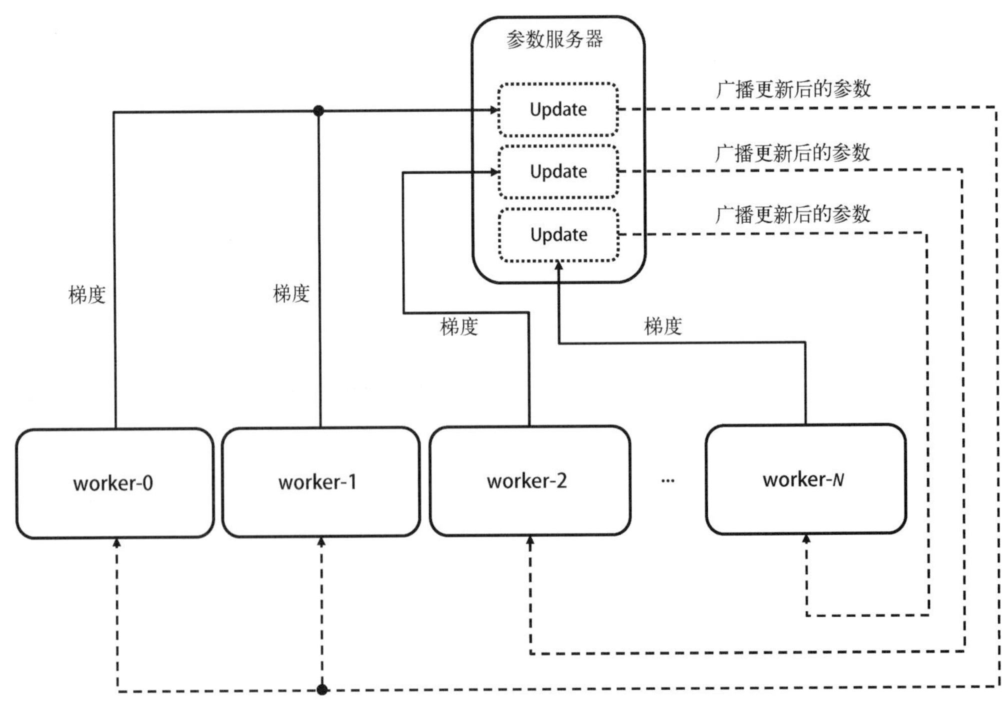

图 11-5 异步更新模式

混合模式结合了上述两种方式。它的各个 worker 都会等待其他 worker 完成梯度计算和参数更新，但不是永远等待，这个通过超时机制来完成。超时可以是超过某个时间窗口，也可以是到达某个最小分片数。如果超时了，等待的 worker 就只用当前获取到的梯度进行更新，从而避免了无意义的等待，那些没来得及完成计算的 worker 的梯度会被抛弃或另作处理。混合模式虽然也带来了一定的不可控性，但从实际效果看其影响并不显著。相对于确定性程序，这也是由机器学习模型训练具有的天然的随机性所决定的。事实上，混合模式对集群内部分节点的（低）性能甚至故障有一定的容忍度，在工业界应用最为普遍。

- 通信技术。合作训练模型的多台服务器之间需要互相通信。深度学习模型的参数量动辄上亿，这对服务器间通信性能的要求非常高。在分布式条件下，多进程、多服务器间如何通信，这就涉及进程间的通信技术。常见的进程间通信技术有 Socket、MPI、gRPC、RDMA、NCCL 等，这几种技术严格来讲并不在一个层次，本书也不是通信技术的专著，因此这里便不深究了。我们仅从分布式训练的角度介绍其中的几种常用技术。

  MPI 严格来讲是一种通信协议和通信框架，被广泛地应用在科学计算，尤其是超算领域。它被用来解决大规模的计算问题，但是在当前互联网界的机器学习任务中应用相对较少。出现这种现象的主要原因是其容错性一般，用在超算这种高度稳定的集群中还算可以，但是互联网大数据集群一般都是廉价的 x86 服务器，时时刻刻都可能出现稳定性的问题，一旦某个节点出现故障，整个训练任务都可能失败。

  我们在第 10 章中介绍 MatrixSlow-Serving 时，已经详细介绍并使用过 gRPC。由于其跨平台、高性能和易用性等特点，gRPC 是很多成熟的机器学习框架默认使用的通信技术。我们基于 MatrixSlow 框架的分布式训练也将继续使用 gRPC 作为通信技术。

  以 NVIDIA GPU 为主的高性能计算的普及是推动深度学习快速发展的重要动力之一。很多成熟的机器学习框架都支持 GPU，以加速大矩阵并行运算。NCCL（NVIDIA Collective Communications Library）是 NVIDIA 针对其 GPU 间通信所实现的规约库，它可以实现多 GPU 间的直接数据同步，避免 CPU 和 GPU 间的数据复制成本。

- 物理架构。GPU 的应用加速了机器学习尤其是深度学习模型的训练速度。但 GPU 是个外挂设备，在性质上属于异构计算，其编程和使用与 CPU 有着非常大的不同。因此，在使用 GPU 加速模型训练时的物理架构有些特殊，基于 GPU 的分布式物理架构基本上分为两种：单机多卡和多机多卡。前者使用一台安装多块 GPU 的服务器（严格意义上不属于分布式训练）；后者则使用多台服务器，其中每台服务器都安装多块 GPU。

单机多卡用同一台服务器上的多个 GPU 来实现分布式训练。它既可以是数据并行，也可以是模型并行。由于训练任务一般只有一个进程，多块 GPU 之间是通过多线程来通信的，模型参数和梯度在同一个进程内是共享的，因此大多数深度学习框架都很容易支持这种架构。也可以利用前面提到的 NCCL 技术实现多卡之间的直接数据同步。这种架构下不再需要一个显式的参数服务器，通过进程内的规约即可完成多块卡之间的梯度同步。

多机多卡则要复杂一些，但是抽象来看，多台机器间的关系是典型的分布式作业，可以使用上面提到的多种进程间的通信机制。如果单独只看其中的某一台机器，则它与单机多卡是相同的。在这种架构下，计算图在执行前会有两次“分裂”：先分裂到多台 worker 上，再分裂到一台 worker 的多个 GPU 上。

至此，我们介绍了分布式训练的基本原理和技术，接下来我们将基于它们扩展 MatrixSlow 框架，使之支持分布式的模型训练。作为讲解深度学习框架原理的书，我们无法把上面提到的所有技术和方案全都实现。这里只选择最常见、最有代表性的基于参数服务器的架构和 Ring AllReduce 架构两种。我们利用 gRPC 作为服务器间的通信技术，实现数据并行模式。其中基于参数服务器的架构还实现了同步更新和异步更新两种模式。因为 MatrixSlow 框架暂未支持 GPU，故仍然使用 CPU 为主的物理架构。

11.2 基于参数服务器的架构

基于参数服务器的架构（以下简称 PS 架构）是一种经典的 master-worker 模式。其中，多个 worker 节点负责读取训练数据，执行计算图的前向和反向传播计算梯度；一台或者多台服务器组成的 PS 节点则承担 master 的角色，负责收集各个 worker 节点的梯度，汇总这些梯度并更新模型参数，然后把更新后的参数再返回给各个 worker，从而实现梯度和参数在整个分布式训练集群的同步。如果模型非常大，参数众多导致一台服务器的内存无法完整地存储这些参数，则可用多台服务器组成分布式内存，它们共同承担 PS 的功能。

从网络架构的角度来看，这又是一种典型的 client-server 模式。其中，PS 承担了 server 的角色，是中心节点，提供梯度上传（`Push`）和参数下拉（`Pull`）两个服务接口；各个 worker 节点则充当的是 client 的角色，它们通过调用 server（PS）提供的 Push 接口把自己的梯度上传给 PS，然后再调用 Pull 接口把更新后的参数拉回到本地。故 PS 本身需要实现两部分：实现 Push 和 Pull 服务接口，以及实现汇总梯度和更新参数的逻辑。PS 架构的细节如图 11-6 所示。

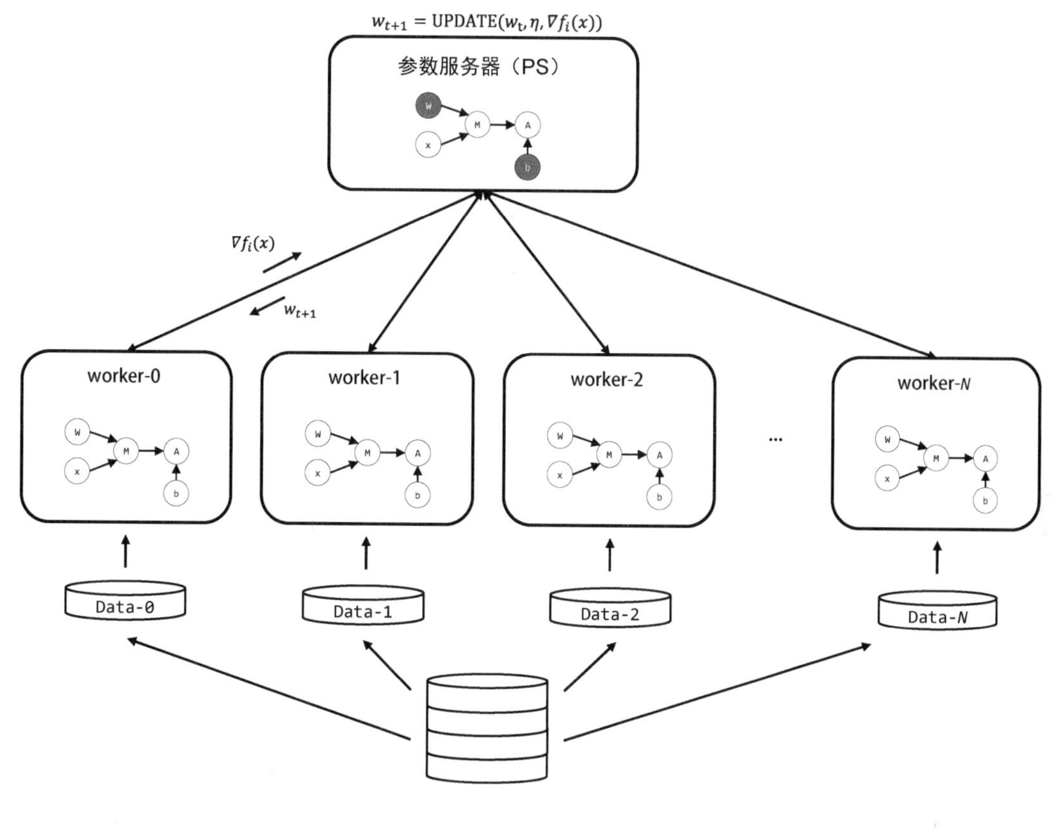

图 11-6　PS 架构的细节

这里有一点要提醒各位读者注意。PS 正如其名（参数服务器），它应该保存模型的参数。PS 先从各个 worker 节点那里收集梯度并汇总（求平均数），然后用汇总后的梯度更新模型参数。在这个过程中，更新可采用朴素梯度下降法或在第 3 章中介绍的各种变体，如 Adam、RMSProp 等。

梯度汇总只能由 PS 完成，因为只有它才能得到来自所有 worker 节点的梯度。但参数更新既可以先由 PS 完成，待其更新后再将参数下发给各个 worker 节点，也可以令 PS 将汇总后的平均梯度下发给各个 worker 节点，由它们自己更新模型参数。在理想情况下，所有 worker 节点所用的梯度都是一致的，它们各自保存的模型参数发生的变化也是一致的。

参数与梯度维度相同，这两个方式在传输数据的量上并没有区别。从 PS 这个名字来看，应该采用第一种方式。但考虑到应该与 MatrixSlow 框架的训练器概念相契合，我们采用的是第二种方式。这时，其实应该叫 GS——梯度服务器。这其实也没什么影响，只要读者理解就好。

与 MatrixSlow-Serving 类似，PS 的实现也可以利用 gRPC 和 protobuf 技术。我们首先用 protobuf 语法来定义 PS 的接口和输入、输出参数。其中，先定义一系列的基本数据结构，比如 Node，它表示计算图的节点，用来存储节点名称和类型；Matrix 表示矩阵；NodeGradients 使用两个长度相同的数组，一一对应地存储节点和节点的梯度累加值，同时它还维护变量 acc_no，以记录当前的梯度是多少个样本的梯度之和。详见代码（matrixslow/dist/proto/common.proto）：

```
syntax = "proto3";

// 计算图节点
message Node {
    string name = 1;
    string node_type = 2;
}

// 矩阵
message Matrix {
    repeated float value = 1;
    repeated int32 dim = 2;
}

// 利用两个数组存储节点和节点对应的梯度累加值
message NodeGradients {
    repeated Node nodes = 1;
    repeated Matrix gradients = 2;
    int32 acc_no = 3;
}

// 变量节点和对应的参数
message VariableWeightsReqResp {
    repeated Node variables = 1;
    repeated Matrix weights = 2;
}
```

以及（matrixslow/dist/proto/parameter_server.proto）：

```
syntax = "proto3";

import "common.proto";

service ParameterService {
    // Push 接口，各节点上传梯度
    rpc Push(ParameterPushReq) returns (ParameterPushResp) {}
    // Pull 接口，各节点下拉梯度
    rpc Pull(ParameterPullReq) returns (ParameterPullResp) {}
    // 变量节点初始化接口
    rpc VariableWeightsInit(VariableWeightsReqResp) returns (VariableWeightsReqResp) {}
}

// Push 请求，上传节点—梯度集合
message ParameterPushReq {
    NodeGradients node_gradients = 1;
```

```
}

// Push 返回，暂不需要返回任何数据
message ParameterPushResp {
}

// Pull 请求，携带需要下拉梯度的节点
message ParameterPullReq {
    repeated Node nodes = 1;
}

// Pull 返回，返回节点梯度
message ParameterPullResp {
    NodeGradients node_gradients = 1;
}
```

在上述代码中，Push 和 Pull 两个接口及其输入/输出参数都比较简单，这里不再赘述。第三个接口 VariableWeightsInit（参数初始化接口）则需要单独解释下。因为在单机训练的场景下，各变量节点的值是随机初始化的。但是在分布式训练场景下，如果多个 worker 节点也各自随机初始化自己的变量节点，则会导致模型参数在多个 worker 节点上不一致。

因此，PS 提供了 VariableWeightsInit 接口。每个 worker 节点在构建计算图时，都调用这个接口，并使用它返回的值来初始化变量节点，以保证各个 worker 节点的初始状态一致。其实，从理论和实践的效果来讲，各个 worker 节点的初始状态不一致对最终的训练结果影响并不是很大。还是那句话，模型训练允许一定程度的随机，有时随机甚至还是件好事。不过，从编程是为了实现一件事的角度，我们还得加上这个保证。使用 protoc 工具编译上述 proto 文件，将会自动生成一系列代码，接下来我们继承这些代码并实现 PS 的具体逻辑。

首先，我们实现 Push 接口。它先接收从各个 worker 节点发送过来的请求，然后从这些请求中解析出计算图中各个变量节点的梯度，并根据节点名称累加到相应的缓存中。同时，还要从这些请求中解析出产生这些梯度的样本数量，并累加到 acc_no 中。Pull 接口的实现则正好相反，各个 worker 节点调用 Pull 接口后，PS 就从缓存中把梯度累加值取出来，再除以总的样本数量 acc_no，从而得到梯度均值，并按照调用接口的节点相应地返回。用 MBGD 的术语来说，PS 返回的是一个批大小的样本的平均梯度，这里的批大小是 acc_no。之前的 worker 节点传上来的可以说是批大小中一个数据分块的梯度之和与样本数量。

前面曾经介绍过，分布式训练的梯度更新有同步、异步和混合三种范式。这几种不同的范式可以在 Push 和 Pull 接口中加以控制。以同步更新为例，各个 worker 节点需要在 PS 的指挥下，按照统一的“步调”调用 Push 和 Pull 接口，其流程图如图 11-7 所示。

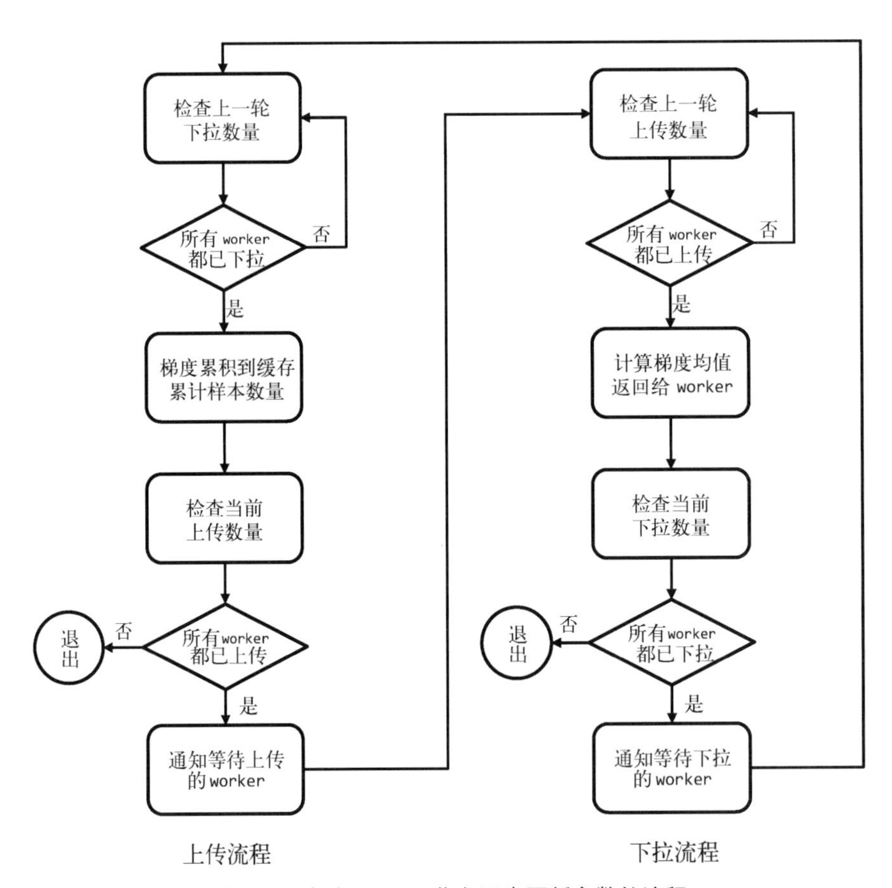

图 11-7　各个 worker 节点同步更新参数的流程

下面我们基于上述流程，在 PS 中分别实现 Push 接口和 Pull 接口的同步更新逻辑，请看代码（matrixslow/dist/ps/ps.py）：

```
class ParameterService(psrpc.ParameterServiceServicer):

    def __init__(self, worker_num, sync=True):

        # 节点梯度缓存
        self.node_gradients_cache = dict()

        # 变量参数权重缓存，用于初始化
        self.variable_weights_cache = dict()

        # PS 运行的是同步模式还是异步模式
        self.sync = sync
        self.worker_num = worker_num
        self.cur_push_num = 0
        self.cur_pull_num = self.worker_num
```

```
        self.cond = threading.Condition()
        self.push_lock = threading.Lock()
        self.init_lock = threading.Lock()
        self.is_init = False

        self.acc_no = 0


    def Push(self, push_req, context):
        '''
        把梯度上传到参数服务器并更新
        '''

        # 从请求中解析出各节点的梯度值和产生这些梯度的样本数量
        node_with_gradients, acc_no = self._deserialize_push_req(push_req)

        # 存储到本地缓存中
        if self.sync:
            self._push_sync(node_with_gradients, acc_no)
        else:
            self._push_async(node_with_gradients, acc_no)

        return pspb.ParameterPushResp()


    def _push_sync(self, node_with_gradients, acc_no):
        '''
        同步模式的上传操作
        '''
        # 加锁
        if self.cond.acquire():
            # 等待上一轮所有 worker 都下拉完成
            while self.cur_pull_num != self.worker_num:
                self.cond.wait()

            # 记录上传次数
            self.cur_push_num += 1

            # 把梯度更新到缓存
            self._update_gradients_cache(node_with_gradients)

            # 累计梯度数量
            self.acc_no += acc_no

            # 如果所有 worker 都上传梯度完成，通知所有 worker 从 PS 下拉梯度
            if self.cur_push_num >= self.worker_num:
                self.cur_pull_num = 0
                self.cond.notify_all()
            self.cond.release()
        else:
            self.cond.wait()
```

同理，Pull 接口的同步更新逻辑代码如下：

```
    def Pull(self, pull_req, context):
        '''
        从 PS 中下拉梯度
        '''
        if self.sync:
            resp = self._pull_sync()
        else:
            resp = self._pull_async()

        return resp


    def _pull_sync(self):
        '''
        同步模式的下拉操作
        '''
        # 加锁
        if self.cond.acquire():
            # 等待上一轮所有 worker 都上传完成
            while self.cur_push_num != self.worker_num:
                self.cond.wait()

            # 记录下拉次数
            self.cur_pull_num += 1

            # 计算梯度均值
            self._gradients_cache_mean()
            resp = self._serialize_pull_resp()

            # 如果所有 worker 都已完成下拉，通知 worker 开始上传梯度
            if self.cur_pull_num >= self.worker_num:
                self.cur_push_num = 0
                self._reset_gradients_cache()
                self.cond.notify_all()

            self.cond.release()
        else:
            self.cond.wait()

        return resp
```

在整个 `Push` 和 `Pull` 的过程中，多个 worker 节点单独运行，它们的行为是不可控的。当有的 worker 节点执行 `Push` 操作时，其他 worker 节点可能正在执行 `Pull` 操作。而同步更新要求所有的 worker 节点必须完全同步。也就是说，所有 worker 节点必须同时开始 `Push` 或 `Pull` 操作。

有过多线程开发经验的读者应该知道，这是典型的并发控制问题，可以通过信号量、锁和条件变量等机制来保证其实现。在 MatrixSlow 框架中，我们会使用一个条件变量 `self.cond` 来保证所有 worker 节点的 `Push` 和 `Pull` 操作有序。如果有的 worker 节点仍未完成 `Push` 操作，即便其他 worker 节点已经开始调用 `Pull` 操作了，这些“跑得快”的 worker 节点也必须先停下来，等待“跑得慢”的 worker 节点，直到接收到可继续执行的通知为止。同理，条件变量还会通过锁

机制来避免多个 worker 节点同时调用 Push 接口，以避免它们对梯度累积计算的不一致。

```
def _update_gradients_cache(self, node_with_gradients):
    '''
    按照变量节点名更新缓存的梯度值
    '''
    for node_name, gradient in node_with_gradients.items():
        if node_name in self.node_gradients_cache:
            exists_gradient = self.node_gradients_cache[node_name]
            assert exists_gradient.shape == gradient.shape
            self.node_gradients_cache[node_name] = exists_gradient + gradient
        else:
            self.node_gradients_cache[node_name] = gradient


def _gradients_cache_mean(self):
    '''
    对缓存的梯度值求平均值
    '''
    if self.acc_no != 0:
        for name, gradient in self.node_gradients_cache.items():
            self.node_gradients_cache[name] = self.node_gradients_cache[name] / self.acc_no

        self.acc_no = 0
```

以上代码是 PS 累积梯度和计算平均梯度的逻辑，其原理并不复杂。首先维护一个字典，当 worker 节点把梯度上传到 PS 时，PS 就按照节点名称将其累加并存储到字典中。字典中累加的是一个批大小的样本的梯度之和，这些样本被分给众多 worker 节点做前向和反向传播。在 worker 节点做下拉操作时，PS 把各个变量节点的累积梯度和除以样本数量，即可得到批大小的样本的平均梯度。

参数初始化接口 VariableWeightsInit 有多种实现，我们选择其中一种较为简单的方式。在训练开始之前，各个 worker 节点仍然先随机初始化自己的变量节点，然后再调用 VariableWeightsInit 接口把自己的参数值发送给 PS。PS 会以第一个到达的 worker 节点的初始值作为整个集群的初始值（先到先得）。剩余 worker 节点虽然也提交了自己的参数值，但会被 PS 直接丢弃。总结一下，所有 worker 节点都会通过接口的返回值得到第一个到达 PS 的 worker 节点的初始值，然后使用这份初始值再次初始化自身，从而保证整个集群参数初始化的一致性。

```
def VariableWeightsInit(self, varibale_weights_req, context):
    '''
    权值变量初始化接口。多个 worker 节点同时把自身的初始值发送到 PS
    PS 简单地使用第一个到达的 worker 节点的初始值，将其返回给其他 worker 节点
    '''
    self.init_lock.acquire()

    # 如果未初始化，使用第一个 worker 节点的初始值
    if not self.is_init:
```

```
        self.variable_weights_cache = DistCommon._deserialize_proto_variable_weights(
            varibale_weights_req)

    # 其他 worker 节点使用已经存在的初始值
    resp = DistCommon._serialize_proto_variable_weights(
        self.variable_weights_cache)
    self.is_init = True
    self.init_lock.release()

    return resp
```

至此，PS 架构的 server 端逻辑已经基本完成，现在开始讨论 client 端的实现，也就是各个 worker 节点的逻辑。worker 节点才是真正的训练执行者，其主要流程与在第 9 章中介绍过的模型训练流程（trainer）几乎一致，除了以下三点不同。

(1) 初始化变量节点时，各个 worker 节点通过调用 PS 的 `VariableWeightsInit` 接口，同步其初始化变量节点，以保证整个集群的初始模型一致。
(2) 读取训练数据后执行前向和反向传播，但需要将计算得到的梯度上传到 PS，等待与其他 worker 节点的梯度汇总。
(3) 调用 PS 的接口 `Pull` 拉回所有 worker 节点的平均梯度，然后使用优化器更新自身的变量节点，即模型参数。

其实，这是另外一种特殊的训练器。在第 9 章中，我们把 `Trainer` 设计成了可扩展基类，预留了两个接口，分别是参数初始化接口`_variable_weights_init` 和梯度更新接口`_optimizer_update`。现在我们先继承 `Trainer` 类，然后实现一个针对 PS 架构的训练器 `DistTrainerParameterServer`。覆盖以上两个接口并实现 PS 架构的三个不同点，请看代码（matrixslow/trainer/dist_trainer.py）：

```
class DistTrainerParameterServer(Trainer):

    def __init__(self, *args, **kargs):
        Trainer.__init__(self, *args, **kargs)
        cluster_conf = kargs['cluster_conf']
        ps_host = cluster_conf['ps'][0]
        self.ps_client = ps.ParameterServiceClient(ps_host)


    def _variable_weights_init(self):
        '''
        多个 worker 节点通过 PS 保证变量节点初始化的一致性
        '''
        var_weights_dict = dict()
        for node in default_graph.nodes:
            if isinstance(node, Variable) and node.trainable:
                var_weights_dict[node.name] = node.value

        # 把自己的初始参数值发送给 PS，由 PS 决定使用哪个 worker 的值并返回
        duplicated_var_weights_dict = self.ps_client.variable_weights_init(
```

```
            var_weights_dict)

        # 使用 PS 返回的初始值，重新初始化本地参数
        for var_name, weights in duplicated_var_weights_dict.items():
            update_node_value_in_graph(var_name, weights)

        print('[INIT] worker variable weights initialized')


    def _optimizer_update(self):

        # 把当前梯度上传到 PS 上。此操作可能会被阻塞（block），直到所有节点都下拉完成
        acc_gradient = self.optimizer.acc_gradient
        self.ps_client.push_gradients(
            acc_gradient, self.optimizer.acc_no)

        # 从 PS 那里把所有节点的平均梯度拉回来
        # 此操作可能被阻塞，直到所有节点都上传完成
        node_gradients_dict = self.ps_client.pull_gradients()

        # 使用得到的平均梯度，利用优化器的优化算法，更新本地变量
        self.optimizer.update(node_gradients_dict)
```

DistTrainerParameterServer 训练器使用客户端服务类 ParameterServiceClient 与 PS 架构通信。这个客户端类同样是由 gRPC 自动生成的代码扩展而来的。在初始化客户端时传入 PS 架构的 IP 地址和端口号，然后利用 gRPC 存桩完成与 PS 的通信。在训练器的构造函数中传入集群配置 cluster_conf，这个配置以 JSON 格式描述了整个训练集群的详情，包括 PS 的 IP 地址和端口号，以及各 worker 节点的 IP 地址和端口号。类 ParameterServiceClient 的实现比较简单，请读者自行阅读代码（matrixslow/dist/ps/ps.py）：

```
cluster_conf = {
    "ps": [
        "192.168.1.100:5000"
    ],

    "workers": [
        "192.168.1.200:6000",
        "192.168.1.201:6002",
        "192.168.1.202:6004"
    ]
}
```

现在，我们可以使用 PS 架构进行分布式模型训练了。只要对之前的训练代码稍作修改，用新的 PS 训练器 DistTrainerParameterServer 取代原来的 SimpleTrainer 训练器即可。传入训练集群的配置，构建起一个分布式训练集群，详见代码（matrixslow/example/ch11/ps_example.py）：

```
def train(worker_index):

    # 搭建计算图，略
```

```
    ...

    # 优化器
    optimizer = ms.optimizer.RMSProp(ms.default_graph, loss, learning_rate)

    # 评估指标
    accuracy = ms.ops.metrics.Accuracy(output, one_hot)

    # 使用 PS 训练器，传入集群配置信息
    trainer = DistTrainerParameterServer([x], one_hot, loss, optimizer,
                                         epoches=5, batch_size=32,
                                         eval_on_train=True, metrics_ops=[accuracy],
                                         cluster_conf=cluster_conf,
                                         worker_index=worker_index)

    trainer.train_and_eval({x.name: X}, one_hot_label,
                           {x.name: X}, one_hot_label)


if __name__ == '__main__':
    parser = argparse.ArgumentParser()
    parser.add_argument('--role', type=str)
    parser.add_argument('--worker_index', type=int)

    args = parser.parse_args()

    role = args.role

    # 如果是 PS 角色，启动 PS 服务器，等待 worker 节点连入
    if role == 'ps':
        server = ps.ParameterServiceServer(cluster_conf, sync=True)
        server.serve()
    else:
        # 如果是 worker 角色，则需要指定自己的 index
        worker_index = args.worker_index
        train(worker_index)
```

在不同的服务器上分别运行这个脚本，运行过程中，通过--role 参数来指定当前服务器的角色。如果角色是 PS，则只运行 PS 架构的逻辑，它监听某个端口号并等待 worker 节点的连入。如果角色是 worker，则指定这个 worker 节点的 index。每个 worker 节点各自搭建计算图，利用 PS 完成自己的参数初始化，读取训练数据并执行前向和反向传播，最后通过 PS 完成整个训练集群的梯度同步。以下是由 1 个 PS 架构和 3 个 worker 节点构建的分布式训练的运行日志：

```
# PS 节点
$ python ps_example.py --role ps
[PS] Parameter server (mode: Sync) running on 192.168.1.100:5000 and worker num 3

# worker0 节点
$ python ps_example.py --role worker --worker_index 0
[GRPC] Connected to parameter service: 192.168.1.100:5000
[INIT] worker variable weights initialized
```

```
[INIT] Variable weights init finished
- Epoch [1] train start, batch size: 32, train data size: 1
-- iteration [99] finished, time cost: 185.35  and loss value: 1.098612

# worker1 节点
$ python ps_example.py --role worker --worker_index 1
[GRPC] Connected to parameter service: 192.168.1.100:5000
[INIT] worker variable weights initialized
[INIT] Variable weights init finished
- Epoch [1] train start, batch size: 32, train data size: 1
-- iteration [99] finished, time cost: 46.46  and loss value: 1.098612

# worker2 节点
$ python ps_example.py --role worker --worker_index 2
[GRPC] Connected to parameter service: 192.168.1.100:5000
[INIT] worker variable weights initialized
[INIT] Variable weights init finished
- Epoch [1] train start, batch size: 32, train data size: 1
-- iteration [99] finished, time cost: 153.14  and loss value: 1.098612
```

至此，我们已经实现了 PS 架构的分布式训练机制。PS 架构借鉴了很多分布式系统的思想，即通过中心 PS 与众多 worker 节点构建一个星状的拓扑结构。其中，PS 承担了“协调者”和“中间人”的角色。

上面我们先具体实现了 PS 的 `Push` 和 `Pull` 接口，然后通过继承 `Trainer` 类实现了 PS 架构训练器类 `DistTrainerParameterServer`。这个特殊的训练器实现了 worker 节点和 PS 之间的同步更新范式。此外，MatrixSlow 框架还实现了异步更新范式。这并不复杂，感兴趣的读者请自行阅读代码。

由于 PS 架构存在中心 PS 节点，因此每一个 worker 节点都需要与该节点做大量的通信。随着 worker 节点数量的增加，中心 PS 节点的通信量也会呈线性增长。这时，如果模型的参数量很大，中心 PS 节点就很容易成为整个集群的瓶颈，从而拖慢分布式训练的速度。针对 PS 架构的这个缺陷，人们提出了一系列新的架构，基于规约（Reduce）的架构就是其中一种，这将在下一节中详细介绍。

11.3　Ring AllReduce 原理

规约是函数式编程中的一个经典概念。狭义地讲，规约是通过一个映射把一个大问题或者大数据转化成一个小问题或小数据。高性能计算领域的 MPI 框架提供了 MPI_Reduce 和 MPI_AllReduce 操作，它们会对多个节点的数据执行某种规约操作，然后返回给主节点或者各工作节点。在此基础上，又衍生出了环状的 Ring AllReduce、树状的 Tree AllReduce 等多种架构。回到机器学习领域，分布式训练中的梯度同步也符合 Reduce 模式。人们把 Ring AllReduce 思想和架构应用到模型训练中，较好地解决了在上节结尾提到的 PS 架构下的单点带宽瓶颈问题。

回顾图 11-3，Ring AllReduce 是一个环状拓扑结构。在环状结构中不存在中心节点，其各个节点的地位是相同的。梯度同步时，每个 worker 节点只向其右边的邻居发送数据，并从左边的邻居那里接收数据。这样的架构可以充分地利用其中每个节点的带宽资源，避免中心节点的瓶颈问题。更重要的是，由于梯度被平均放到了不同的节点上，所有节点之间完成一次同步所需要的通信量只跟参数总量有关，而与集群中的节点数量无关。因此，这种架构下的模型训练效率随着集群规模的增加几乎呈线性增长。

我们看一下 Ring AllReduce 架构的原理。它分为 Split、ScatterReduce 和 AllGather 三个步骤。Split 根据集群的规模N，把需要同步的数据（模型参数）平均划分成N份。在 ScatterReduce 步骤中，各个节点依次交换数据，使得每个节点只包含最终结果的一部分（$1/N$）。在 AllGather 步骤中，各个节点再次交换数据，最终得到完整的最终结果。下面我们以$N = 5$为例来做详细的说明。

首先，如图 11-8 所示，在每个节点上把模型参数平均划分为 5 个数据分块（Split）。接下来，开始 ScatterReduce 操作。这个操作会迭代执行$N - 1$次。其中每一次迭代，各个节点会向其右邻居顺序发送自身数据块的$1/N$。比如 worker-0 节点会向 worker-1 节点发送a_0数据块，同时从 worker-4 节点那里接收 e_4数据块，并与自身的e_0数据块累加起来，如图 11-9 所示。

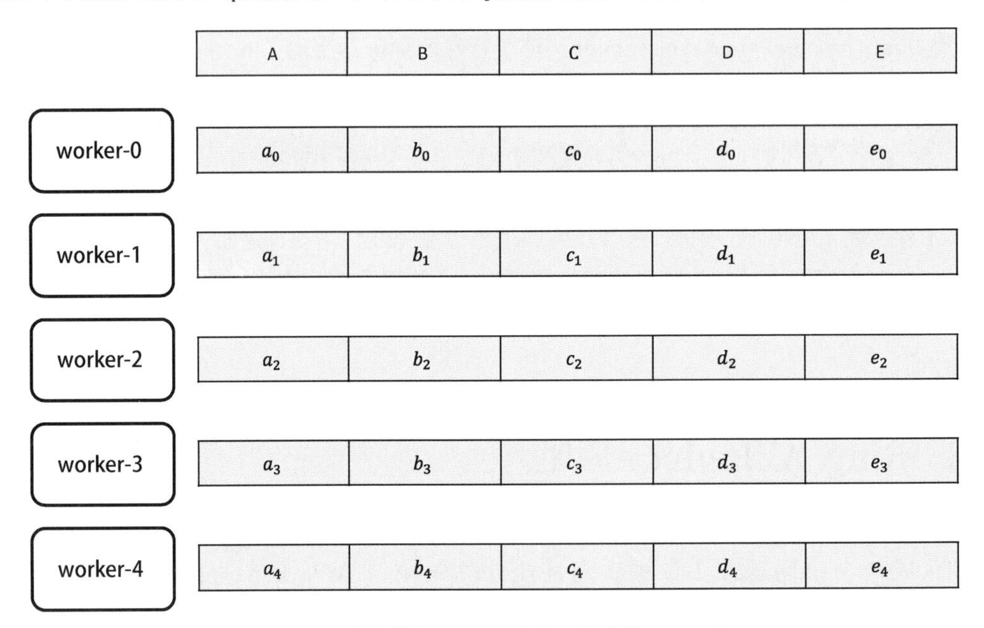

图 11-8　节点数据平均划分为 5 个分块（Split）

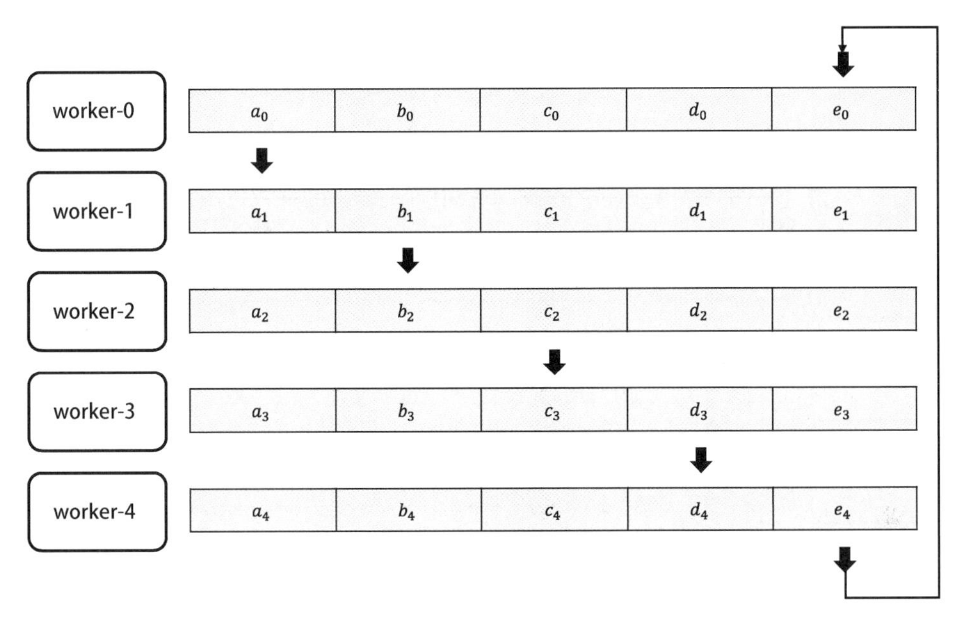

图 11-9　开始第一次 ScatterReduce 操作

第一轮迭代完成后，每个节点上都将存在这样一个数据块：其内容累加了来自两个 worker 节点的数据。比如，在 worker-1 节点的第一个数据块a_1中，此时包含着来自于 worker-0 节点的a_0数据。之后，开始执行第二次 ScatterReduce 操作，如图 11-10 所示。

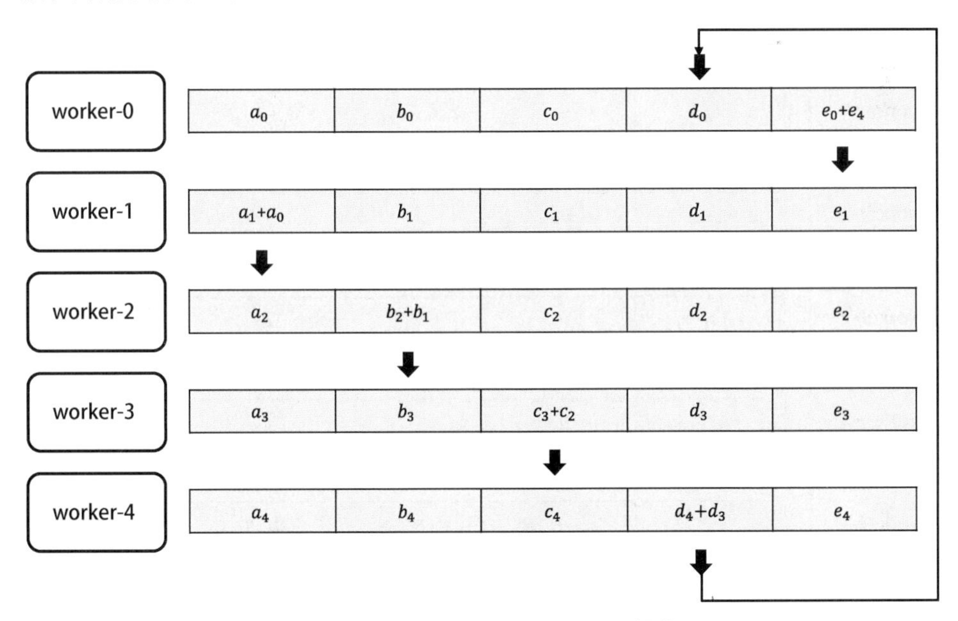

图 11-10　第二次 ScatterReduce 操作

第二次 ScatterReduce 操作完成后，开始第三次，如图 11-11 所示。

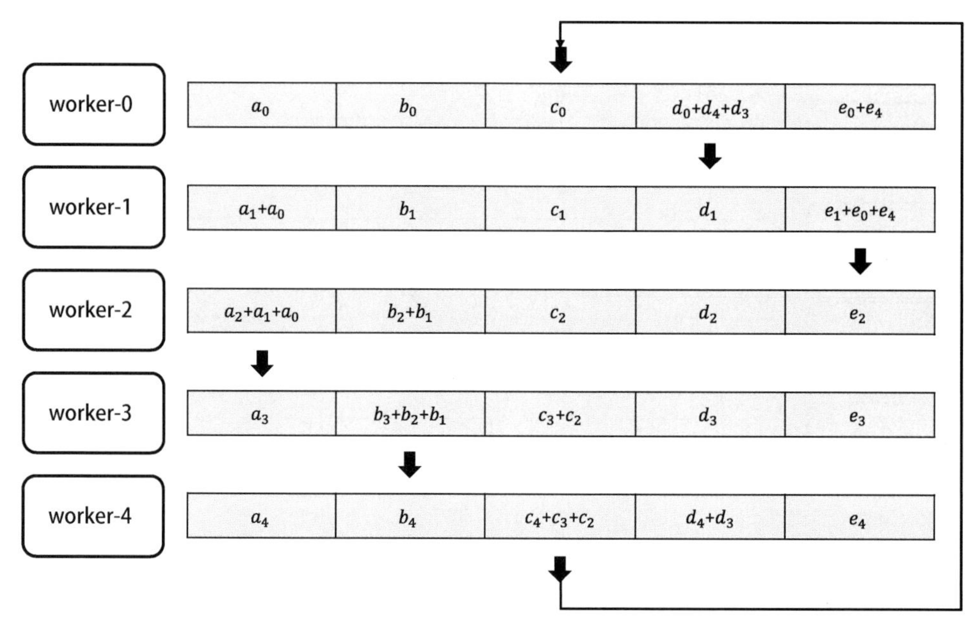

图 11-11　第三次 ScatterReduce 操作

第三次 ScatterReduce 操作完成后，开始最后一次 ScatterReduce 操作，如图 11-12 所示。

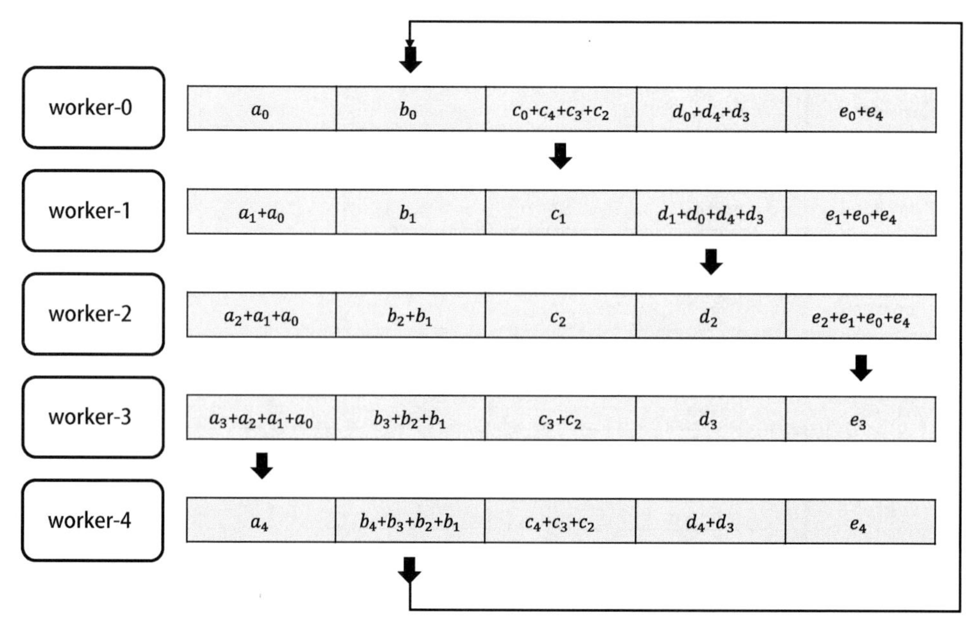

图 11-12　最后一次 ScatterReduce 操作

ScatterReduce 操作阶段完成后，各个 worker 节点上的数据如图 11-13 所示。

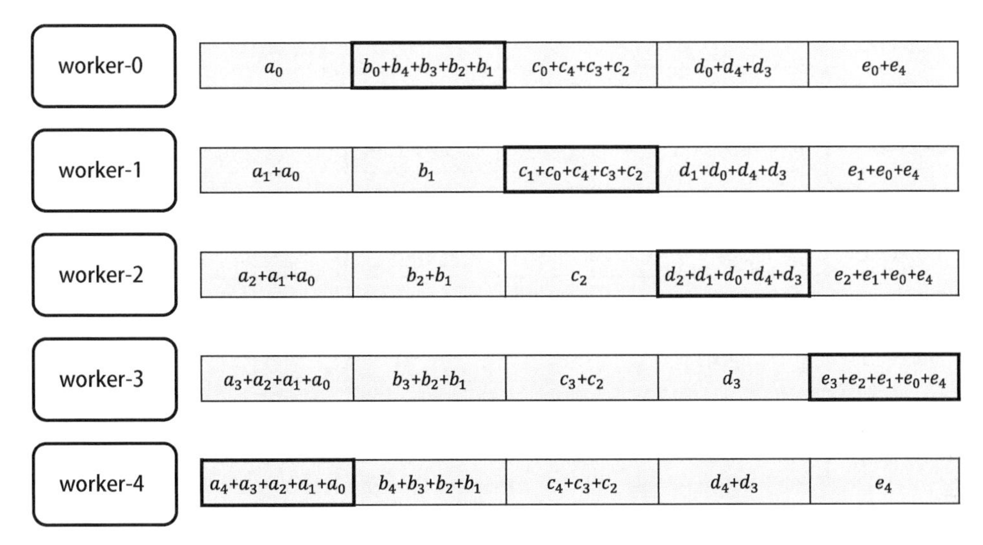

图 11-13　ScatterReduce 操作阶段完成时的各 worker 节点状态

在同样的过程共执行了$N-1$次后，ScatterReduce 操作阶段完成。此时，每个节点都有这样一个数据块，它累加了其他所有 worker 节点相应数据块的数据。比如 worker-0 节点的第二个分块中的数据是$b_0+b_4+b_3+b_2+b_1$，这也是 B 分块的最终结果。其他节点则各自汇总了不同数据分块的最终结果，如图 11-13 中的粗线框所示。

接下来，AllGather 操作过程会再次在集群中进行同步操作。AllGather 操作与 ScatterReduce 操作类似，各个 worker 节点仍然是向各自的右邻居发送数据且从左邻居接收数据。不同点在于，AllGather 操作覆盖数据，而不是累加数据。如图 11-14 所示，worker-0 节点把 B 数据块发送给 worker-1 节点后，直接覆盖了 worker-1 节点在此分块上的结果（因为只有 worker-0 节点的 B 数据块才是最终结果）。同理，worker-0 节点在接收来自于 worker-4 节点的 A 数据块后，就覆盖了自身的 A 数据块。

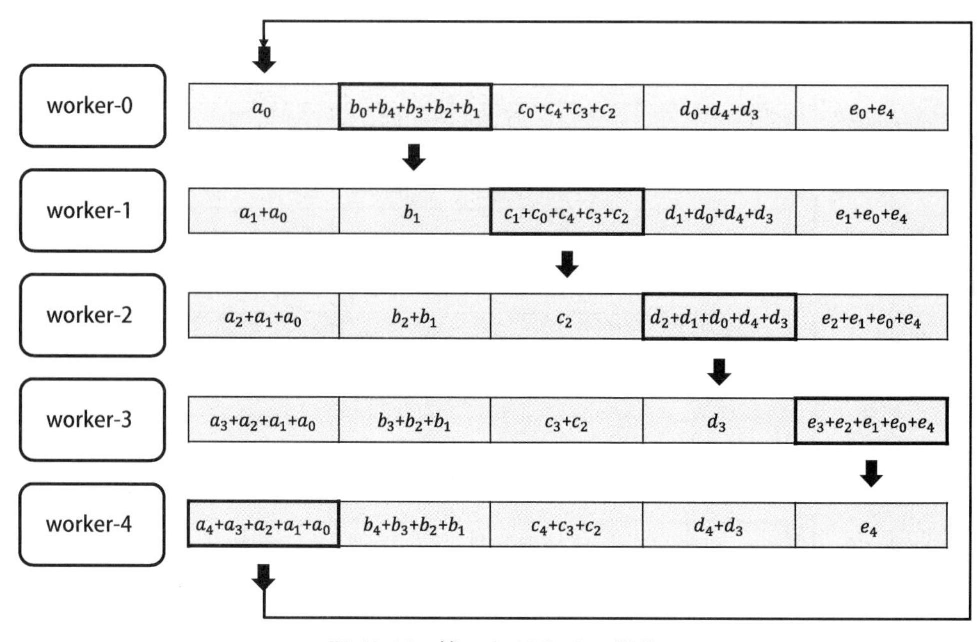

图 11-14　第一次 AllGather 操作

接着，第二、三和四（最后一次）次 AllGather 操作分别如图 11-15、图 11-16 和图 11-17 所示。

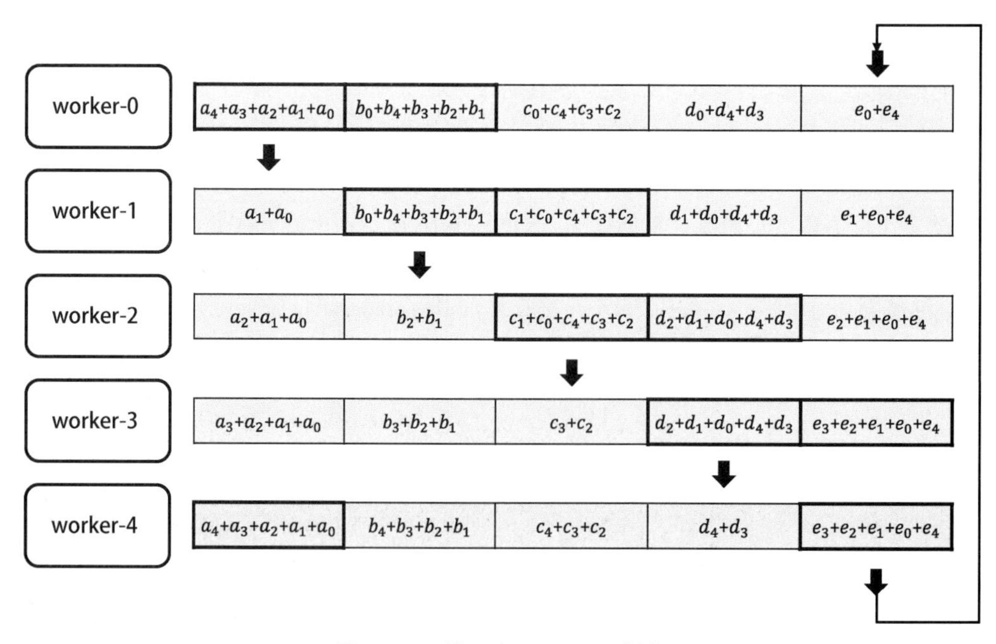

图 11-15　第二次 AllGather 操作

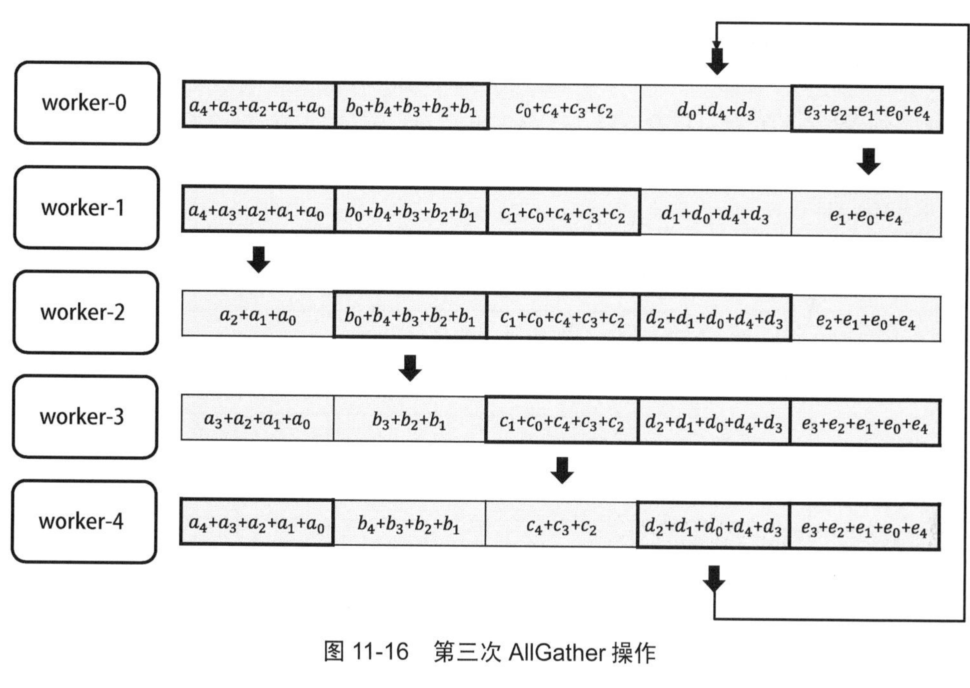

图 11-16 第三次 AllGather 操作

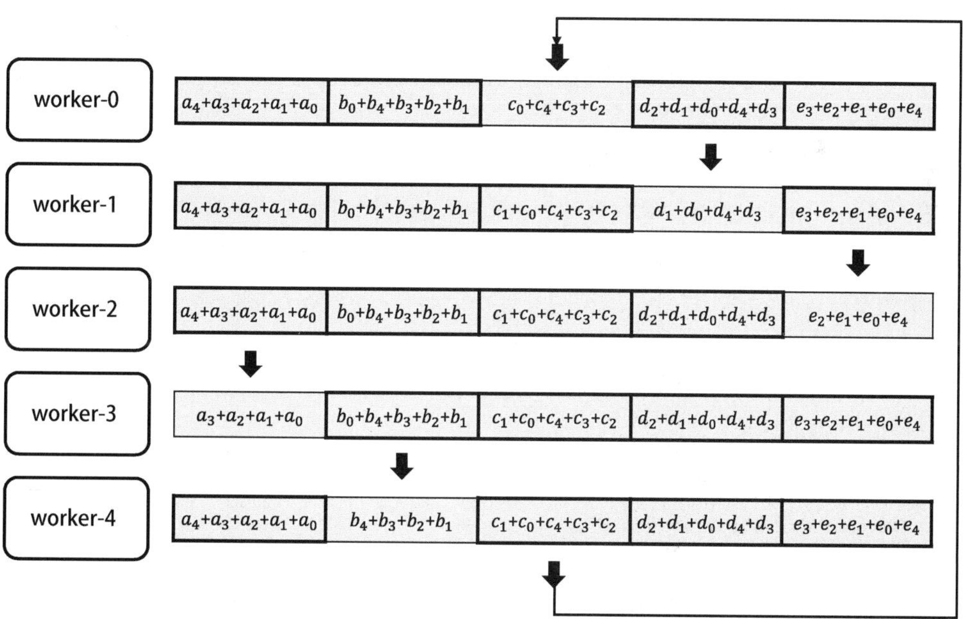

图 11-17 最后一次 AllGather 操作

AllGather 操作迭代执行 $N-1$次后，所有 worker 节点的所有数据块就都包含了来自于其他

worker 节点的数据。最终，经过$N-1$次 ScatterReduce 操作和$N-1$次 AllGather 操作后，整个集群就完成了数据同步，结果如图 11-18 所示。我们来计算一下在整个同步过程中产生的数据传输量。假设每个节点上的数据量是M，每一次操作各个 worker 节点发送的数据量是M/N，接收的数据量也是M/N，则总传输量是：

$$2\times(N-1)\times\frac{M}{N}=O(M)$$

worker-0	$a_4+a_3+a_2+a_1+a_0$	$b_0+b_4+b_3+b_2+b_1$	$c_1+c_0+c_4+c_3+c_2$	$d_2+d_1+d_0+d_4+d_3$	$e_3+e_2+e_1+e_0+e_4$
worker-1	$a_4+a_3+a_2+a_1+a_0$	$b_0+b_4+b_3+b_2+b_1$	$c_1+c_0+c_4+c_3+c_2$	$d_2+d_1+d_0+d_4+d_3$	$e_3+e_2+e_1+e_0+e_4$
worker-2	$a_4+a_3+a_2+a_1+a_0$	$b_0+b_4+b_3+b_2+b_1$	$c_1+c_0+c_4+c_3+c_2$	$d_2+d_1+d_0+d_4+d_3$	$e_3+e_2+e_1+e_0+e_4$
worker-3	$a_4+a_3+a_2+a_1+a_0$	$b_0+b_4+b_3+b_2+b_1$	$c_1+c_0+c_4+c_3+c_2$	$d_2+d_1+d_0+d_4+d_3$	$e_3+e_2+e_1+e_0+e_4$
worker-4	$a_4+a_3+a_2+a_1+a_0$	$b_0+b_4+b_3+b_2+b_1$	$c_1+c_0+c_4+c_3+c_2$	$d_2+d_1+d_0+d_4+d_3$	$e_3+e_2+e_1+e_0+e_4$

图 11-18　AllGather 操作阶段完成

由于在 Ring AllReduce 中，各个节点是平等的，故它们的数据传输量是恒定的，与集群规模无关。并且，集群效率随着集群规模的增加呈线性增长。与之作为对比，再来计算一下在同样情况下 PS 架构的数据传输量，在一次梯度同步过程中，N台 worker 节点都需要和中心 PS 节点进行一次通信，则 PS 节点的总通信量是：

$$N\times M$$

可以看出，PS 架构的总通信量与集群规模呈线性关系。因此，当集群规模较大或模型较大时，PS 架构会很容易出现带宽瓶颈，从而影响整个集群的效率。这也正是 Ring AllReduce 架构的优势所在。

11.4　Ring AllReduce 架构实现

在上面，我们详细介绍了 Ring AllReduce（后面简称 Reduce）架构的原理。现在我们来扩展 MatrixSlow 框架，以令它支持 Reduce 架构下的分布式训练。从工程角度来讲，Reduce 架构也是一种 client-server 模式。略微特殊的一点在于，该架构下集群中的每个节点同时承担了 client 和 server 两种角色。对于某个 worker 节点来说，它既是其右邻居的 client，要把自身的梯度发送出去。同时，它也是其左邻居的 server，负责接收来自于左邻居的梯度。

在这里，我们仍然使用 gRPC 和 protobuf 来定义 Reduce 架构下的服务接口和输入/输出参数，请看协议文件（matrixslow/dist/proto/allreduce.proto）：

```
service RingAllReduceService {
    rpc VariableWeightsInit(VariableWeightsReqResp)
        returns (VariableWeightsReqResp) {}
    rpc Receive(RingAllReduceReq)
        returns (RingAllReduceResp) {}
}

message RingAllReduceReq {
    enum Stage {
        INIT = 0;
        SCATTER = 1;
        GATHER = 2;
    }
    Stage stage = 1;
    NodeGradients node_gradients = 2;
}

message RingAllReduceResp {
}
```

在上述代码中，我们先重用了在 PS 架构中已经定义过的数据结构 `NodeGradients`。这个数据结构分别用两个数组来存储计算图中的节点和各节点的梯度累加值。接着，定义了 Reduce 架构中的服务接口 `Receive`，这个接口用于接收节点的左邻居发送来的数据请求 `RingAllReduceReq`。该请求中包含着计算图里的变量节点及其梯度数据，同时还指定了当前操作是 `SCATTER` 步骤还是 `GATHER` 步骤。由于 Reduce 架构同样要解决多个 worker 节点的初始化一致性问题，因此还定义了 `VariableWeightsInit` 接口，用于在初始化时保证集群内各 worker 节点的变量节点一致。

现在，我们继承 gRPC 自动生成的代码来定义 `RingAllReduceService` 类，并实现其中的 `Receive` 方法。这个方法用来解析左邻居发送来的节点和梯度，它会根据当前是处于 `SCATTER` 阶段还是 `GATHER` 阶段分别调用不同的回调函数：`self.scatter_fn` 或 `self.gather_fn`。这两个回调函数会在类实例化时从外部传入。参数节点的初始化回调函数 `self.vars_init_fn` 也是类似的。

`RingAllReduceService` 类的代码详见 matrixslow/dist/allreduce/allreduce.py。客户端 `RingAllReduceClient` 类也类似，这里不做过多介绍。

```
class RingAllReduceService(arrpc.RingAllReduceServiceServicer):

    def __init__(self, vars_init_fn, scatter_fn, gather_fn):

        # 参数初始化回调函数，由外部的 trainer 传入
        self.vars_init_fn = vars_init_fn

        # scatter 回调函数，由外部的 trainer 传入
        self.scatter_fn = scatter_fn

        # gather 回调函数，由外部的 trainer 传入
        self.gather_fn = gather_fn


    def VariableWeightsInit(self, varibale_weights_req, context):
        '''
        变量节点初始化。接收上一个 worker 节点发送来的初始值并更新自身的变量节点值
        '''
        variable_weights_cache = DistCommon._deserialize_proto_variable_weights(
            varibale_weights_req)
        self.vars_init_fn(variable_weights_cache)

        return common_pb2.VariableWeightsReqResp()


    def Receive(self, send_req, context):
        stage = send_req.stage

        # 从 gRPC 请求中解析出发送来的节点和梯度
        node_gradients_dict = DistCommon._deserialize_proto_node_gradients(
            send_req.node_gradients)

        # 接收到左邻居的请求，根据当前阶段的不同，执行不同的回调函数
        if stage == arpb.RingAllReduceReq.SCATTER:
            acc_no = send_req.node_gradients.acc_no
            self.scatter_fn(node_gradients_dict, acc_no)
        elif stage == arpb.RingAllReduceReq.GATHER:
            self.gather_fn(node_gradients_dict)
        else:
            print(
                '[ALLREDUCE] Invalid ring all-reduce stage: {}, it should be either
                SCATTER or GATHER'.format(stage))

        return arpb.RingAllReduceResp()
```

在上述代码中，RingAllReduceService 类需要的三个回调函数就是 Reduce 架构的真正逻辑。为什么要把这三个操作定义成回调函数而不是直接实现呢？这三个函数在哪里定义更合适？做此设计的主要原因是每个worker节点都要同时承担client和server两种角色，它们既要发送数据，又要接收数据。并且各个 worker 节点每完成一轮梯度同步共需要两个步骤，而每个步骤又都需要迭代执行$N-1$次。这个流程的正确运行既需要自身的条件控制，又需要跟集群中的其他 worker 节点协调配合，保持一致。

综上所述，这个逻辑比较复杂，它不太容易能够简单地在 RingAllReduceService 类中完全实现。因此，需要采用函数回调的方式把复杂的逻辑抽象到服务的外部，从而把服务逻辑和训练逻辑解耦。由于上述逻辑发生在 worker 节点上，是在完成一轮数据读取，执行前向和反向传播并计算梯度后触发的，因此它最合适的实现位置在训练器中，请看代码（matrixslow/trainer/dist_trainer.py）：

```
class DistTrainerRingAllReduce(Trainer):
    '''
    Ring AllReduce 模式的分布式训练
    '''

    def __init__(self, *args, **kargs):
        Trainer.__init__(self, *args, **kargs)

        # 读取集群配置信息和自身信息
        self.cluster_conf = kargs['cluster_conf']
        self.worker_index = kargs['worker_index']

        self.workers = self.cluster_conf['workers']
        self.worker_num = len(self.workers)
        self.host = self.workers[self.worker_index]

        self.step = self.worker_num - 1

        # 根据集群的环状拓扑结构确定右邻居
        self.target_host = self.workers[(
            self.worker_index + 1) % self.worker_num]

        # 本节点是否已被初始化
        self.is_init = False
        self.init_cond = threading.Condition()

        self.cur_partion_index = self.worker_index
        self.partition = []

        # 获取所有可训练节点
        self.variables = get_trainable_variables_from_graph()

        # 根据 worker 节点的总数量，对即将更新的变量节点列表进行等长切分
        self._partition_variables()

        # 用于控制梯度发送和接收
        self.is_received = False
        self.received_gradients = None
        self.received_acc_no = None
        self.cond = threading.Condition()

        # 创建本节点的梯度接收服务
        allreduce.RingAllReduceServer(
            self.host, self.worker_index,
            self._variable_weights_init_callback,
```

```
            self._scatter_callback,
            self._gather_callback).serve()

        # 创建连接目标节点的梯度发送客户（client）
        self.client = allreduce.RingAllReduceClient(self.target_host)
```

在上述代码中，我们继承基类 Trainer，并针对 Reduce 架构实现了一个新的训练器类 DistTrainerRingAllReduce。该训练器的构造函数接收到集群的配置信息后，先从中解析出集群大小 self.worker_num 和当前节点的右邻居节点信息；然后调用 _partition_variables 方法，根据集群大小把所有的可训练变量节点平均分成 self.worker_num 个分块。

接着，实例化 gRPC 客户端类 RingAllReduceClient，在其构造函数中传入右邻居的 IP 和端口号，用于发送梯度。此外，还需要实例化 gRPC 服务端类 RingAllReduceServer，用于接收左邻居发来的梯度。服务端类的构造函数接受以下三个回调函数。

- self._variable_weights_init_callback 函数，在节点执行参数初始化时被调用。
- self._scatter_callback 函数，在节点执行 ScatterReduce 操作时被调用。
- self._gather_callback 函数，在节点执行 AllGather 操作时被调用。

下面先看一下参数初始化方法的实现：

```
def _variable_weights_init(self):

    var_weights_dict = dict()
    for node in default_graph.nodes:
        if isinstance(node, Variable) and node.trainable:
            var_weights_dict[node.name] = node.value

    # 第一个节点不需要等待，使用默认值更新给下一个节点
    if self.worker_index == 0:
        self.client.variable_weights_init(var_weights_dict)
    else:
        # 若不是第一个节点，则首先等待被其左邻居调用
        self.init_cond.acquire()
        while not self.is_init:
            self.init_cond.wait()
        self.init_cond.release()
        self.client.variable_weights_init(var_weights_dict)


def _variable_weights_init_callback(self, var_weights_dict):

    # 第一个节点不需要接收上一个节点的初始值
    if self.worker_index != 0:
        for var_name, weights in var_weights_dict.items():
            update_node_value_in_graph(var_name, weights)

    # 已初始化完成，通知发送流程
```

```
        self.init_cond.acquire()
        self.is_init = True
        self.init_cond.notify_all()
        self.init_cond.release()
```

与 PS 架构类似，Reduce 架构也必须保证所有 worker 节点的初始状态一致。Reduce 训练器重写了 Trainer 类的_variable_weights_init 接口，这个接口在变量节点初始化时会被自动调用，执行初始化操作。

初始化的逻辑是：集群中的第一个 worker（worker-0）节点会首先调用其右邻居的参数初始化服务接口 variable_weights_init，然后把自身随机初始化的参数值发送给右邻居；对右邻居 worker-1 节点而言，当它接收到 worker-0 节点的调用时，会执行回调函数_variable_weights_init_callback，使用 worker-0 节点发送来的参数初始化自身变量节点，依此类推到整个集群。

由于各个 worker 节点都是独立运行的，因此要使用条件变量来控制，以保证各个 worker 节点都会按顺序等待来自其左邻居的数据。也就是说，在各个 worker 节点初始化时，如果发现自己不是第一个 worker 节点，则执行的是另外一个分支。这个分支会判断自己是否已经完成初始化操作，如果还未完成，则保持等待，直到_variable_weights_init_callback 函数被回调并通知继续执行。以上这个过程会在环中依次被调用，直到集群中所有的 worker 节点都完成初始化。该逻辑听起来略复杂，但实现起来却并不麻烦：

```
def _optimizer_update(self):

    # 共执行 N-1 次 Scatter 操作，把本 worker 节点的梯度切片发送给下一个 worker 节点
    # 同时接收由左邻居发送过来的梯度，并累加到自己的对应切片上
    for scatter_index in range(self.step):
        gradients_part = self._get_gradients_partition()
        cur_acc_no = self.optimizer.acc_no if scatter_index == 0 else self.received_acc_no

        # 把自身的一个数据分块发送给右邻居
        self.client.send(gradients_part, cur_acc_no, 'scatter')

        # 等待接收并处理完左邻居节点的数据
        self._wait_for_receive('scatter')

    # 然后执行 N-1 次 AllGather 操作，把本 worker 节点的梯度切片发送给下一个 worker 节点
    # 同时接收上一个 worker 节点发送过来的梯度并替换自己的对应切片
    for gather_index in range(self.step):
        gradients_part = self._get_gradients_partition()
        self.client.send(gradients_part, 0, 'gather')
        self._wait_for_receive('gather')

    self.optimizer.update()
```

当变量节点完成参数初始化后，训练器便开始读取数据，执行前向和反向传播计算出梯度，然后调用_optimizer_update 方法同步梯度并更新参数。按照 Reduce 架构的原理，每个 worker

节点都会执行$N-1$次 Scatter 操作，每次都把自己的一个数据分块发送给其右邻居，再调用 `wait_for_receive` 方法等待接收由左邻居发送来的数据分块并累加起来。完成$N-1$次 Scatter 操作后，再按照类似的逻辑执行$N-1$次 AllGather 操作。

当整个集群都完成梯度同步后，调用优化器类，使用某种优化算法根据梯度更新参数。我们先看一下 Scatter 操作的实现，其中`_scatter_callback` 方法作为回调函数，会在服务端接收到 Scatter 数据时被调用：

```python
def _scatter_callback(self, node_gradients_dict, acc_no):
    '''
    Scatter 操作阶段的回调函数，接收上一个 worker 节点发送过来的梯度和样本数
    '''
    if self.cond.acquire():
        while self.is_received:
            self.cond.wait()

        # 把接收到的梯度缓存下来
        self.received_gradients = node_gradients_dict
        self.received_acc_no = acc_no
        self.is_received = True

        # 通知主流程，把接收到的梯度更新到优化器类
        self.cond.notify_all()
        self.cond.release()
    else:
        self.cond.wait()


def _wait_for_receive(self, stage):
    '''
    等待梯度，并把接收到的梯度更新到优化器中
    '''
    if self.cond.acquire():
        while not self.is_received:
            self.cond.wait()

        # 如果是 Scatter 操作阶段则累加梯度，同时累加样本数
        if stage == 'scatter':
            self.optimizer.apply_gradients(
                self.received_gradients,  summarize=True, acc_no=self.received_acc_no)

        # 如果是 AllGather 操作阶段则覆盖梯度，样本数保持不变
        else:
            self.optimizer.apply_gradients(
                self.received_gradients, summarize=False, acc_no=self.optimizer.acc_no)

        self.is_received = False

        # 梯度已被更新，通知接收流程继续接收新的梯度
        self.cond.notify_all()
        self.cond.release()
    else:
        self.cond.wait()
```

在上述代码中，_scatter_callback 方法把从左邻居那里接收到的梯度存储到 self.received_gradients 变量中，同时把样本数量存储到 self.received_acc_no 变量中。此时存在着两种情况，第一种情况是，当前节点已经完成了自身值的计算，并把数据发送给了右邻居，正在等待接收左邻居的数据，即阻塞在_wait_for_receive 方法里。那么，_scatter_callback 方法在节点接收完左邻居的数据后，会使用条件变量机制通知_wait_for_receive 方法继续向下执行，并把梯度送给优化器累加起来。

第二种情况是，如果当前节点在还未完成计算图的执行时，就已经接收到了左邻居发送的数据。那么只需要先把收到的数据缓存下来，并且阻塞等待计算图的执行，然后调用_wait_for_receive 方法直接使用缓存的梯度，并通知_scatter_callback 方法结束阻塞等待即可。通过这样的一种机制，两个方法互相配合，协调一致，就能依次完成$N-1$轮的 Scatter 操作。

```
def _gather_callback(self, node_gradients_dict):
    '''
    AllGather 操作阶段的回调函数，接收上一个 worker 节点发送来的梯度
    '''
    if self.cond.acquire():
        while self.is_received:
            self.cond.wait()

        self.received_gradients = node_gradients_dict
        self.is_received = True

        # 通知主流程，把接收到的梯度更新到优化器
        self.cond.notify_all()
        self.cond.release()
    else:
        self.cond.wait()
```

AllGather 操作的实现和上面是类似的。_gather_callback 回调函数也会与_wait_for_receive 方法相互配合以完成 AllGather 操作。不同点在于 AllGather 操作阶段是覆盖梯度，这点通过优化器参数 summarize=False 加以区分控制。最后，调用优化器方法 self.optimizer.update 根据整个集群的平均梯度来更新模型参数，此流程和单机训练并无二致。

现在，基于 Reduce 架构的分布式训练器已经全部完成。我们来看一下如何利用这种更优秀的架构进行模型训练：

```
cluster_conf = {
    "workers": [
        "192.168.1.200:6000",
        "192.168.1.201:6002",
        "192.168.1.202:6004"
    ]
}
```

```
def train(worker_index):
    # 搭建计算图，略
    ...

    # 优化器
    optimizer = ms.optimizer.RMSProp(ms.default_graph, loss, learning_rate)

    # 评估指标
    accuracy = ms.ops.metrics.Accuracy(output, one_hot)

    # 使用 Ring AllReduce 训练器，传入集群配置信息
    trainer = DistTrainerAllReduce([x], one_hot, output, loss, optimizer,
                                   epoches=5, batch_size=32,
                                   eval_on_train=True, metrics_ops=[accuracy],
                                   cluster_conf=cluster_conf,
                                   worker_index=worker_index)

    trainer.train_and_eval({x.name: X}, one_hot_label,
                           {x.name: X}, one_hot_label)


if __name__ == '__main__':
    parser = argparse.ArgumentParser()
    parser.add_argument('--worker_index', type=int)
    args = parser.parse_args()
    worker_index = args.worker_index
    train(worker_index)
```

得益于 MatrixSlow 框架模块化的设计，使用 AllReduce 架构的分布式训练非常简单。只需要在 PS 架构例子的基础上，把核心代码修改一行，把训练器类换成 DistTrainerAllReduce 即可，连函数参数都不需要修改。另外，由于 AllReduce 架构没有中心节点，启动各 worker 节点时仅需要通过指定 worker_index 加以区分：

```
# worker-0
$ python allreduce.py --worker_index 0
[GRPC] Try connect to target worker 192.168.1.201:6002
[GRPC] Ring All-Reduce worker 0 listening on 192.168.1.200:6000
[GRPC] Connected to target worker 192.168.1.201:6002
[INIT] Send variable init weights to worker  192.168.1.201:6002
[INIT] Variable weights init finished
- Epoch [1] train start, batch size: 32, train data size: 1
-- iteration [99] finished, time cost: 46.91  and loss value: 23.025851

# worker-1
$ python allreduce.py --worker_index 1
[GRPC] Try connect to target worker 192.168.1.202:6004
[GRPC] Ring All-Reduce worker 1 listening on 192.168.1.201:6002
[GRPC] Connected to target worker 192.168.1.202:6004
[INIT] Send variable init weights to worker  192.168.1.202:6004
[INIT] Variables initializing weights from last worker node...
[INIT] Variable weights init finished
- Epoch [1] train start, batch size: 32, train data size: 1
```

```
-- iteration [99] finished, time cost: 46.91  and loss value: 23.025851

# worker-2
$ python allreduce.py --worker_index 2
[GRPC] Try connect to target worker 192.168.1.200:6000
[GRPC] Ring All-Reduce worker 2 listening on 192.168.1.202:6004
[INIT] Variables initializing weights from last worker node...
[GRPC] Connected to target worker 192.168.1.200:6000
[INIT] Send variable init weights to worker  192.168.1.200:6000
[INIT] Variable weights init finished
- Epoch [1] train start, batch size: 32, train data size: 1
-- iteration [99] finished, time cost: 45.73  and loss value: 23.025851
```

上面是用三台服务器进行训练的命令和日志。这三台服务器组成了环状拓扑结构，首先完成参数初始化，然后开始分布式的模型训练。

11.5　分布式训练性能评测

在本章中，我们分别实现了 PS 架构和 Ring AllReduce 架构的分布式训练。这两种架构利用分布式原理，通过数据并行来加速模型训练。相较于单机训练，分布式训练把训练任务分到了多台机器上，运算力的增加必然促成训练的加速。但是，分布式训练也并非“免费的馅饼”，其很大一部分成本消耗在网络通信上。无论是 PS 架构还是 Reduce 架构，多个 worker 节点之间都需要通过网络通信来同步彼此的梯度。由此，通信成本的占比一定程度上决定了分布式训练的效率。

针对目前的两种分布式训练的实现，我们在同样的环境下对训练性能做了评测。这里使用了五台硬件配置完全相同的服务器，它们的 CPU 为 Intel(R) Xeon(R) CPU E5-2630 v2 @ 2.60GHz * 2，内存为 128GB，操作系统的版本为 CentOS Linux release 7.7.1908 (Core)。这五台服务器连接在一台万兆的交换机上，以避免外部网络环境带来的干扰。此外，采用 AlexNet 网络处理手写数字的识别问题（MNIST 数据集）。共进行了以下五个实验。

(1) 单机训练（Local）
(2) 三个 worker 节点的 PS 训练（PS-3）
(3) 五个 worker 节点的 PS 训练（PS-5）
(4) 三个 worker 节点的 Reduce 训练（AllReduce-3）
(5) 五个 worker 节点的 Reduce 训练（AllReduce-5）

分别记录它们完成一个 epoch 的总时间、计算图运算的用时和梯度同步的用时。单机训练（Local）时的批大小设置为 8。进行含三个 worker 节点的分布式训练时，每个节点每批处理的样本数是 8，则从整个集群看批大小是$8 \times 3 = 24$。训练完成后，收集到的数据如表 11-1 所示。

表 11-1 五个实验训练完成后的数据

序号	训练模式	计算时间	计算时间%	梯度更新	梯度更新%	总时间	批大小	每样本时间	加速比
1	Local	10.7	1	0.01	0	10.71	8	1.3391	x1
2	PS-3	11.25	0.92	1.06	0.08	12.31	24	0.5131	x2.6
3	PS-5	9.87	0.87	1.51	0.13	11.38	40	0.2846	x4.7
4	AllReduce-3	10.68	0.95	0.6	0.05	11.28	24	0.4699	x2.8
5	AllReduce-5	9.68	0.78	2.76	0.22	12.44	40	0.311	x4.3

先看加速比，见图 11-19。从统计结果看，训练每个样本的平均用时，在单机模式下为 1.34 秒；在 PS-3 模式下为 0.51 秒，大约有 2.6 倍的加速；在 PS-5 模式下为 0.28 秒，大约有 4.7 倍的加速；在 AllReduce-3 模式下为 0.47 秒，大约有 2.8 倍的加速；在 AllReduce-5 模式下为 0.31 秒，大约有 4.3 倍的加速。从实验结果来看，无论是 PS 模式还是 AllReduce 模式，训练每个样本的平均用时都有成倍的速度提升；但随着集群规模的变大，加速比会有一定程度的降低。

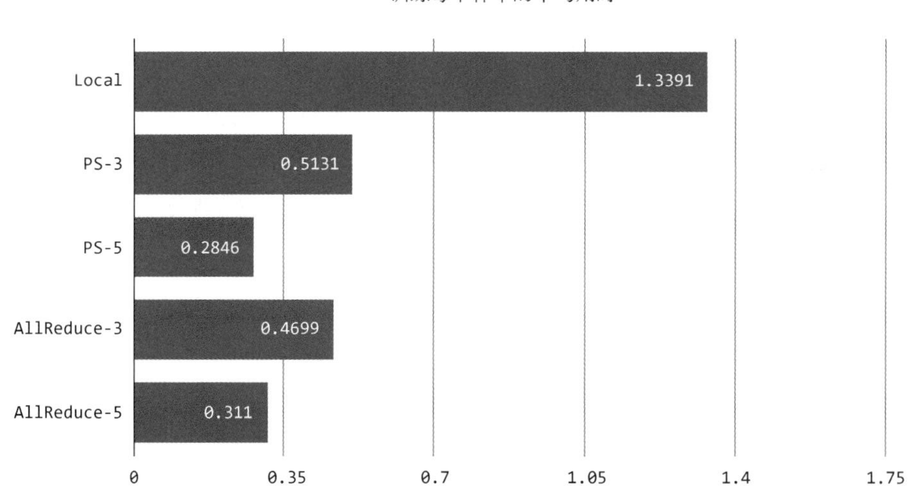

图 11-19 不同架构和集群规模的加速比

加速比随着集群规模的增加而下降的原因在于通信成本的增加。从通信成本占比的角度来看（如图 11-20 所示），单机训练由于不需要通信，其通信成本占比为 0%，PS-3 占比约为 8%，PS-5 占比约为 13%，Reduce-3 占比约为 5%，Reduce-5 占比约为 22%。另外，由于实验用的模型较为简单，MNIST 数据集的维度也很小，因此计算图的计算速度相对很快，导致梯度同步的通信成本占比普遍偏高。

通过这个实验，我们就可以直观地理解分布式训练中通信成本对训练效率产生的影响了。由于本书的目的主要是介绍原理，故没有在更大规模集群、更大维度训练数据以及更复杂模型的条件下做实验，本节的结果也仅供参考。

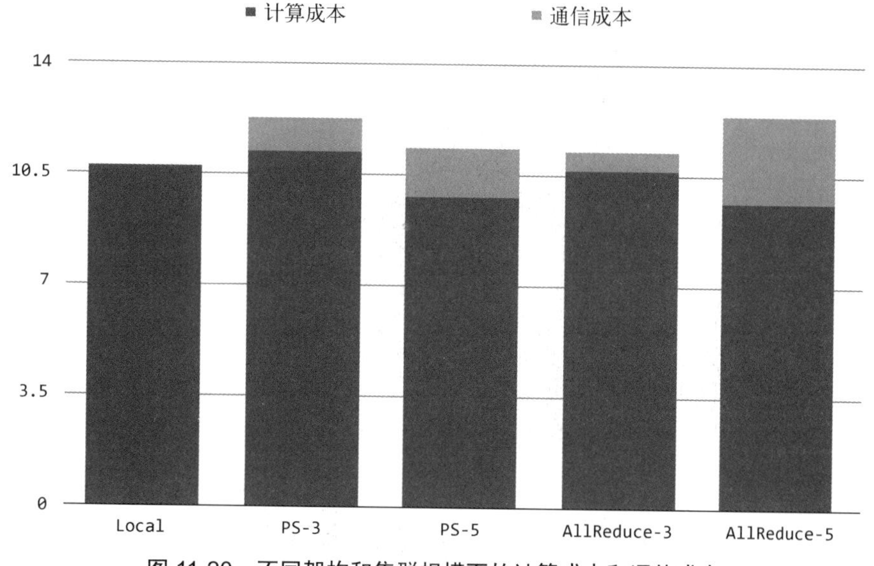

图 11-20　不同架构和集群规模下的计算成本和通信成本

从实验数据来看，PS-5 的效率比 AllReduce-5 的效率更高，这与在前面介绍过的 Ring AllReduce 架构性能更优的观点产生了冲突。其原因仍然在于这里实验规模较小，模型复杂度较低，还远没有达到 PS 架构的带宽瓶颈。同时，PS 架构中多台服务器之间的同步控制相对更简单一些，故在小规模集群中训练小模型时，PS 架构的性能可能会更好。因此，大规模的机器学习不仅仅是算法问题，在很多时候还需要配合工程、架构和基础设施共同优化，才能达到最好的训练性能。

11.6　小结

近年来，机器学习尤其是深度学习领域的快速发展，除了得益于理论上的突破和创新外，还离不开大数据存储、处理以及分布式计算等基础设施的进步。更重要的一点是，成熟易用的深度学习框架对 GPU 和分布式训练有着良好的支持，使得人们可以在更大规模的数据上探索机器学习的理论和方法。强大的运算力使人们能够跨越"势垒"，发现新现象，从而引导新研究。这与强大的加速器能够使粒子物理学跨越能量的荒漠，发现新的物理现象相类似。同时，这些进步也加速了机器学习在工业界的应用和普及，放大了机器学习的应用范围和价值。

在本章中，我们从不同的角度介绍了分布式训练的原理、方法和技术。选择 PS 和 Ring AllReduce 两种架构，分别详细地介绍了它们的具体实现。PS 是一种典型的 master-worker 架构，通过中心节点参数服务器的统一协调，在集群内部完成梯度同步。PS 架构很简单，它的基本原理常见于各种分布式系统中，是容易理解和实现的。但在集群规模变大时，中心节点就可能会成为整个集群的瓶颈。

Ring AllReduce 架构则借鉴了去中心化的思想。由多台服务器构成一个环，通过多次环状通信来完成梯度同步。这个过程充分利用了每一台机器的带宽资源，避免了像 PS 架构中心节点可能产生的瓶颈问题。但是，Ring AllReduce 架构同样也存在一些缺陷，比如木桶效应：集群的整体效率取决于集群中性能最低的那台机器。而且这个架构的同步控制逻辑比较复杂，对单一节点失败的容忍度（稳健性）较低。

在本章的最后，我们对 MatrixSlow 框架的分布式训练的性能做了评测。但是受限于计算资源和时间成本，我们并未在更大规模的集群中，使用更复杂的模型和更大量的数据进行测试评估。但当前简单的、小规模的测试已经能足够体现分布式训练的优势了。有条件的读者可基于 MatrixSlow 框架去尝试更大规模的测试。我们期待有读者将来分享测试结果。

本章中实现的两种分布式架构都只支持数据并行的模式，其本质是把训练数据分到多台机器上，通过增大训练数据的吞吐量来提高训练速度。除此之外，还有一种模式是模型并行，即把大计算图拆分成多个子图，子图之间通过网络进行通信。这种模式涉及最小依赖子图划分、自动插入通信节点等复杂的技术。受限于篇幅，本章并未涉及，相应的 MatrixSlow 框架也未实现。如果有读者实现了，欢迎向我们贡献代码。

第 12 章

工业级深度学习框架

在本书前面的 11 章中，我们已经介绍了机器学习、训练和计算图的原理，以及一些基于计算图的模型/网络。此外，我们用 Python 和 NumPy 实现了一个深度学习框架 MatrixSlow。该框架支持计算图的搭建、前向和反向传播。我们还在其中实现了多种不同类型的节点，包括矩阵乘法、加法、数乘、卷积、池化等，还有若干种激活函数和损失函数。以上这些是基于计算图的深度学习框架的核心功能。

在更外层，MatrixSlow 框架提供了一些辅助类和工具函数，例如构造全连接层、卷积层和池化层的函数、各种优化器类、单机和分布式训练器类等，它们为搭建和训练模型提供了便利。我们用 MatrixSlow 框架搭建并训练了简单的 ADALINE 模型、逻辑回归模型、因子分解机、复杂的多层全连接神经网络、卷积神经网络以及递归神经网络等深度神经网络。这些例子在介绍模型原理和应用的同时，也展现了 MatrixSlow 框架的能力。

本书的初衷是讲解机器学习和神经网络/深度学习的原理，并借助实现过程对其加以巩固和加深理解。从这个角度来看，MatrixSlow 框架已经具备了一个深度学习框架所必备的核心功能。除了用于学习以外，它完全可以胜任一些小规模的建模，并解决实际问题。

但是，MatrixSlow 框架难以胜任大数据量和大规模模型的工业级场景。在工业级场景下，人们面对的是大的训练数据量、高维度的特征、复杂庞大的模型/网络以及苛刻的性能效率要求。随着 AI 专用芯片的逐步成熟，在移动设备和嵌入式设备中直接运行机器学习和深度学习模型已然成为趋势。

简单来讲，工业级深度学习框架是一个庞大的软件项目，这就要求其运行更快、更稳定，分布式支持更完善，计算功能（节点种类）更全、更多样，各类接口更完善易用。每项要求在技术上都是挑战，都可单独成书探讨。在本章中，我们将从这些点出发，探讨 MatrixSlow 框架与一个工业级的深度学习框架相比，还需要实现和优化哪些功能和特性，并简单介绍它在相应领域中的一些新进展和发展方向。

12.1 张量

MatrixSlow 框架以 Matrix 为名，因为它的节点只支持矩阵，即二阶（rank）张量。向量是一阶张量，标量是零阶张量。MatrixSlow 框架用行矩阵（$1 \times n$）或列矩阵（$n \times 1$）表示向量，用1×1矩阵表示标量，不支持表示更高阶的张量。

人们往往喜欢在名词上“拔高”。在本书中，我们一直都避免把计算图节点称作算子（operator），但这种叫法在各种地方屡见不鲜。人们还喜欢用矩阵，比如古生物学做支序分析时会将物种的特征列成特征矩阵。它与我们熟悉的样本集一样，由多行数据组成，每行各包含一个物种的若干特征。这样的数据阵列固然也具有高和宽，但它并不具备矩阵的数学内涵，比如秩、迹、可逆、特征值和特征方向等。这么说的话，特征矩阵只不过是多个样本的集合而已（这话说得有些过，特征矩阵的列秩是能反映特征之间的线性相关性的）。

同样，深度学习其实也很少触及张量的物理内涵。读者可能遇到过，在图像建模时将输入节点创建成$b \times w \times h$的张量。其中，w和h分别是图像的宽和高，b是一个 mini batch 的样本（图像）数量，即批大小。另外，有些框架还支持将变量节点的形状指定为$? \times w \times h$，其中?表示批大小不是确定的，赋值时给多少张图片，它就是多少。

上面的$b \times w \times h$张量是三阶张量，就像特征矩阵是二阶张量一样。但是，就像特征矩阵的那么多行只是将多个样本摆在一起一样，$b \times w \times h$张量的第三阶也只是将b张图片摆在了一起。计算图后面的计算是对这b张图片分别（并行）展开的。比如，一幅图像经过了若干卷积层和池化层，最后展开为了一个n维向量。计算图对b张图片一起做计算直到这一步，得到的是一个$n \times b$的矩阵，其中每列各是一幅图片的展开向量。这时候，用全连接层的权值矩阵$\boldsymbol{W}$乘以这个$n \times b$的矩阵，然后加上偏置向量$\boldsymbol{b}$（bias，与$n \times b$的b无关），再施加ReLU激活函数，结果如式(12.1)所示：

$$\boldsymbol{y}_{k \times b} = \mathrm{ReLU}(\boldsymbol{W}_{k \times n} \cdot \boldsymbol{x}_{n \times b} + \boldsymbol{b}) \tag{12.1}$$

这样就得到了全连接层的输出。其中，$\boldsymbol{x}$有b列，每列各是一幅图像的展开向量；$\boldsymbol{W}$是$k \times n$的权值矩阵；$\boldsymbol{b}$是$k \times 1$的权值向量（这里有点问题，读者看出来了么？我们马上就会谈到）；$\boldsymbol{y}$是$k \times b$的矩阵，它的每一列各是一幅图像的全连接层输出。

其他计算也都类似。就这样，b幅图像一起在计算图中执行前向传播算法，最后得到了b套输出。比如，对于 k 分类问题，最后就会得到b套k路 logits。损失值节点计算的是平均损失，它首先对这b套 logits 计算出b个损失值（比如交叉熵），最后取它们的平均值作为最终损失值。像这样的节点也许叫作 `mean_cross_entropy` 之类。

我们之前讲到过，平均损失值对模型参数的梯度，等于一批中每个样本的损失值对模型参数的梯度的平均值（有点绕口，其实就是平均值的梯度等于梯度的平均值）。由此，用平均损失值的梯度更新模型参数，就等价于先分别记录一批中每个样本的损失值对模型参数的梯度，最后再用这些梯度的平均值去更新模型参数。其中，后一种是 MatrixSlow 框架所采取的办法，说这个的目的是让读者在概念上把握清楚，不要把批机制和计算图的计算及求导在概念上混杂在一起。但是从效率上来说，特别是在 GPU 的支持下，前一种做法相比要高效得多。

工业级深度学习框架毫无疑问要支持第一种做法。这样的话，节点对雅可比矩阵的计算会变得更复杂和烦琐。另外，很多计算还需要支持广播（broadcast）机制。这是为何？还记得我们刚刚说过，式(12.1)存在一个问题：$\boldsymbol{W}\cdot\boldsymbol{x}$是$k\times b$的矩阵，偏置向量$\boldsymbol{b}$是$k\times 1$的矩阵，那它们怎么能够相加呢？理论上，矩阵只能和与自己形状相同的矩阵相加啊。

$\boldsymbol{W}\cdot\boldsymbol{x}$有$b$列，它的每一列分别是一幅图像的展开向量与权值矩阵的乘积。因此，$\boldsymbol{W}\cdot\boldsymbol{x}$相当于并行计算了$b$幅图像展开向量的加权和（GPU 说我能打十个）。接下来，我们应该对$\boldsymbol{W}\cdot\boldsymbol{x}$中的每一列都加上偏置向量$\boldsymbol{b}$。因此，就需要矩阵加法节点能够根据父节点的形状自动将偏置向量$\boldsymbol{b}$分别加到$\boldsymbol{W}\cdot\boldsymbol{x}$的所有列上，这就是广播机制。

总而言之，用张量这个词的确有名词拔高的倾向。对于高阶张量这个东西，亲爱的读者们，在概念上要厘清，实现上要支持，名词上要谦虚，不要盲目地把一个概念进行不必要的拔高。这就好比虽然鸟属于小型恐龙，但别把吃鸡说成吃小型恐龙。错是没错，但是你懂吧，显得很夸张。这也是我们戏谑地把我们的框架称作 MatrixSlow 的原因，就像开了一个无伤大雅的玩笑。这是关于名字中 Matrix 的部分，还有 Slow 这个重要的特性呢，且听我们道来。

12.2　计算加速

模型训练从本质上来讲，就是矩阵的运算和操作，是典型的计算密集型任务，其计算效率决定了模型训练的速度。因此，高速运算是深度学习框架的一个重要追求。在此之前的章节中，MatrixSlow 框架已经使用 Python 和 Python 生态的线性代数库 NumPy 实现了深度学习框架的核心功能，但它几乎未对计算性能做任何优化。

Python 语法浅显易懂，易于掌握，且具备丰富的第三方库和活跃的开源社区，因此成为了近年来科学研究、数据科学和机器学习领域最受欢迎的语言。但是，易用性和开发效率的提升往往意味着计算性能的牺牲。首先，Python 是解释型语言，相比编译型语言（比如 C/C++），用它编写的程序无须编译，运行方便。但是，解释执行也导致了 Python 程序的运行效率较低，难以胜任大型模型的训练这种计算密集型任务。

NumPy 在一定程度上缓解了上述问题。它提供了矩阵 `Matrix` 类，并针对该类实现了一系列线性代数运算，比如矩阵乘法、求逆等，这些大大简化了数学运算的实现难度。虽然 NumPy 表面上提供的是 Python 接口，但底层运算还是使用 C 语言和多线程实现的，这大大提升了运算效率。即便如此，MatrixSlow 框架还有着大量的控制逻辑和数据结构，比如条件判断、函数递归、列表和字典等。而且 NumPy 的某些实现也亦非最优（最起码它没用 GPU）。因此，MatrixSlow 框架的性能较为低下，这正是其名字中 Slow 的来源。

既要提供 Python 语言简单易用的使用接口，又要具备 C/C++语言的高效。换句话说，要“鱼与熊掌兼得”，这是工业级深度学习框架必须解决的问题。目前，大众广泛采用的是一种前端加后端的架构。在这种架构下，框架的核心运算由 C/C++语言甚至一部分汇编语言实现，为计算图提供高效的后端运行时环境；而用户接口部分则使用 Python 等语言实现，它被封装成更简单易用的前端用户接口。

下面看看这种架构的具体实现，用户使用 Python 接口来编写模型搭建和训练阶段相关的代码。在执行阶段，框架会先把计算图以某种方式传递给后端的核心运行时部分（比如通过序列化-反序列化的方式）。核心运行时部分往往会对计算图进行一定程度上的优化，最大限度地利用适配硬件的特性并充分发挥硬件性能。然后，后端会重新在内存中构建计算图，以更高效的方式执行计算图。之后，后端会通过某种机制把训练过程的信息反馈给前端的用户接口。这个过程如图 12-1 所示。

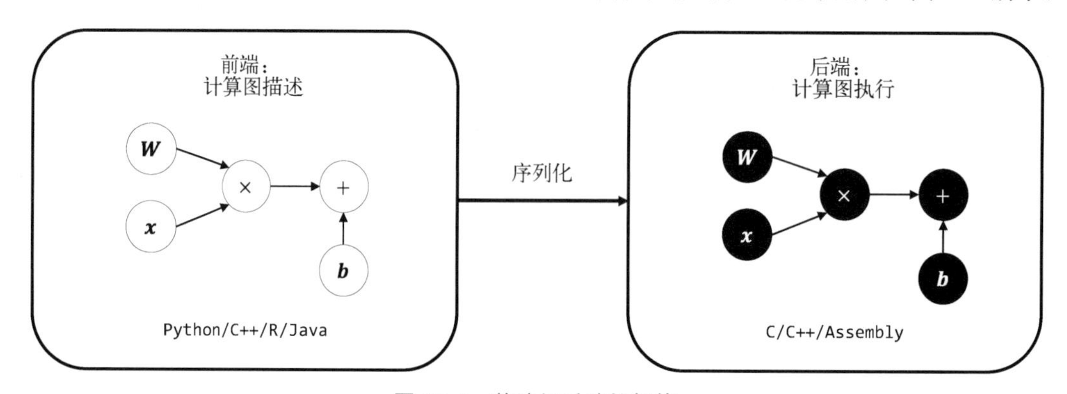

图 12-1　前端加后端的架构

前端加后端的架构既保障了框架的性能，又兼顾了接口的易用性，在重用核心运行时（runtime）的同时还可以提供多种编程语言接口。当然，这种架构的缺陷也很明显：一方面增加了框架的复杂性，很多逻辑需要使用不同的编程语言重复开发；另一方面，这种架构人为地把计算图的构建和执行分成了两个阶段，给开发调试带来不小的阻碍。

总而言之，深度学习框架要求必须有高的计算效率，又因为其专业性和复杂性，必须提供简单清晰的使用接口。前端加后端的架构是目前比较合理的一个方案。深度学习框架的架构设计一直都是研究的重点，比如后面即将介绍的动态图技术。学术界和产业界一直都致力于持续地优化深度学习框架的性能和易用性。

12.3 GPU

虽然基础理论的演进相对缓慢平稳，但其成果却深刻而持久。应用技术变化剧烈，有时甚至如潮来潮去。在本书中，我们一直都尽量避免谈及具体的机构和技术。但是，近年来深度学习的快速发展确实离不开一家公司和一种技术所做的贡献，那就是 NVIDIA（英伟达）和 GPU。

NVIDIA 是一家专门生产 GPU 显卡的企业，其产品被广泛应用于图形渲染和视频游戏等领域。2007 年，NVIDIA 开发了统一计算架构（Compute Unified Device Architecture，以下简称 CUDA）。CUDA 是一种并行计算平台，它提供了 C/C++编程接口，便于开发者充分地利用 GPU 的能力。GPU 虽为图像而生，但其并行计算的能力却刚好适合于大矩阵运算，毕竟图像也是一种矩阵，这被称为 GPGPU（General-Purpose Computing on Graphics Processing Units）。

在 2012 年的 ImageNet 图像识别竞赛中，深度神经网络 AlexNet 一举夺冠，且成绩远超第二名，这一事件被视作深度学习热潮的开端。而 AlexNet 夺冠的背后，是 NVIDIA GPU 和 CUDA 的首次成功应用，这些技术的应用加速了深度神经网络的训练，进一步推动了 GPGPU 的发展。

为何 GPU 会有如此优势？由图 12-2 可以看出，与 CPU 不同，GPU 内部集成了数以千计的并行计算单元。虽然每个计算单元的运行速度都不如 CPU，但 GPU 无须承担逻辑控制的任务。再结合其在并行数量上的巨大优势以及在图形图像领域被成功运用的高速流架构，GPU 的计算效率和吞吐量都远大于 CPU。同时，深度神经网络的训练需要大量的矩阵运算，大的训练数据量对计算吞吐量也有着极高的要求，这些正好都与 GPU 的优势相契合。另一方面，GPU 作为一种扩展设备，不需要像 CPU 那样承担大量的逻辑控制任务，也不需要支持复杂的虚拟化、多用户、时间片等机制，更没有指令集兼容这样的历史包袱。而且 GPU 对尺寸、功率和散热等方面的容忍度也更高。

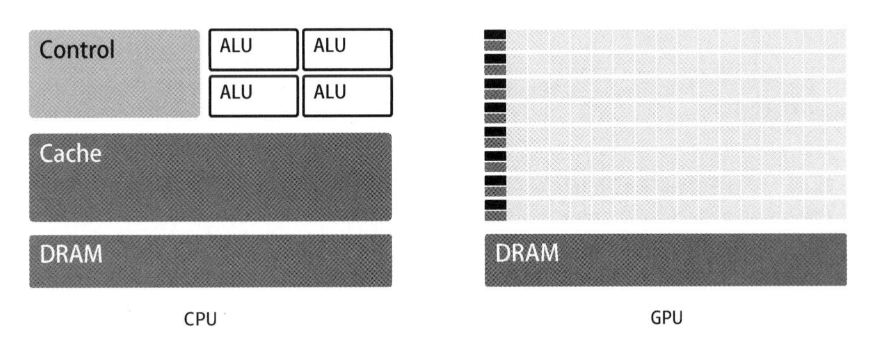

图 12-2　CPU 和 GPU 架构

前面曾经介绍过，MatrixSlow 框架的矩阵运算依赖于 NumPy，而 NumPy 并不支持 CUDA，所以 MatrixSlow 框架尚不能使用 GPU 加速计算。一种解决办法是使用 CuPy 库替换 NumPy。

CuPy 也是一个开源项目，它（承诺）兼容 NumPy 的接口，且底层集成了 CUDA。当然，还有很多类似于 CuPy 的 GPU 加速计算库，我们希望在未来的某个时间点，利用 CuPy 或类似的计算库，能够让 MatrixSlow 框架在 GPU 上欢快地运行起来。

12.4 数据接口

深度学习框架的核心功能是模型/网络的搭建、训练和推理。除了模型计算和参数训练外，快速读取和处理训练数据也非常重要。在面对具体的建模问题时，虽然会遇到多种多样的数据类型，比如结构化（向量）数据、文本、图像等。但是在本质上，模型接受的数据一律都是矩阵（向量）。将那些各种形式的数据转化成矩阵的过程就属于特征处理，比如类别特征的 One-Hot 编码、文本的词袋编码、图像的归一化等。随着训练效率的提高，数据读取和特征处理反倒成了主要的瓶颈。

我们并没有在 MatrixSlow 框架中设计和实现专门的数据读取和特征处理模块。在前面的例子中，我们往往是通过使用 NumPy 来读取数据并处理特征的。对于简单问题和小规模的数据来说，这种方式尚且可行，但是在面对工业级的应用时就显得力不从心了。

成熟的工业级深度学习框架应该提供一套与模型训练相匹配的高效、易用的数据接口，用于快速读取数据和处理特征；甚至可以把数据读取和特征处理作为计算图的一部分，直接纳入模型之中。这会让模型变得更加“端到端”，在训练和推理时直接将原始数据“喂”给计算图即可。这便解决了离线训练和在线推理时的数据形式统一问题。

另外，针对数据读取和特征处理的特点，数据接口模块还有很大的工程优化空间，比如多线程读取、流式读取、批量读取、本地缓存、数据压缩、流水线处理、稀疏特征表达、通用算子封装等，这些都可以进一步提高数据处理和模型训练的效率。

12.5 模型并行

在第 11 章中，我们介绍了模型的分布式训练，并在 MatrixSlow 框架中实现了两种分布式训练架构。无论是 PS 架构还是 Ring AllReduce 架构，都是数据并行的模式。数据并行是把训练的数据分配到多台机器上，每台机器分别使用一部分数据进行计算，再通过中心节点参数服务器或者 Reduce 机制在多台机器之间同步梯度，从而相互配合、协作完成分布式训练。

数据并行的原理相对简单，技术架构也比较成熟，在实际场景中应用比较广泛。但是，当模型规模巨大，大到一台机器都无法存储时，就会带来挑战。这种挑战在使用 GPU 时尤为严重，因为相较于内存，GPU 的显存容量相对较小，对横向扩容和虚拟化的支持也不够完备。事实上，在实践中经常会遇到因显存不足而导致训练失败的情况。此时，就需要模型并行的模式了。

模型并行的原理是把模型分成多个子模型。对于计算图来说，就是把计算图分成多个最小依赖子图，然后放置到不同机器上。各机器上的子图通过进程间通信或网络通信实现互联，最后在集群层面重构成一个分布式的计算图。这个机制最好完全由深度学习框架自动完成，即对开发者透明。

针对这种模式，一种可行的实现方法是专门实现一类用于通信的节点。在完成对整个计算图的分析以后，基于某种优化方案把子图分别放置到不同的机器上，同时在上游子图和下游子图之间自动插入数据发送和数据接收节点，并做好网络拓扑结构的配置。在计算图的前向和反向传播过程中，若父节点和子节点处于不同的子图中，或者说被放置在不同机器上，则由通信节点代为发送或接收数据（值或者雅可比矩阵），真正的计算节点则对此全无感知。模型并行对于模型结构要求很苛刻，若模型难以拆分成多个最小依赖子图，则不太适合使用这种模式。

工业界还尝试在硬件层或网络层寻找解决训练超大模型难题的办法，比如 virtual GPU 技术（简称 vGPU）。这项技术要么把一台机器上的多块 GPU 通过特别设计的硬件接口横向连接起来，要么通过高速网络或 RMDA 技术，把多台机器上的多块 GPU 横向连接起来，从而构成一块有更大容量和更大运算力的虚拟 GPU，以供上层应用使用。有了 vGPU 技术，深度学习框架几乎不需要做太多的改造即可训练超大模型。

深度学习的成就差不多可以归结为一句话：利用强大的运算力，辅之以一些技巧，然后训练自由度超高的模型，同时施以强大的正则化手段（最有用的正则化手段是大数据量）。所以，使用更大的数据量，训练更复杂的模型成为一种趋势。因此，无论是在框架层面，还是在底层硬件平台层面，人们都在积极地发展更高效、更大规模的分布式训练技术。

12.6　静态图和动态图

前面介绍计算加速时曾提到，为了兼顾 C/C++的性能和 Python 的简单，一些深度学习框架把模型的搭建和训练人为地分成了两个阶段。在搭建阶段使用 Python 编程接口；在训练阶段，先把上述代码提交给用 C/C++编写的核心运行时部分，然后运行时重新构建计算图，并执行前向和反向传播。在这样的架构下，模型的搭建和训练两个阶段相对独立，计算图在提交时就已经被固化下来了。因此，这种机制被称为静态图。

静态图的优势不言而喻，但是其劣势也比较明显，比如调试困难、灵活性不足等。如果需要在计算图中引入一些逻辑控制，或者在训练过程中需要动态调整网络结构（比如 RNN），静态图就显得捉襟见肘了。一种解决方案是提供一系列逻辑控制节点，在构建计算图时把逻辑关系也加入到计算图中。但是这种做法舍本逐末，得不偿失。

与之相对的是，动态图技术把模型的搭建和训练放到了一个过程中，在前向和反向传播之前先动态地构建计算图，待完成一轮更新后就立刻把计算图销毁，下轮迭代的时候再重新构建计算图。这种模式更符合面向过程的编程范式，代码的执行过程就是计算图的执行过程，可以随时把正在执行中的代码打断，让其停下来进行调试，这降低了开发调试的难度。

此外，动态图还能充分地利用编程语言本身就有的逻辑控制机制，灵活地控制计算图的搭建，从而避免了增加不必要的逻辑节点。但是，从其实现原理上也能看出，纯粹的动态图机制由于频繁地重新搭建计算图，势必会影响其性能。同时，动态的特性也会导致框架难以对计算图执行全局优化，继而损失了一些性能优化的空间。静态图和动态图如图 12-3 所示。

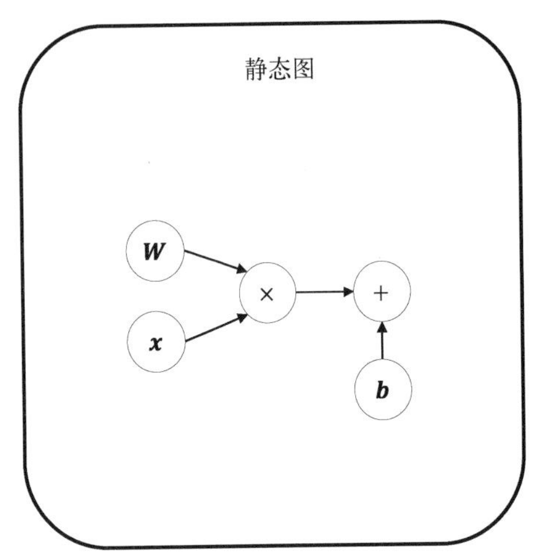

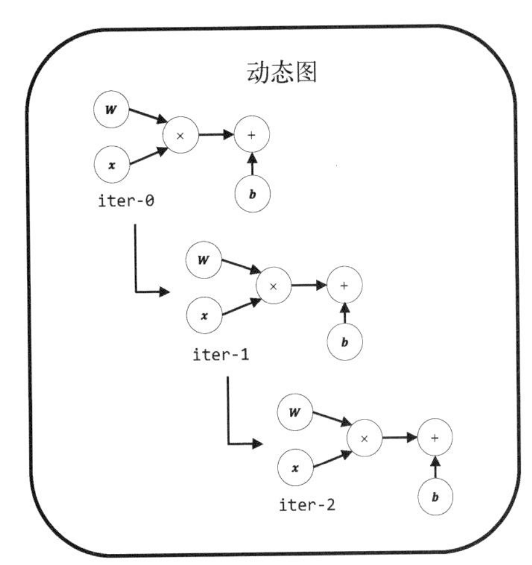

图 12-3 静态图和动态图

在第 7 章中，我们用焊接点动态地调整网络结构，但 MatrixSlow 框架并没有提供完整的动态图机制，因此它可以看作一种简化的动态图。一些深度学习框架把静态图和动态图做了一定程度上的融合，汲取了这两种模式的优点：一方面，仍采用前端加后端的方式以加速计算并兼顾易用性；另一方面，提供一定的动态能力，但会在某种程度上控制计算图的动态生成，避免由于过于频繁地构建图所引起的性能损失。或者，通过一个“开关”在动态图和静态图机制间切换。开发阶段使用动态图机制，在小数据集上调试问题，训练阶段则切换成静态图机制，在全量数据集上进行高效模型训练。

12.7 混合精度训练

计算图中包含着大量数值：样本特征、模型参数以及各个中间节点的值。这些数值一般都用 32 位的单精度浮点类型（FP32）来表示。这个精度足够用于表达特征和参数，但是并不是每一处中间结果都需要如此高的精度。

混合精度训练（如图 12-4 所示）通过混合使用单精度的 FP32 和半精度的 FP16，以降低数值精度的方式压缩了模型大小，从而用同样的内存或显存空间就可以存储规模大几倍的模型，可以采用更大的批大小，可以达到提高资源利用率和（也许）改善训练效果的目的（更大的批大小是否对训练效果有益取决于具体问题）。

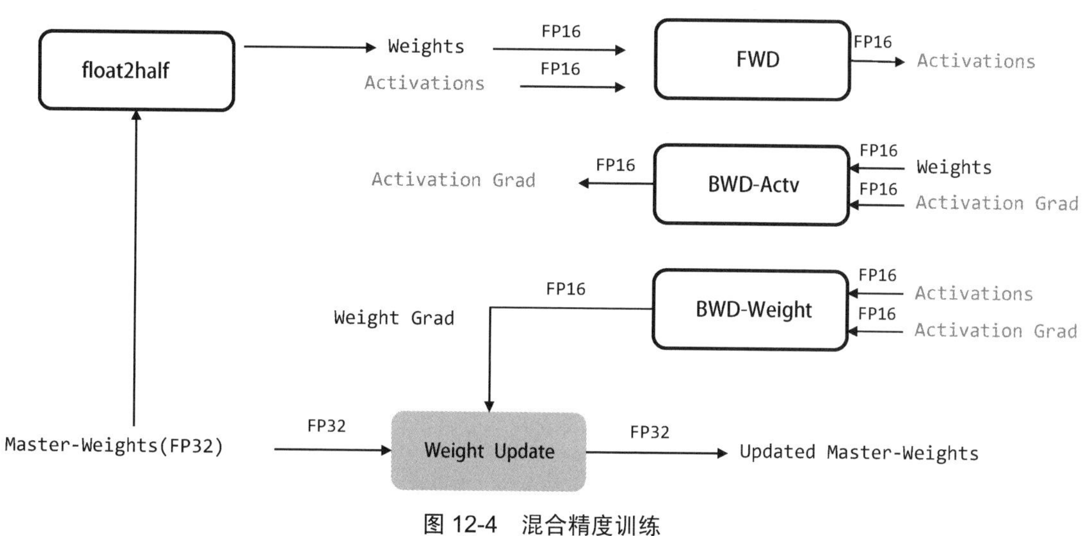

图 12-4　混合精度训练

另外，更低精度的数值消耗的计算成本更小，可更充分地利用硬件的性能。近几年，很多 GPU 和 AI 芯片针对 FP16 和 INT8 类型专门做了加速优化，这些优化能够充分利用硬件特性，成倍地提高计算效率。

混合精度训练存在几个严重的问题。首先是溢出错误：由于 FP16 表达的数值范围比 FP32 狭窄，若计算中产生的数值过大，则会出现上溢出错误；相反，若数值过小（为负），则会出现下溢出错误。

第二个问题是舍入误差（round-off error）：当梯度数值过小时，如果梯度值相比参数值小得多，就会发生舍入，导致参数无更新。这个问题的解决办法是混合使用不同精度：用 FP16 存储参数和实现乘法计算，使用 FP32 实现加法计算，从而避免了舍入误差。

目前，一些较先进的 GPU 和 AI 芯片都针对混合精度提供了底层硬件支持。深度学习框架则需要针对硬件特性做专门优化。这类机制对开发者应尽量透明，并提供简单、易用的开发接口。

12.8 图优化和编译优化

图论是计算机科学的重要基础之一，为广大学生、研究者和工程师所熟悉（但愿）。计算图其实是一个有向无环图。很自然地，人们会想到可以将图论中的理论应用到计算图框架中来。在前面我们曾经介绍过，在模型并行模式下，训练时需要先对整个计算图进行分析，然后把计算图拆分成多个最小依赖子图，再分配到多台机器上。这可以看作图优化技术在深度学习框架上的一种应用。

除此之外，还可以在其他方面应用图优化理论。比如，可以把计算图中的多个相似节点合并成一个节点。如图 12-5 所示，可以把 conv、bias 和 relu 三个节点纵向合并成一个 CBR 节点，一次性完成计算，也可把横向的两个完全相同的 CBR 节点合并成一个 CBR 节点。合并计算可以更充分地利用硬件性能。

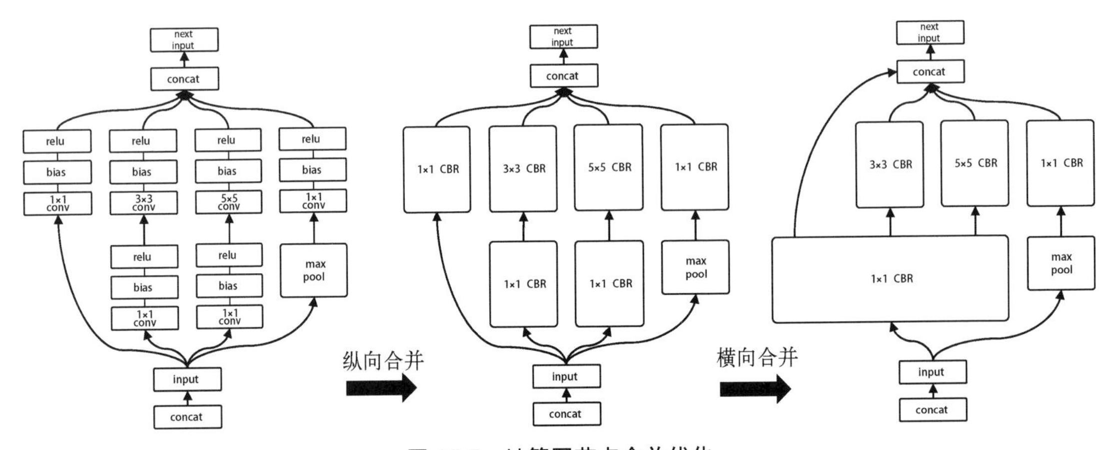

图 12-5　计算图节点合并优化

除了图优化技术，深度学习框架还可以借鉴编译器优化技术。比如，在训练计算图前，对某一类计算节点针对具体硬件平台进行编译优化，或者通过有针对性地优化指令集和寄存器使用，自动生成高性能代码，取代原有的计算图执行逻辑，进一步提高计算速度。

12.9 移动端和嵌入式端

随着诸如手机、平板电脑、摄像头等移动设备和嵌入式设备的硬件性能的提升，特别是一些低成本、低功耗的 AI 芯片的集成，在移动端和嵌入式端直接进行模型推理已经成为了一种趋势。一方面，这可以充分利用设备的计算力，节省云端推理服务的带宽和计算存储成本。另一方面，当数据产生后即时进行模型推理，可达到更低的延迟和更好的用户体验。

MatrixSlow 框架是基于 Python 开发的，因此得益于 Python 的跨平台特性，它在理论上是可以在移动设备上运行的。但这并不代表 MatrixSlow 框架就是一个合格的移动端深度学习框架。由于特殊的软硬件特性，移动端对深度学习框架，尤其是模型推理有着不一样的要求。

首先，移动端和嵌入式端的运算力相对较弱，且对功率、散热等有特殊要求。因此，移动端倾向于使用更小的模型。为了解决这个问题，一种办法是在建模时就选择更小的网络（废话）。更优的办法则是建模时选择恰当的网络，训练完成后再对网络进行剪裁和压缩，在不大幅度降低模型效果的同时减小模型规模。还有一种方法类似于混合精度训练：在训练时使用 FP32 或 FP16 以得到高精度的模型，但在推理时，由于不涉及梯度计算，可以使用低精度类型执行前向传播，从而更快得到预测结果。

多数移动端和嵌入式端也集成了 GPU 或专用芯片。如果框架能充分利用这些硬件特性，则会非常有效地提升推理性能。但由于这些专用硬件和 x86 通用架构有所区别，所以往往难以直接使用由深度学习框架训练出来的原生模型。解决它常见的办法是模型转换，即将模型转换成对应平台支持的格式。

12.10 小结

本书的初衷是实现一个具备核心功能的深度学习框架，在此过程中介绍了机器学习和深度学习的相关原理以及几种基于计算图的模型/网络的原理和应用。书行至此，可以说我们把自认为最核心的理论、模型和技术都做了介绍和实现，但是 MatrixSlow 框架距离一个真正成熟的工业级深度学习框架还有很长的路要走。

在本章中，我们从张量支持、计算加速、GPU、数据接口、模型并行、静态图和动态图、混合精度、图优化和编译优化、移动端和嵌入式端等多个方面介绍了成熟的深度学习框架的一些必备特性，这些特性是对核心功能的扩展。任何一个工业级软件项目都是一个异常庞大和复杂的工程，深度学习框架也不例外。本章权当作为一个概览和引子，有兴趣的读者可以参考相关论文和书籍。

欢迎加入

图灵社区 iTuring.cn

——最前沿的IT类电子书发售平台

电子出版的时代已经来临。在许多出版界同行还在犹豫彷徨的时候，图灵社区已经采取实际行动拥抱这个出版业巨变。作为国内第一家发售电子图书的IT类出版商，图灵社区目前为读者提供两种DRM-free的阅读体验：在线阅读和PDF。

相比纸质书，电子书具有许多明显的优势。它不仅发布快，更新容易，而且尽可能采用了彩色图片（即使有的书纸质版是黑白印刷的）。读者还可以方便地进行搜索、剪贴、复制和打印。

图灵社区进一步把传统出版流程与电子书出版业务紧密结合，目前已实现作译者网上交稿、编辑网上审稿、按章发布的电子出版模式。这种新的出版模式，我们称之为“敏捷出版”，它可以让读者以较快的速度了解到国外最新技术图书的内容，弥补以往翻译版技术书“出版即过时”的缺憾。同时，敏捷出版使得作、译、编、读的交流更为方便，可以提前消灭书稿中的错误，最大程度地保证图书出版的质量。

优惠提示：现在购买电子书，读者将获赠书款20%的社区银子，可用于兑换纸质样书。

——最方便的开放出版平台

图灵社区向读者开放在线写作功能，协助你实现自出版和开源出版的梦想。利用“合集”功能，你就能联合二三好友共同创作一部技术参考书，以免费或收费的形式提供给读者。（收费形式须经过图灵社区立项评审。）这极大地降低了出版的门槛。只要你有写作的意愿，图灵社区就能帮助你实现这个梦想。成熟的书稿，有机会入选出版计划，同时出版纸质书。

图灵社区引进出版的外文图书，都将在立项后马上在社区公布。如果你有意翻译哪本图书，欢迎你来社区申请。只要你通过试译的考验，即可签约成为图灵的译者。当然，要想成功地完成一本书的翻译工作，是需要有坚强的毅力的。

——最直接的读者交流平台

在图灵社区，你可以十分方便地写作文章、提交勘误、发表评论，以各种方式与作译者、编辑人员和其他读者进行交流互动。提交勘误还能够获赠社区银子。

你可以积极参与社区经常开展的访谈、乐译、评选等多种活动，赢取积分和银子，积累个人声望。